二氧化碳驱油地震监测评价方法

谭明友　张云银　曲志鹏
崔世凌　于海铖　刘建仪　著

U0196652

科　学　出　版　社

北　京

内 容 简 介

本书介绍二氧化碳驱油地震监测技术在胜利油田的研究、推广及应用情况，并重点阐述二氧化碳驱油地震监测、评价方法的研究与发展现状。结合二氧化碳驱油地震监测技术在胜利油区的应用现状，本书从基础理论、岩石物理参数实验室测试方法、二氧化碳驱油地震响应特征、地震资料一致性处理方法、二氧化碳驱油波及范围地震描述的二氧化碳气窜、逸散性地震预测的技术实现等方面进行细致的阐述。

本书可供从事油气勘探开发和生产的科技人员及相关院校师生参考使用。

图书在版编目（CIP）数据

二氧化碳驱油地震监测评价方法/谭明友等著. —北京：科学出版社，2017.8
ISBN 978-7-03-053767-6

Ⅰ. ①二… Ⅱ. ①谭… Ⅲ. ①二氧化碳–驱油–地震–监测–评价 Ⅳ. ①TE357.45

中国版本图书馆 CIP 数据核字（2017）第 133549 号

责任编辑：罗　莉 / 责任校对：王　彭
责任印制：罗　科 / 封面设计：墨创文化

科 学 出 版 社 出版
北京东黄城根北街 16 号
邮政编码：100717
http://www.sciencep.com
四川煤田地质制图印刷厂印刷
科学出版社发行　各地新华书店经销

*

2017 年 8 月第 一 版　　开本：787×1092　1/16
2017 年 8 月第一次印刷　　印张：20 3/4
字数：487 098
定价：228.00 元
（如有印装质量问题，我社负责调换）

前　　言

自 Whorton 等于 1952 年取得第一个采用二氧化碳采油的专利以来（Whorton，1952），注二氧化碳提高石油采收率（EOR）的工作一直在进行。据不完全统计，目前全世界实施的二氧化碳驱油项目有近 80 个。美国是二氧化碳驱油发展最快的国家，目前混相二氧化碳驱油在美国石油工业中的应用已经超过其他所有的提高石油采收率方法。二氧化碳驱油的生产量占美国三次采油生产量的 41%并呈现出长期上升的趋势。加拿大的 Weyburn 项目和TransAlta公司在Alberta的项目都从煤气化厂和燃煤电场中捕集与封存二氧化碳提高采收率。随着二氧化碳驱油技术的完善，为了适应能源危机和环境保护，世界各国对二氧化碳驱油技术应用更加重视（Mungan，1981；Martin，1992；陈志超等，2009；Hardage，et al.，2009）。

为了更好地监测地下油藏在注气后的变化，国际上对时移地震监测在驱油中的应用做出了相应探索（Wang et al.，1996；朱希安等，2011）。克罗地亚国家石油公司的 Miroslav Barisic 基于三维地震数据和数值模拟建立了 Ivanic 油田全野外地质数值仿真模型，进行了以二氧化碳驱为主的三次采油实验，并使用时移地震行了监测（Barisic，2006）。堪萨斯州立大学的 Derek Ohl 通过地震属性技术的应用，对密西西比河地区进行了时移地震监测。科罗拉多矿业学院的 T. L. Davis 等，通过多波研究对 Weyburn 地区进行了时移地震监测，利用纵波变化监测气体填充，横波监测压力变化。多分量地震监测表明，纵横波监测能更准确地测出二氧化碳驱油的变化。上述研究成果证实了二氧化碳驱油地震监测的可行性，对国内二氧化碳驱油地震监测工作的研究具有重要的借鉴意义。

国内对二氧化碳驱油方法研究起步较晚，与国外尚有一定差距，但近几年随着稠油和低渗油藏的开采，二氧化碳驱油呈快速发展态势（杨承志等，1991；李士伦等，2001；高慧梅等，2009）。胜利油田 1998 年开始进行二氧化碳单井吞吐增油效果的试验，平均单井增产 200t 以上。2007 年胜利油田在 G89-1 块开展二氧化碳混相驱先导试验，目前已建成国内首个燃煤电厂烟气碳捕获、利用与封存技术（carbon capture utilization and storage，CCUS）全流程示范工程，目前采收率由弹性驱的 8.9%提高到 26.1%，提高采收率 17.2%，增油效果明显，二氧化碳驱已经成为特低渗透油藏有效开发的主导技术之一（史华，2008；李春芹，2001；郭平等，2012）。同时，二氧化碳驱油虽然效果显著，但存在一定的技术问题需要解决，如二氧化碳驱油过程中，部分层位二氧化碳过早突破，一方面会严重降低气驱的波及效率，另一方面油井气窜后，二氧化碳将对油井举升系统、地面工艺设备乃至井场环境造成严重影响。要从根本上解决气窜问题需要完善二氧化碳驱油监测的技术手段，提升监测效果。目前常规的注采及油气水性质检测方法，仅能简单地检测二氧化碳驱油的效果和二氧化碳采出情况，驱油过程的精细监测成为薄弱环节，制约着二氧化碳驱油的进一步发展。

地球物理技术在碳捕获与封存（carbon capture and storage，CCS）中具有重要地位，承担着观测、监测、证实的角色。胜利油田研究人员通过借鉴国外研究经验，分析 G89 二氧化碳先导试验区内注气井史和工区内气驱前后采集的地震数据，发现区内两期地震资料存在与二氧化碳驱油注气相关的地震响应差异，力图探索一条经济高效的利用非一致地震采集资料开展二氧化碳驱油地震监测的相关技术之路。

本书以胜利油田 G89 CCUS 先导试验区驱油波及范围地震预测为例，对二氧化碳驱油的地震监测技术作出详细的阐述，包括国内外二氧化碳驱油及其地震监测技术研究现状、二氧化碳驱油岩石物理测试技术及测试结果、二氧化碳驱油的岩石物理及地震响应特征、面向二氧化碳驱油的地震资料一致性匹配处理技术、二氧化碳驱油波及范围地震描述技术以及二氧化碳驱油气窜与逸散性地震预测技术等 6 方面内容，经由 G89 先导试验区的艰苦探索，实现了国内首次中深部薄互层二氧化碳驱油地震监测，检测效果清晰明确，形成了应用非一致采集地震资料开展二氧化碳驱油地震监测评价技术系列。

本书立足于胜利油田 G89 CCUS 先导试验区埋藏深、储层薄、无研究先例的特点，介绍的技术方法既包含相关学科的理论基础及基础测试结果，亦包含了面向学科前沿的应用非一致采集地震数据开展二氧化碳驱油地震预测的系列地震预测技术，不仅为胜利油田下一步的二氧化碳驱油项目实施提供了技术保障，也为我国在巴黎协议签署后，如何监测二氧化碳地质封存状态提供了较为完备的地震描述技术系列，可为全国的油气工作者提供有益的借鉴。

本书是胜利油田物探研究人员不断探索而取得的优秀科研成果之一。本书成果得益于中国石油化工集团公司（中石化）科研课题（项目编号：P14085）的全力支撑，科研人员谭明友、张云银、曲志鹏、崔世凌、于海铖、刘建仪、王慧茹、杨泽蓉、葛大明、刘浩杰、雷蕾、于景强、张伟忠、亓亮、李晓晨、曹丽萍、罗平平、吴明荣等做了大量的相关研究工作；在研究过程中胜利油田纯梁采油厂李刚连所长、高刚主任，勘探开发研究院的孟晓峰高级工程师给予了极大的帮助；在本书的编写过程中张军华、马劲风、刘建仪、杨火海、吴孔友等教授提供了大量的宝贵资料，对此我们表示真诚的谢意！本书大量的实验、分析化验和研究工作，是在中国石油大学（华东）地球科学与技术学院、西南石油大学石油工程院、西北大学地质学系完成，在这里一并表示感谢！

作　者

2017 年 2 月

目　　录

第1章 二氧化碳驱油地震监测国内外技术现状

1.1 二氧化碳驱油技术国内外应用情况

1.1.1 二氧化碳驱油机理

二氧化碳驱油技术就是把二氧化碳注入油层中以提高采油率（图 1-1）。由于二氧化碳是一种在油和水中溶解度都很高的气体，当它大量溶解于原油中时，可使原油体积膨胀、黏度下降，还可降低油水间的界面张力。与其他驱油技术相比，二氧化碳驱油具有适用范围大、驱油成本低、采油率提高显著等优点（舟丹，2012）。

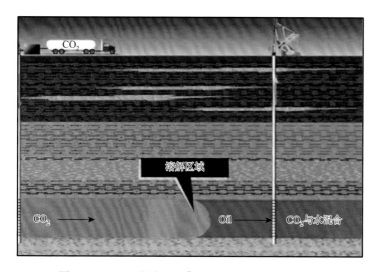

图 1-1 CO_2 驱油原理图［据（Davis et al., 2003）］

世界上许多国家新增原油地质储量（尤其是陆上油田）的开发难度越来越大，勘探潜力越来越小。原油可采储量的补充，越来越多地依赖于已动用地质储量的采收率和难动用储量的开发。尤其在中国，现已发现的油田大部分属于陆相沉积储层，非均质性严重，原油黏度大，导致含水率上升较快、水驱采收率较低。中国已投入开发的油田平均采收率仅为 32.0%，美国油田的平均采收率为 33.0%左右，这意味着在世界已经开发的许多油田中，常规技术开发以后还有大量的探明地质储量残留在地下，迫切期待着新型提高采收率技术的产生和应用（赵阳，2012）。而在众多提高采收率技术中，二氧化碳驱技术具有更广泛的应用前景和更明显的技术优势。利用二氧化碳提高采收率发展有两个原因（赵阳，2012）：

（1）二氧化碳减排的迫切需求，以避免和改变气候变暖。

（2）能源供应安全导致能源开采效率最大化。

二氧化碳驱油是通过注射二氧化碳的方式，进行油田第二阶段开采或第三阶段开采的一种方法。通常，在储层内水平方向或近似水平方向，通过二氧化碳和水的交互式注射来改变内部流体的移动。而垂直方向则需要不同流体循环式的注射。二氧化碳注射有如下作用（Mungan，1981）：

（1）减小原油的黏度。

（2）使原油体积膨胀。

（3）发生混溶效应。

（4）可增加吸水性。

（5）驱赶内部溶解气体。

图 1-2 显示高渗透区域对流体运移的绝对控制作用，导致过高的成本和较低的采油率。

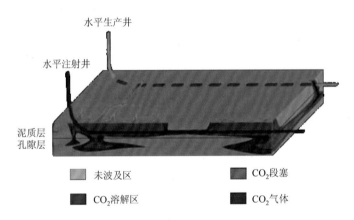

图 1-2　高渗透区域对流体运移的绝对控制作用［据（Davis et al.，2003）］

时移（开发）地震是基于不断重复对某一地区进行地震的方法来检测在这一时期内由于开采而引起的地下变化。当我们用不同时期得到的 3D 地震数据进行勘探时，这种方法就成为 4D 地震。时移地震的方法是油气藏检测的重要工具。

二氧化碳驱油的地震监测研究，主要目的在于研究储层的特征以及对于二氧化碳的最优化利用以提高采收率。提取的三维地震属性表明异常特征可以通过岩相流体变化来解释。地下盐水层是最好的地下隔离二氧化碳的可行选择。对于衰减的油气藏，利用二氧化碳驱油进行三次开采提高采收率，效果是非常好的。通过地震属性变化监测地下储层流体变化情况是一项关键技术。

二氧化碳主要优点是易于达到超临界状态，其临界温度为 31.1℃，临界压力为 7.38MPa，在室温附近就可出现超临界状态（图 1-3），在超临界状态二氧化碳对大多数溶质具有较大的溶解度（张勇等，2013）。在油藏注二氧化碳驱替过程中抽提携带原油中间烃和重质烃的效率明显优于 CH_4 和 N_2。

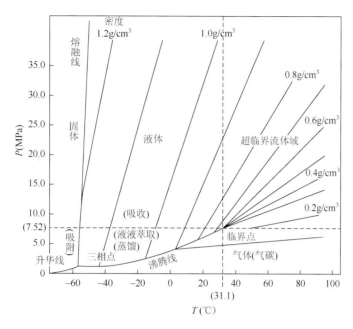

图 1-3 二氧化碳 P-T 相图

二氧化碳驱提高采收率的机理主要包括：降低原油黏度、膨胀原油体积、蒸发原油中间烃组分、利用混相效应、降低界面张力、溶解气驱和增加注入率。混相方式是多次接触混相。按二氧化碳驱油原理可分为混相二氧化碳驱油和非混相二氧化碳驱油。两者之间最大的差别是地层压力是否达到最小混相压力。

二氧化碳混相驱的基本机理是二氧化碳和地层原油在油藏条件下形成混相，消除油水界面，使多孔介质中的毛管力降低至零，从而减少因毛细管效应产生毛细管滞留所圈捕的石油，理论上可以使微观驱油效率达到百分之百。混相驱油是在地层高温条件下，原油中轻质烃类分子被二氧化碳析取到气相中，形成富含烃类的气相和溶解二氧化碳的液相（原油）两种状态。当压力足够高时二氧化碳萃取原油中轻质组分后，原油溶解沥青、石蜡的能力下降，重质成分从原油中析出，原油黏度大幅度下降达到混相驱油的目的。原油组分是原油与二氧化碳发生混相驱的重要因素，中烃组分（特别是 $C_5 \sim C_{12}$）含量高的原油有利于二氧化碳驱。对于原油黏度高或者储层非均质性强的油藏不适合运用二氧化碳混相驱。

1.1.2 国内应用情况

我国东部主要产油区二氧化碳气源较少，但注二氧化碳提高采收率技术的研究和现场先导试验却一直没有停止。注二氧化碳技术在油田的应用越来越广泛，已在江苏、中原、大庆、胜利等油田进行了现场试验。并且多个油田也相应地利用二氧化碳捕集电厂烟气，为相应的油田提供气源。

1996 年，江苏富民油田 48 井进行了二氧化碳吞吐试验，并已开展了二氧化碳驱试验。

1998 年，江苏油田富 14 断块在保持最低混相压力的状态下，开始了二氧化碳水交替（WAG）注入试验，注入 6 周期后水气比由 0.86：1 升至 2：1，起到了明显的增油降水效果。水驱后油层中形成了新的含油富集带。试验区采油速度由 0.5%升至 1.2%，综合含水率由 93.5%降至 63.4%（钱伯章，2010）。

2007 年大港油田公司对孔店油田"沉睡"了一年的孔 103 区块经二氧化碳驱油，使之重新投入生产，为大港油田带来了希望。

2007 年，中石化在胜利油田 G89-1 块进行的二氧化碳驱油先导性试验得到良好结果。二氧化碳的注入使对应的 5 口生产井产量上升，井组日产油由 31.6t 上升至 42.1t，累计增油 7500t。胜利油田适合二氧化碳驱油的低渗透油田储量多达 2 亿 t，若用二氧化碳驱油开发，每年可消耗二氧化碳 300 万 t，提高油田采收率 10%～15%。胜利电厂烟气二氧化碳捕集封存技术的推广，为今后胜利油田大规模开展二氧化碳驱油提供了稳定的气源保障和技术保证。

2008 年，在大庆油田的榆林油田进行二氧化碳驱油技术，使之递减率控制为零，提高采收率 20.1%，增加可采储量 113.45 万 t，同时三年减排 7 万 t 液态二氧化碳。这为外围油田有效动用、增产带来了新的希望。

2009 年中原油田濮城油田采出程度最高，采出程度达 49.2%，二次采油已经见不到油气。为此，对濮城油田沙一段油藏濮 1-1 井组也进行了二氧化碳驱油试验研究，室内进行了地层原油相态、压力组分、注二氧化碳压力等试验。通过在濮 1-1 井进行试验，井组取得了好的效果，日增油 8.5t，累计增油 1150t，唤醒了一个沉睡的油田，并捕集炼厂烟道中的二氧化碳作为油田三次采油的驱油剂（王天明等，1999）。

2010 年，江苏草舍油田泰州组油藏属于中孔-低渗透砂岩油藏，通过实施二氧化碳混相驱实践，已经初步取得含水率下降、原油产量回升的效果。截至 2011 年年底，已累计注入二氧化碳 7380 万 m³，油藏日产油由 48t 升至 85t，综合含水率由 56.4%降为 33.7%，增油 5.6 万 t，评价期末比水驱采收率提高 16.8%（袁颖婕等，2012）。

2012 年 8 月，吉林油田二氧化碳驱油与埋藏关键技术实现工业化应用。吉林油田腰英台油田开展二氧化碳驱油提高采收率试验，需要进行有效防腐保护，加注缓蚀剂是解决二氧化碳腐蚀的有效方法（张龙胜，2012）。

虽然二氧化碳驱油技术在国内东部各大油田均有应用，但是，二氧化碳驱油地震监测的研究还属于起步阶段，该方向的研究工作主要来源于国外，国内需要开展研究。

1.1.3 国外应用情况

自 Whorton 等取得第一个二氧化碳驱油专利以来，国内外一直在进行注二氧化碳提高采收率方面的相关研究。经过 60 多年的发展，二氧化碳驱油技术在发达国家的应用逐步趋于成熟。

美国是二氧化碳驱发展最快的国家。自 20 世纪 80 年代以来，美国的二氧化碳驱项目不断增加，已成为继蒸汽驱之后的第二大提高采收率技术。最大也是最早使用二氧化碳驱的是始于 1972 年的 Sacroc 油田。其余半数以上的大型气驱方案是于 1984～1986 年开始实施的，目前其增产油量仍呈继续上升的趋势。大部分油田驱替方案中，注入的二氧化碳体积约占烃类孔隙体积的 30%，提高采收率的幅度为 7%～22%。

加拿大同样重视二氧化碳油驱技术，Pann 西部公司在 Galgary 油田和 Joffre Viking 油田注入二氧化碳提高采收率。Glencoe 资源公司在加拿大几处采收率较低的油田注入二氧化碳，采油率从 10%～20%提高到 40%。加拿大驱油项目的二氧化碳气源多来自生产和燃气捕集，这有利于降低二氧化碳排放。欧洲 BP 公司、GE 公司也将捕集的二氧化碳注入 Miller 油田，提高采收率；2006 年壳牌公司和挪威石油公司开始建设由燃气发电厂产生的二氧化碳捕集项目，提高海洋油田的生产量；同样，道达尔公司每年把 15 万 t 二氧化碳注入法国西南部衰竭的 Rousse 气田，以提高采收率，并减少温室气体排放。

日本三菱重工公司与壳牌公司联合捕集和压缩电厂二氧化碳注入约 1000m 深的油藏内。采用该技术，每注入 1t 二氧化碳，可提高石油产量 4 桶。两家公司计划建设可捕集 1 万 t 二氧化碳的设施，并使石油生产提高 4 万桶/天。

阿联酋于 2008 年 1 月下旬宣布，计划投资 20 亿～30 亿美元建设碳捕集和封存网络，以减少二氧化碳排放和提高阿联酋的石油产量（陈志超等，2009）。

可见，为了适应能源危机和环境保护，随着二氧化碳驱油技术的完善，世界各国对二氧化碳驱油技术的应用越加重视。同时，为了更好地监测地下油藏在注气后的变化，国际上，对时移地震监测在驱油中的应用做出了相应探索。

克罗地亚国家石油公司的 Miroslav Barisic（Barisic，2006）最近基于三维地震数据和数值模拟建立了 Ivanic 油田全野外地质数值仿真模型，进行了以二氧化碳驱为主的三次采油试验，并使用时移地震进行了监测。

堪萨斯州立大学的 Derek Ohl（Ohl et al.，2011），通过地震属性技术的监测，对密西西比河地区进行了时移地震监测。

克拉多矿业大学的 T. L. Davis 等（Davis et al.，2003），通过多波的研究对韦本地区进行了时移地震监测，根据纵波监测气体填充，横波监测压力，横波能检测到因流体扩散引起的压力变化。多分量地震监测表明，横波监测能更准确地反映出第三方流体的位置。

此外国外还进行了大量的注二氧化碳驱油室内研究和矿场试验（Sakaii，2006）。TPAO、日本国家石油公司（JNOC）和日本 EOR 研究协会（JEORA）在 Ikiztepe 重油油田成功完成了二氧化碳非混相驱现场试验（Terrell et al.，2002），在一个 200m×200m 的反五点井网应用二氧化碳非混相驱。试验动态表明，二氧化碳驱是提高特低渗透油藏采收率的可行办法。

Champlin 石油公司在 Wilmington 油田断块油藏的 Tar 层进行了非混相二氧化碳驱先导试验（Terrell et al.，2002），1981 年 3 月开始注二氧化碳，到 1983 年 5 月 1 日，与水相互间隔共注入 4.25 亿 m³ 二氧化碳，3 口生产井产油量均增加，采油速度增加 7 倍。

1.2　二氧化碳驱油地震监测国内外研究现状

为了更好地监测地下油藏在注气后的变化，研究人员已开始探索在二氧化碳驱油项目中应用地震相关技术（Khatiwada et al.，2009；Gutierrez et al.，2012；Wang et al.，1998），详细研究并总结了注入二氧化碳前后岩石物理参数与速度的变化规律，为应用时移地震技术进行二氧化碳驱油监测提供了理论基础。克罗地亚国家石油公司基于三维地震数据和数值模拟建立了 Ivanic 油田全野外地质数值仿真模型，开展了以二氧化碳驱为主的三次采油实验，并采用时移地震进行了监测（Barisic，2006）。堪萨斯州立大学的 Ohl 等（2011）通过应用地震属性技术，对密西西比河地区进行了时移地震监测。Terrell 等（2002）通过多波研究对韦本地区进行了时移地震监测，其利用纵波监测气体填充，并利用横波来监测压力变化，取得了较好的效果。

1.2.1　二氧化碳驱油地震监测技术的基本原理

在二氧化碳驱油前后，进行高分辨率的连井地震成像，以监测二氧化碳驱油并勾勒驱油区间。观测到的横纵波速度变化幅度约为−6%，最大为−10%。注入二氧化碳之后的孔隙压力明显地高于原先的孔隙压力，所以测得的横纵波速度变化比预想的要大得多，实验表明，孔隙压力增大以及从注入二氧化碳之后的流体替换效应，足以监测二氧化碳驱油过程并描绘驱油区域。

横纵波速度的下降可以直接由井间地震或地表地震明显地观测到。实验表明，纵波速度对于二氧化碳填充以及孔隙压力的增大均非常敏感，而横波速度仅对孔隙压力敏感。故而可以圈定驱油范围。

高孔隙、高渗透的岩石能引起速度更大的变化，若该地层较地震分辨率足够厚，可以由较大的速度改变将其清楚地识别。纵波速度变化范围为 0.2%～8.7%，并且为强烈依赖于孔隙度的函数，横波速度变化范围较小，为 0.1%～2.8%，越高的孔隙压力，表明二氧化碳的影响越大。

超压（20MPa）情况下，孔隙压力由 8.3MPa 增至 15.9MPa，纵波速度降低 1.75%，横波速度下降 2.6%；若填充了二氧化碳，变化幅度分别为 2.0%～6.9%以及 3.1%～8.5%。在高孔隙度样本中，压力影响更大。

高孔隙度时，平均速度变化 9%；中低孔隙度时，平均速度变化 4%。

碳酸盐岩中的二氧化碳驱油监测中，二氧化碳驱油依赖于许多参数，如注气前后的压力、岩石的空孔隙度、注气压力等，并且，它们是相互影响的。

（1）二氧化碳填充引起流体密度变化，会降低横纵波波速。

（2）孔隙构造：多孔构造对于波速的影响更大。

（3）油藏深度及注气压力：埋深越深，孔隙越容易闭合，对速度变化不敏感。

（4）温度：31.1℃是二氧化碳的临界温度，低于此温度，呈液态。

注入流体状态不同，引起流体密度不同，对速度影响不同。横波速度对二氧化碳填充不敏感，纵波速度对于二氧化碳填充以及孔隙压力的增大均非常敏感，综合可圈定驱油范围。利用时移地震或井间地震进行监测，可刻画高孔隙高渗透岩层。

1.2.2　二氧化碳驱油地震监测技术的岩石物理基础

　　二氧化碳的注射对储层岩石的弹性参数的改变是非常多的（Huang et al.，2003），例如储层内流体的性质，甚至岩石的骨架等。当处于超临界状态下的二氧化碳从某一深度向上移动的时候，其热力学状态将会向着低温低压的方向发生改变，从而移动到一个过渡到亚临界状态条件可能需要的地方。这将影响岩石中流体的分布以及饱和度。另外，当二氧化碳注射时，流体-岩石相互作用会影响储层中 $P\text{-}T$ 相的不均衡，从而引发一系列后果，例如岩石模型地表的吸收、模型分解、失水的新矿物学的阶段（例如岩盐、硫酸盐、碳酸盐、铝硅酸盐）。因此，岩石物理特性的研究将成为二氧化碳驱油地震监测的核心技术（Martin，1992）。

1.2.2.1　饱和多孔岩石的地震建模

　　岩石物理学为地震监测与二氧化碳驱油架起了沟通的桥梁，拓宽了地震技术的应用领域（Vanorio et al.，2010）。在二氧化碳驱油过程中，二氧化碳的注入会改变储层岩石的弹性参数，如储层内流体的性质和岩石的骨架等，同时也会造成纵横波速度发生不同程度的变化。对砂岩纵横波速度的测定表明，注入二氧化碳进行驱油后，纵波速度明显下降，而横波速度变化较小。

　　图 1-4 显示，二氧化碳注射的正演模拟的 P 波与 S 波地震特征，会出现三种情况：①化学惰性均匀饱和；②化学惰性片状饱和；③由于溶解引起的孔隙增加。图中还显示除了二氧化碳饱和度解释的错误。图中 A 点表示注射二氧化碳前水饱和砂岩的 P 波初始速

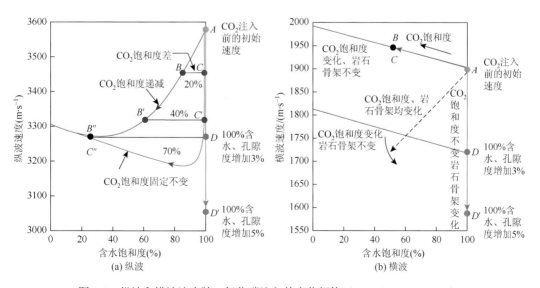

图 1-4　纵波和横波速度随二氧化碳注入的变化规律（Vanorio et al.，2010）

度。在只考虑岩石中流体性质的情况下，可以观察到，气水饱和度为片状饱和（粗尺度混合）的模型 P 波速度下降 100m/s，相当于下降了 20%（*B* 点）。为均匀饱和时，下降 1%。图 1-4（b）表明，横波速度有可能有助于区分饱和效应。根据 Gassmarnn 定理，S 波速度只会因为岩体密度的变化而改变（Wang et al.，1996）。

1.2.2.2　亚临界状态下水−二氧化碳混合声波特性

二氧化碳注射的同时，对速度、压力、温度进行连续的监测，监测结果如图 1-5 所示，可以将水−二氧化碳混合的特性看作温度和压力的函数。图 1-5（a）表示二氧化碳注射的实时压力变化，图 1-5（b）表示实时压力变化，图 1-5（c）表示体积弹性模量实时变化，这个变化可以看作温度和压力的函数。

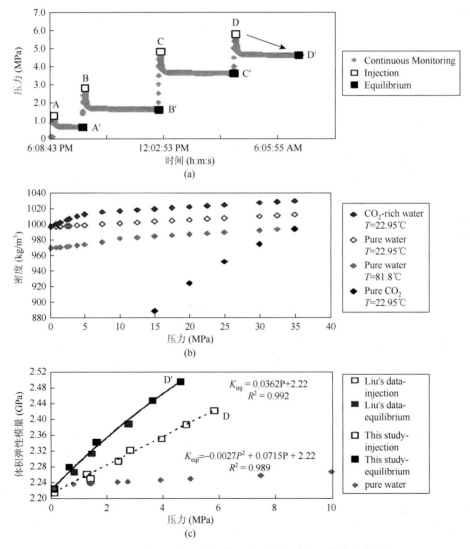

图 1-5　温度、压力、体积模量随二氧化碳注入的实时监测

　　2010 年苏北台兴油田根据其阜宁组三段储层油藏特征和开发现状，利用长岩心驱替实验装置，对长岩心注二氧化碳驱油进行了室内模拟实验（图 1-6），得到了阜三段油藏流体在水驱后三个注二氧化碳气驱压力点下的采收率和相态变化的重要参数，为下一步确立台兴油田合理开发方案提供了依据（Martin，1992）。

　　苏北台兴油田构造位置处在溱潼凹陷的东北斜坡，主力含油层系为阜宁组三段（Ef^3），注水开采后含水上升较快，目前原油含水率已达 75%～80%。其间曾采取压裂、酸化等增产措施，效果均不理想。它的油藏类型为低硫、高凝固点、常温、常压、中低渗、复杂断块层状油藏，比较适合实施注二氧化碳采油工艺，而邻近的苏北黄桥二氧化碳气田资源又非常丰富。钻取台兴油田阜三段储层天然岩心进行注二氧化碳驱油模拟实验研究，以期得到阜三段油藏流体在水、二氧化碳驱油过程中随注气压力变化的原油采收率和相态变化的情况，为台兴油田下一步合理开发方案的确立提供依据。

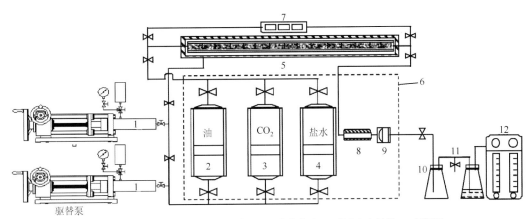

　　1. 驱替泵；2. 地层油容器；3. CO₂气容器；4. 盐水容器；5. 长岩心夹持器；6. 恒温箱；
7. 压力传感器；8. 观察窗；9. 回压阀；10. 分离瓶；11. 取样口；12. 气量计

图 1-6　长岩心驱替实验流程

　　先通过对配制的阜三段地层原油进行基本物性分析，得到原油的饱和压力、体积系数、黏度和密度等基本参数；又通过二氧化碳加气膨胀实验研究注入二氧化碳后阜三段地层原油体系相态变化情况；再通过细管实验确定阜三段地层原油与二氧化碳的最小混相压力。

　　根据三个注气压力点的长岩心驱替实验,结合阜三段原油性质得出以下结论(徐辉等,2010)：

　　（1）二氧化碳对阜三段地层原油有很强的膨胀能力，原油中溶解的二氧化碳越多，体积膨胀越大。长岩心驱替时注气压力越高，二氧化碳在原油中的溶解量越大，地层原油体积膨胀越大（图 1-7）。二氧化碳气混相驱替能大幅提高阜三段储层原油采收率，近混相驱替次之，非混相驱替效果最差。生产上提高注气压力，有利于提高驱油效率，增加产能（图 1-8）。

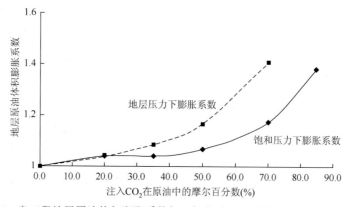

图 1-7　阜三段地层原油体积膨胀系数与二氧化碳注入量的关系曲线（84.0℃）

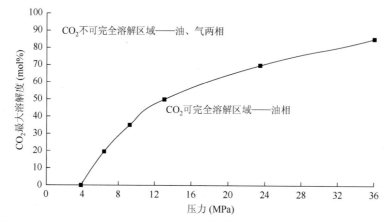

图 1-8　二氧化碳在阜三段地层原油中的溶解度与注气压力关系曲线（84.0℃）

（2）长岩心注水过程中驱替压差较高，可见低渗储层注水比较困难。注入二氧化碳气时驱替压差显著低于注水压差，即注气难度低于注水（图 1-9）。

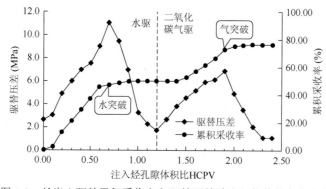

图 1-9　长岩心驱替累积采收率和驱替压差随注入倍数的变化曲线

（3）注入二氧化碳后，地层原油的黏度开始大幅下降，黏度随着原油中溶解的二氧化碳量的增多而降低，原油密度也呈逐渐减小的趋势（图 1-10）。与原始地层原油相比，二氧化碳气驱时尤其气突破后产油重组分含量减少，油质明显变轻，可见二氧化碳的降黏抽提作用明显（图 1-11）。

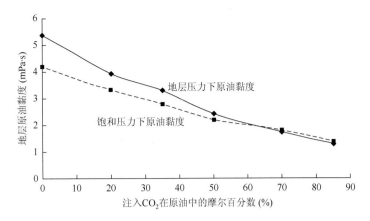

图 1-10　阜三段地层原油粘度与二氧化碳注入量的关系曲线（84.0℃）

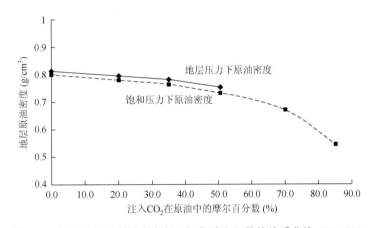

图 1-11　阜三段地层原油密度与二氧化碳注入量的关系曲线（84.0℃）

可见注二氧化碳气驱油可以获得比水驱高许多的原油采收率，而且注气压力越高则原油采收率越高。

1.2.3　二氧化碳驱油地震监测应用实例

1.2.3.1　Ivanic 油田全野外地质数值仿真

克罗地亚国家石油公司的 Miroslav Barisic（2006）基于三维地震数据和数值模拟建立了 Ivanic 油田全野外地质数值仿真模型，进行了以二氧化碳驱为主的三次采油实验，并使用时移地震进行了监测。

Ivanic 油田位于该州 Sava Depression 西北部（潘诺尼亚盆地的西南部分），克罗地亚首都萨格勒布东部约 35km。Ivanic 油田于 1963 年投产，二次注水开始于 1972 年，在 1998 年采集三维地震数据，作为基础构建完整的野外地质和数值仿真模型。

地处墨西哥湾新奥尔良西南 178 英里（1 英里=1.6093km）的蒂尔南场地时移地震数据被用作例子做这一分析，输入了 PP 波 4D 地震属性到储层模型并将合并 PS 波 4D 地震数据作为一个定性的地震历史拟合的额外约束。

地震数据集覆盖的三个不同时间为一次生产前（1995 年）数据，两次生产 OBC 阶段 Ⅰ（1997 年 7 月）和 Ⅱ（1999 年 4 月）的数据。

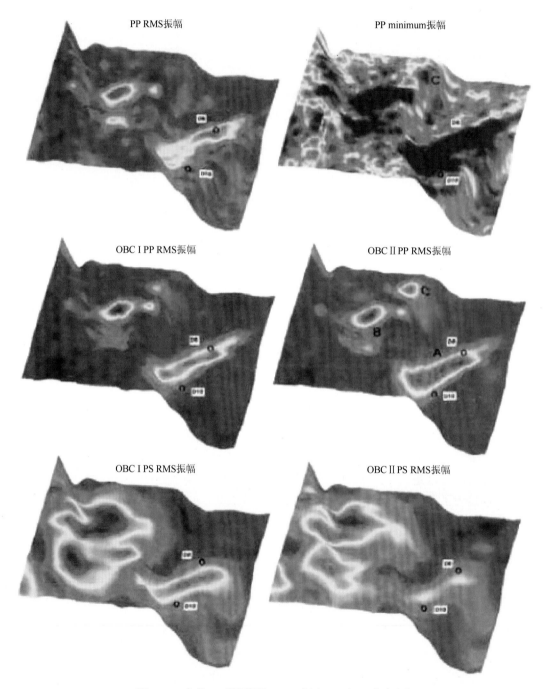

图 1-12　产前 PP 振幅图与 OBC 调查 PP 和 PS 振幅图

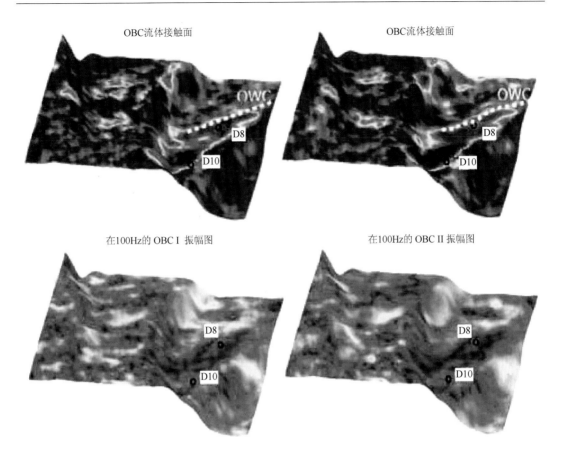

图 1-13　频谱分解后，OBC I 和 II 在 100Hz 的流体接触面和振幅图

连通性、渗透途径、水侵给例中三次采油应用带来很大的不确定性，历史拟合应同时使用生产和 4D 3C 地震数据。

时移地震的目的是在生产和提高石油和天然气采集中能够通过检测感应地震属性的变化监测储层，这是为什么 4D 地震应该是不可分割的一部分。

建模是为了了解孔隙压力和饱和度的变化如何影响 PP、PS 幅值，例中的二氧化碳注入使这些改变更大且更容易探测（图 1-12、图 1-13）。

二氧化碳注入前初始储层的运行过程中的压力接近混相压力有利于驱油效率。注气情况下比非注气替代的石油产量高。

1.2.3.2　Sleipner 的 Utsira 地层二氧化碳时移地震监测

Amir Ghaderi 和 Martin Landro 利用时移地震测试了二氧化碳注入层厚度与速度变化的关系。方法应用于存储在 Sleipner 的 Utsira 地层的二氧化碳的时移地震监测，显示出了显著的 4D 应用效果（图 1-14）。

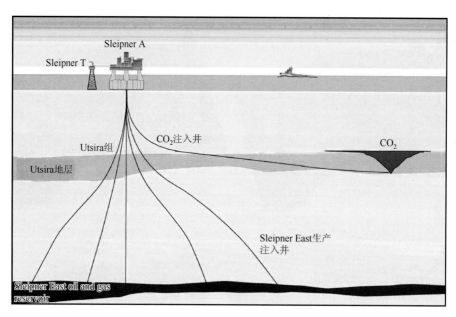

图 1-14　在 Sleipner 的 Utsira 地层二氧化碳注入示意图

1. 二氧化碳的岩石物理性质

二氧化碳体积弹性模量和密度的变化影响速度变化的估计。引入二氧化碳到 Utsira 地层对反射率有巨大的影响，并且显著干扰其他同相轴。

2. 二氧化碳的体积弹性模量

基于 Span 和 Wagner 方程，在四个不同压力值下，二氧化碳的密度和体积弹性模量与温度组成一个温度函数（图 1-15）。测量显示地层温度在 27～37℃。

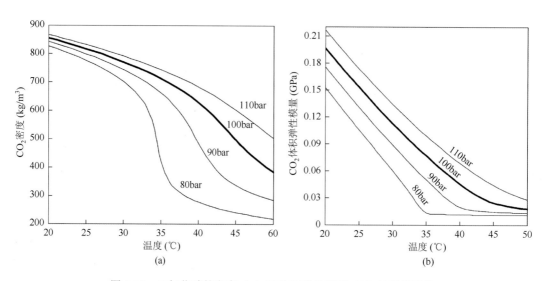

图 1-15　二氧化碳的密度（a）和体积弹性模量（b）的温度函数

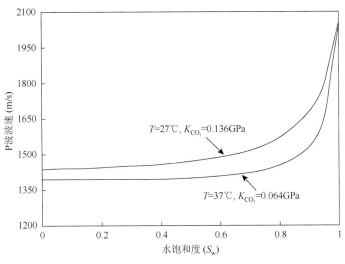

图 1-16　P 波波速相对水饱和度的变化

在一个固定压力值 100bar 和两个假定的地层温度建的 Gassmarnn 模型中（图 1-16），P 波波速相对水饱和度的变化。当饱和度低于 0.8 时，P 波波速随饱和度的变化非常缓慢；而当饱和度大于 0.8 时，P 波波速呈指数型增长。在相同饱和度的情况下地层温度越大，P 波波速越小。

3. 扫描砂岩二氧化碳反射率

二氧化碳在 Sleipner 注入 Utsira 砂岩所造成的 4D 信号，可能比生产油气藏产生的典型 4D 信号强三到四倍。如图 1-17 所示，1994 年的调查相比 1999 年的调查的叠前单偏移距（318m）数据，对整个 Utsira 地层均方根振幅增加 1.5～2 倍，实线表示 RMS 水平基准调查；虚线是 1999 年调查的有效值，一个注入点对应的振幅增加约 1.9 倍以上的和相对于整个连线约 1.3 倍。这一显著的振幅变化可由一个显著的速度下降（二氧化碳和地震造成的调优效果）的综合效应解释。

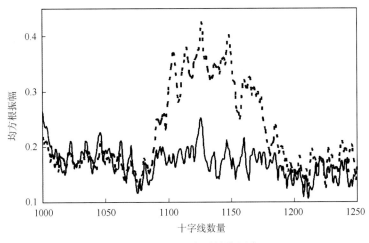

图 1-17　RMS 水平基准调查

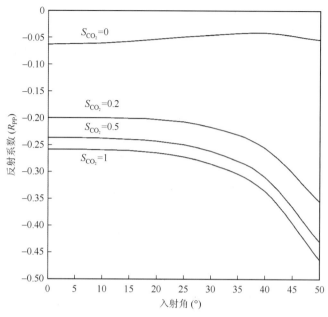

图 1-18　反射系数在不同二氧化碳饱和度随入射角变化的曲线

对不同入射角度和四个不同的二氧化碳饱和值建立的 Zoeppritz 反射系数，我们使用一个标准的校准 Gassmarnn 类型的流体替换（图 1-18）。可以看出反射系数在入射角较小时（小于 30°）变化不大，当入射角大于 30°以后，反射系数急剧衰减。而相同入射角的情况下，反射系数的大小随二氧化碳饱和度的升高而降低。

4. 振幅分析

如前所述，位于页岩薄层下面的二氧化碳注入薄层产生的强大的复合能量干扰了低于二氧化碳羽大部分的反射。然而，在二氧化碳注入点附近仍能产生弱反射（图 1-19）。在图 1-21 中，同相轴的位置（标记为 A）是在 960ms 并显示在深蓝色中。

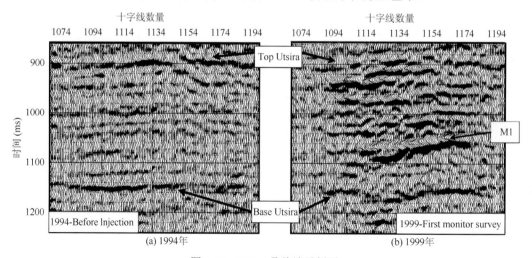

图 1-19　Utsira 叠前地震剖面

由于同相轴的振幅改变是弱于那些二氧化碳羽的中央部分,假设水层之间的干扰同相轴与其他同相轴可能不那么明显,我们感兴趣的是同相轴 A 的区域(为二氧化碳羽的主要部分)和用虚线圈住的部分 Utsira 层底,标记为同相轴 B。这个同相轴的后续期间三个连续的时移检测图如图 1-20 所示。

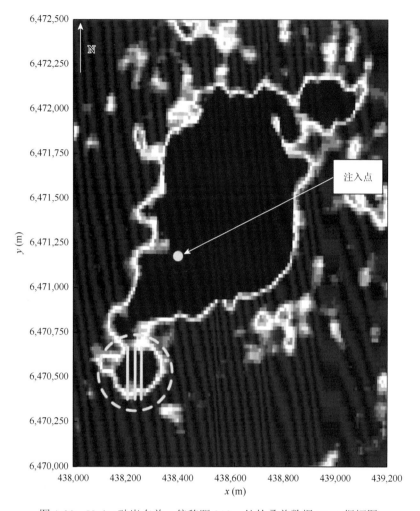

图 1-20　Utsira 砂岩在单一偏移距 318m 处的叠前数据 RMS 振幅图

图 1-19 显示为 1994 年和 1999 年的同相轴 B 交叉道。注意每对道的系统时移。1999年 [图 1-19(b)] 相比注入前的 1994 年 [图 1-19(a)] 反射率的增加有效地说明了二氧化碳的存在。Utsira 底部反射偏移,走时选取可能被从标记在 1050ms 左右的同相轴 M1发出的剩余海底复合能量干扰所遮蔽。

如图 1-21、图 1-22、图 1-23 所示,Utsira 砂岩(1999 年测得)在单一偏移距 318m处的叠前数据 RMS 振幅图(970ms 居中,使用 20ms 窗口)。注意延伸到西南处的二氧化碳"侧羽(side-plume)"同相轴的突出部,标记为虚线的黄色圆。黄色的圆三条平行的黄线代表三条横测线的振幅和时移数据产生的位置。

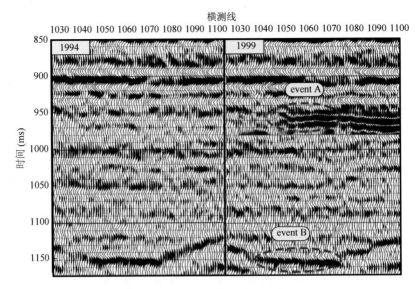

图 1-21　侧羽同相轴及其对 Utsira 组底部的影响

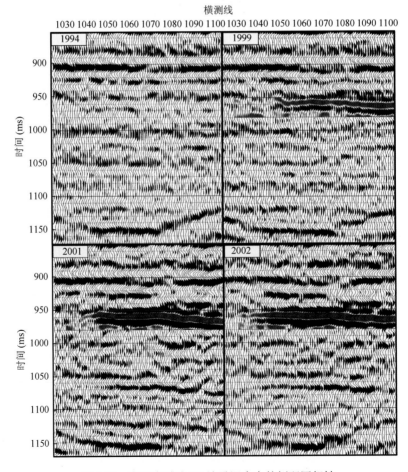

图 1-22　在三次时移 3D 地震调查中的侧羽同相轴

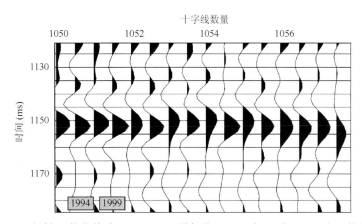

图 1-23　同相轴 B 的共偏移距（318m）道与从 1994（左）到 1999（右）的交错道

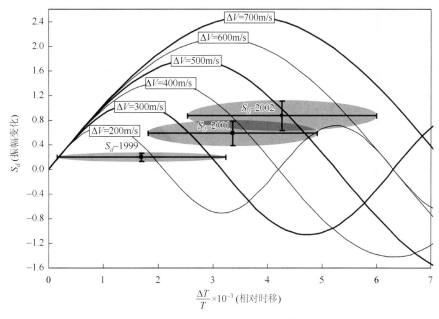

图 1-24　振幅变化与相对时移

如图 1-24 所示，单点对应于实际测量振幅数据，从每个时移年份在 1999 年、2001 年和 2002 年。每个点对应三条横测线的平均测量值，条表示标准偏差，阴影区表示数据的传播范围。每个曲线标注速度的变化值。

研究中，集合了时移地震分析的两个主要类别：振幅分析和时移分析——估计 4D 地震异常中同时改变的厚度和速度。注入砂层的二氧化碳会对时移地震数据造成一个严重的振幅和走时变化。

基于 Sleipner 二氧化碳存储项目的场数据，发现它可能区分二氧化碳注入引起的速度和厚度变化。薄层形成二氧化碳甚至低于薄页岩层内的砂体二氧化碳注入。所有的分析是在一个狭窄的道集（偏移距范围 243～393m）中完成的。估计注入三年之后开始有一个约 200m/s 的速度变化，两到三年后为 500m/s。4D 振幅和时移分析的结合使区分在薄二氧化碳层中速度和厚度的变化（图1-25）。但是，方法限制砂体内只有一个二氧化碳层，该方法对于这样一个单一层事件测试成功。然而，大多数注入造成的二氧化碳层，作为分离层堆积在彼此顶部（通常每一层之间20~50m）。

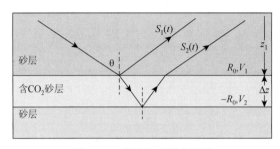

图1-25　薄层的反射路线图

Utsira中单独的二氧化碳层从1999年到2002年厚度保持不变（15m），速度逐渐从1999年的200m/s变化到2001年的400m/s和2002年的500m/s。如果用岩石物理（Gassman）修复速度的改变以及假设一个对整个层的二氧化碳饱和度，会发现二氧化碳层的厚度从1999年的4m增加到2001年的8m和2002年的10m。这些结果较为接近，因为较低的速度变化将意味着在片状饱和情况下的几个薄的相互分离的二氧化碳层，导致一个不足15m的有效厚度。

1.2.3.3　Salt creek油田二氧化碳试验监测

Anadarko公司的地球物理学家John O'Brien（Terrell et al.，2002）最近使用时移地震对怀俄明州Salt creek油田的二氧化碳试验区进行了监测。

该油田从2008年3月开始注入二氧化碳，从那时起进行了5次地震观测（每隔3~4个月观测一次），最后一次是在2009年7月。该油田二氧化碳试验区面积为20英亩（1英亩=4046.865m^2），二氧化碳注入井和采油井的井距为600~700英尺（1英尺=3.048×10^{-1}m），井网类型采用5点法。因此，需要高空间分辨率的时移地震进行监测。地震检波器的埋藏深度为18英寸（1英寸=2.54cm）。由于该油田的储层较浅，地震数据的质量很高，可很好地观察二氧化碳驱的进展情况。据观测结果，从注入井到四口采油井，该油田注入的二氧化碳并不是呈放射状分布，而是在地层上倾方向流动较强，在走向及下倾方向上波及效率较低，这主要可能是二氧化碳的浮力造成的。

1.2.3.4　韦本工区多分量地震属性监测二氧化碳驱油

在韦本地区，使用多分量、时移地震（四维地震）进行二氧化碳驱油的监测。通过监测油藏中横向和纵向的二氧化碳分布，可以提高纵横向的波及系数以及采油率（钱伯章，2010）。

四维地震可以提高模型的准确性，以便更准确地预测油藏，此方法利用提高的采油率来补偿其成本。

该工区位于加拿大威利斯顿盆地东北腹地，约有137口水平井及284口斜井，已采集该地区含油量24%的石油。自2000年10月以来，已有19个模块的水平井变为二氧化碳

注气井 [3～7mmcf/（天·井$^{-1}$）]，产量提高了 15%。

该工区由上部灰质白云岩和下部晶状石灰岩构成，并由高倾石灰岩密封。白云岩厚 30 英尺，孔隙度 26%，渗透率 10md；石灰岩厚 70 英尺，孔隙度 11%，渗透率 15mD。因二氧化碳较高的流动性，二氧化碳驱油的潜能较水驱油大。

二氧化碳由水平井向水平方向和垂直方向流动，由上部流动至下部。时移地震的改变是依赖于地表地震改变的深度的函数。因此，地表地震调查时，需要穿插连井地震调查。

2000 年做基准地震，之后分别在 2001 年及 2002 年做时移地震。

图 1-26、图 1-27 显示时移地震纵横波均方根振幅时隔一年的变化（2000～2001 年），显示二氧化碳沿着裂缝运移，其时窗为 2ms，以油藏的反射界面为中心，纵波声阻抗减小，振幅增大。

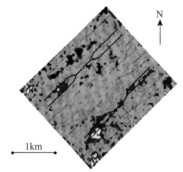

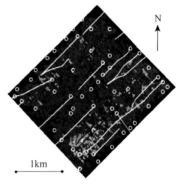

图 1-26　显示时移地震纵波均方根振幅时隔一年　　图 1-27　显示时移地震横波均方根振幅时隔一年
　　　　　的变化（2000～2001 年）　　　　　　　　　　　　　的变化（2000～2001 年）

横波分裂或各向异性均能监测注气井附近的二氧化碳运移过程。图 1-28 显示了时隔一年的横波分裂图，表明由于因不同控制裂缝的不同方向的裂缝而产生了横波分裂。

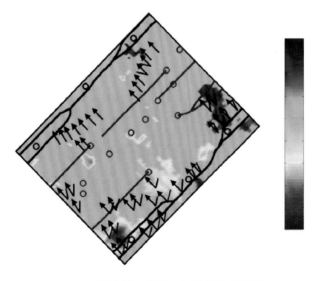

图 1-28　时隔一年的横波分裂图

1.2.3.5　日本长冈市陆上四维地震监测二氧化碳驱油

基准记录于 2003 年，监测记录于 2005 年，图 1-29 为工区，共四口注气井。图 1-30 显示二氧化碳-1 的基准地震记录，二氧化碳-2、二氧化碳-4 的监测记录。

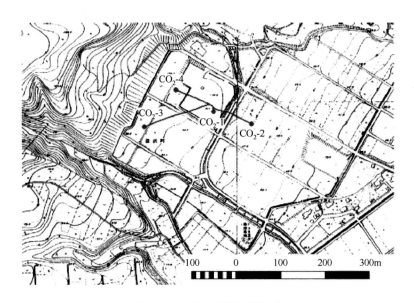

图 1-29　工区，共四口注汽井

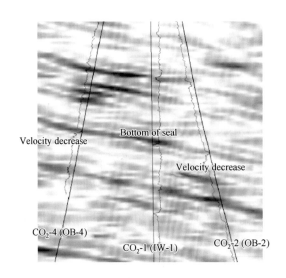

图 1-30　二氧化碳-1 的基准地震记录，二氧化碳-2、二氧化碳-4 的监测记录

图 1-31 为间隔 4 度的角道集，左边两列是 OB-2 的基准地震与监测记录的声波阻抗，第三、第四列是叠加道和角道集的以上两种记录（红为监测记录），第五列是检测记录与

基准记录的差值，角度越大，振幅值越大。

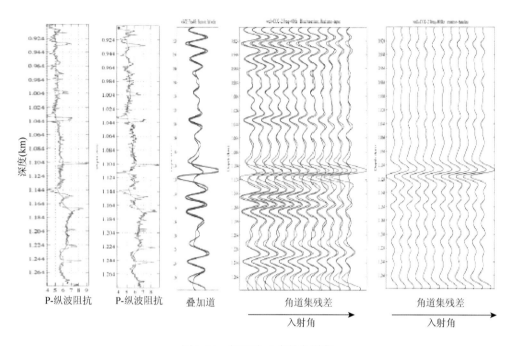

图 1-31　间隔为 4 度的角道集

图 1-32 为四维异常估计的三维图件，一口注气井、三口监测井，与二氧化碳饱和度的测井结果一致。

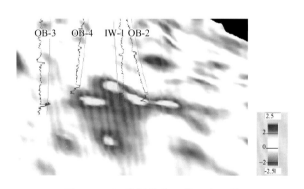

图 1-32　四维异常估计的三维图件

图 1-33 显示了四维异常估计通过神经网络法得到的属性体。

二氧化碳驱油技术是石油公司发展碳封存的重要技术途径，是实现二氧化碳资源利用和封存的最佳结合点之一。目前，二氧化碳驱油已经是一项成熟的采油技术。随着技术的发展完善和应用范围的不断扩大，二氧化碳将成为我国改善油田开发效果、提高原油采收率的重要资源。

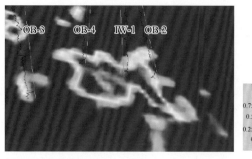

图 1-33　四维异常估计通过神经网络法得到的属性体

自 1950 年，石油工业已经对利用二氧化碳来增加原油产量进行了大量的研究工作。现在，大部分研究机构都在对二氧化碳驱油技术进行深入的研究，这也表明二氧化碳驱油已成为石油工业创新的前沿。

时移（开发）地震是基于不断重复对某一地区进行地震的方法来检测在这一时期内由于开采而引起的地下变化。当我们用不同时期得到的 3D 地震数据进行勘探时，这种方法就成为 4D 地震。时移地震的方法是油气藏检测的重要工具。

二氧化碳驱油的地震监测研究，主要目的在于研究储层的特征以及对于二氧化碳的最优化利用和二氧化碳驱油以提高采收率。抽取的三维地震属性表明异常特征可以通过岩相变化来解释。地下盐水层是最好的地下隔离二氧化碳的可行性选择。对于衰竭的油气藏，利用二氧化碳驱油进行三次开采提高采收率，效果是非常好的。

1.3　超声波测试岩心技术

1.3.1　超声波在岩心实验中的应用

人们通常按振动频率来划分波，超声波一般指频率为 20kHz 以上的波。1880 年，压电现象的发现推动了超声波领域的研究。随后磁致伸缩材料的研究也取得了成功。这些成果为超声波的应用奠定了基础。20 世纪 20 年代英国物理学家布拉德曾提出用超声波模拟地震波；30 年代初科学家们开始了高压下岩石弹性的研究，如测量了 1.0GPa 压力下岩石的压缩系数和 0.4～1.0GPa、600℃条件下岩石的剪切波波速；40～60 年代各种压电陶瓷出现后，大大推动了超声波在各方面的应用，因而有更多的学者采用观测超声波脉冲走时的方法进行了高压下岩石弹性波速的测量。Birch（1960，1961）的工作最具有代表性，他完成了 0.01～1.0GPa 压力范围内 70 多种岩石和矿物的纵波速度测量，并提出了著名的 Birch 定律。这一时期，超声波在工程地质、地震学和地球物理勘探学中的应用迅速发展起来，如用于测量水深、探测金属内部的瑕疵和水中物体等，以及用于超声波地震模型研究和工程地质岩体探测等方面。

超声波的传播规律，一般可分为运动学和动力学两部分：超声波运动学主要研究波的射线或波前的几何轨迹等问题，用来解决波的传播时间；超声波动力学主要研究超声波在岩体内传播时波的形状、振幅、吸收、衰减和频率等问题。在超声波地震模型中传播的超声波通常被称为震波，在模型上观测所获得的超声波记录图简称为震波记录图，称一个完整波列的记录图为全波记录图。具有不同振动性质（如纵波和横波）和不同传播路径（如直达波、反射波）的震波在记录图上特定的形态标志称为震相。震相时距特征称为运动学特征，而振幅、相位、频率、波谱等特征称为动力学特征（赵鸿儒等，1991）。

利用超声波做高温高压实验，不仅能够测量波速，还可以研究波在样品传播过程中的能量衰减、波形和频谱的变化，来探讨高温高压条件下弹性波动力学的基本规律，为地球深部地震波动力学信息的实际应用提供基础，同时更深入地研究地震波运动学和动力学特征变化的影响因素，如地球深部的高温高压环境以及在这种环境中岩石内部的成分和结构的变化等。

1.3.2　超声波岩石实验研究进展

目前，国内外大量学者测定过多种岩石在高压下的地震波速及其同温度、压力、矿物组成、化学成分、密度、各向异性和含流体的裂隙以及脱水和部分熔融等之间的关系，并建立了一些地区的地壳和上地幔模型（如 Bireh，1960，1961；Christensen et al.，1965，1966，1979，1991，1995，1996；Fountain et al.，1976，1990，1994；Ito et al.，1990，1995；Kenr et al.，1981，1989，1993，1996，1997，1999；Matsushima，1981，1986，1989；张友南等，1993，1997；赵志丹等，1996；高山等，1997；周文戈等，1999；白利平等，2002；马麦宁，2002；刘巍等，2002）。人们对岩石弹性波速的研究主要集中在弹性波速随温度、压力（深度）变化的规律，影响弹性波速变化的因素和弹性波速测量结果的地质应用等三个方面，并取得了丰硕的成果（谢鸿森等，1998）。

1）超声波速度随压力、温度和深度变化规律

在高温高压条件下大量的 P 波、S 波速度的研究结果表明：在恒温下，纵波波速和横波波速随压力的增加而增大；在恒定压力下，纵波和横波的传播速度一般随温度的增加而下降（Kern et al.，1981，1982；Christensen et al.，1979；赵志丹等，1998，1996；周文戈等，1999，2000）。但是，不同岩石的纵波速度和横波速度随压力和温度变化而变化的幅度是不同的，这主要是岩石的不同矿物成分和化学成分以及岩石的密度和结构等方面的差异造成的。在地球内部，波速随深度的变化是两种趋势相反变化的结果，因为压力增大导致波速增加，而温度升高则使波速减小。Lebedev（1975）给出了乌克兰地盾中几种火成岩的纵波速度随深度的变化，随着深度的增加，波速变化有增有减，还有几乎不变的情况，这是压力和温度共同作用的结果。

2）岩石组成对超声波测试影响

岩石组成方面的因素包括矿物成分、孔隙流体和化学成分等，这些因素对岩石的弹性有重要的影响。一些地壳和上地幔主要造岩矿物的弹性波速测量结果显示云母的波速最低（V_p=5.6km/s，V_s=2.9km/s），镁橄榄石的波速最高（V_p=8.57km/s，V_s=5.02km/s）（Anrsn，1989）。当花岗岩中含有 0.7% 的自由水时，纵波速度较其干样的速度降低了 10%（金振民等，1993）。

壳幔岩石在地球深部的应力场和流动场的长期作用下，必然发生变形。当岩石变形受位错蠕变控制时，矿物晶格呈按某一方向的优势排列（即晶格优选方位）（Karaot et al.，1993，1995）。实验结果表明：矿物晶格优选方位是导致岩石地震波速各向异性的主要原因（Kern et al.，1990，1993，1996；Andesron，1989；Barruol et al.，1996；Bergman，1997；金振民等，1990，1994；金淑燕，1993，2000）。弹性波在二氧化硅（SiO_2）中的传播速度较慢，由此可以得出，弹性波在含 SiO_2 少的基性岩中的传播速度高于含 SiO_2 多的酸性岩中的传播速度（Getal，2000）。

3）孔隙和颗粒大小影响

绝大多数岩石是有孔隙的，尽管所占的体积不大，但对岩石性质的影响却相当大。在压力较低时（<lGPa），随压力升高，孔隙闭合导致岩石纵波速度迅速增大（Kem et al.，1996；Matsushima，1972；Christensen，1974；Rudnick et al.，1995）。孔隙的最小直径与最大直径之比，称为纵横比（aspeetartio），用 a 示之，岩石中的孔隙按其形状可以分成两类：一类是孔洞（a 约为 1），另一类是裂纹（a 远远小于 1）。不同形状的孔隙对物性的影响是不同的，如 5%的球形孔隙可以使波速降低约 5%，而 1%的裂纹孔隙却可以使波速降低 40%～50%（陈顺，1988）。

当岩石中有 95%的矿物颗粒小于 0.54mm 时，在高压下测量的岩石纵波速度不会受到岩石中矿物晶体大小分布的影响（周文戈等，1998）。

4）相变作用

矿物相变是指当环境条件改变时，原有矿物的质点发生重新排列、组合或晶格畸变，形成新稳定相的过程。例如，在 800MPa、770℃条件下长英质岩石中石英一旦相变导致全岩的波速增大（孙君秀等，2000）；在多顶钻装置上利用超声波干涉仪测量了橄榄石和 β-橄榄石的横波和纵波速度，在 13.5GPa。黑云二长片麻岩向榴辉岩的相变导致了波速的增加（周文戈等，2000）。

1.4　二氧化碳地质封存地球物理监测综述

气候变化所产生的破坏性影响是当今全球共同面临的最大挑战之一，是对人类可持续性未来的最大威胁（IPCC，2014）。科学证明，工业革命以来的人类活动，特别是发达国家大量消耗化石能源所产生的二氧化碳累积排放，导致大气中温室气体浓度显著增加（Chu，2009；Sun，2006）。更高的温度和极端天气事件对全球自然生态系统，特别是粮食生产产生显著影响，给人类生存和可持续发展带来严峻挑战。

碳捕集与封存（carbon capture and sequestration，CCS）或碳捕集、利用与封存（carbon capture，utilization and sequestration，CCUS）技术，是将一些燃煤电厂等高排放企业产生的二氧化碳捕集，然后封存到地下的技术方法。根据国际能源组织的估算，到 2050 年，CCS 技术将可以降低全球约六分之一的碳排放，被国际上认为是目前快速降低温室效应的最有效方法（Bikle，2009）。虽然 CCS 技术与其他再生能源、核能及提高能效等其他减排技术与措施都是应对气候变化的关键技术，但 CCS 技术是化石能源为基础的发电、炼钢、冶炼、玻璃、陶瓷、水泥、化工等大规模排放行业中，减少碳排放的最直接和最关键技术。

继 CCS 在加拿大 Weyburn 油田、挪威 Sleipner 气田与阿尔及利亚的 In Salah 盐水层碳封存项目获得成功后（Service，2009），国际上越来越多的 CCS 项目开始进入实施和运营。2014 年 10 月，全球首座能够捕获自身 100 万 t 二氧化碳气体排放的商用火力发电厂——加拿大 Saskatchewan 省 Saskpower 电厂的 Boundary Dam CCS 项目成功开始运营（Reiner，2016），被国际上认为对于"清洁燃煤"技术的发展，具有里程碑式的意义。到 2014 年，世界上正在运营和建设的大规模 CCS 或 CCUS 项目已经达到 22 个（GCCSI，2014）。中国目前有多个项目在开展二氧化碳捕集、二氧化碳-提高采收率和地质封存，但是规模很小，包括捕集、运输和封存全流程等的项目已有四个，如吉林油田二氧化碳-提高采收率项目、鄂尔多斯神华煤制油二氧化碳咸水层封存项目、陕西延长石油靖边油田 CCUS 项目和胜利油田燃煤烟气 CCUS 项目。其中后两个项目在 2014 年被列为国家发改委重点低碳推广技术（NDRC，2014，2015），陕西延长石油集团的靖边 CCS 项目在 2015 年 6 月成为中国第一个通过"碳收集国家领导人论坛（CSLF）"认证的项目，在 2015 年 9 月被列入《中美元首气候变化联合声明》中，成为中美双方共同合作的第一个大规模 CCUS 示范项目（Chinese Government，2015）。

CCS 项目的开展具有巨大的市场，为地球物理技术的发展开辟了新的领域。地球物理监测技术是二氧化碳地质封存地址选择、监测二氧化碳在地下运移和封存状态、评估地质封存安全性的核心技术（Wills et al.，2009；Lawton，2010）。

二氧化碳地质封存相当于石油开发的逆过程，即将捕集的二氧化碳注入地下地质圈闭中进行永久性封存的过程。目前，国际上公认的最经济有效的封存方式是将从高碳排放企业捕集的二氧化碳注入到废弃油气田及开发后期的油气田中。这些油田拥有大大小小的构造与岩性油气圈闭，本身具有安全的封存条件，能够保存油气藏数百万年而不泄漏，被认为是封存二氧化碳的最理想空间。加之在油、气田勘探、开发过程中积累了大量的钻井、岩心、地质研究、地球物理及试油试采等资料，从而节省了二氧化碳地质封存选址及安全性监测本底（Baseline）研究中的大量资金。更为重要的是，将二氧化碳注入地下利用二氧化碳提高采收率（enhanced oil recovery，EOR），可以获得较水驱高 10% 以上的采收率。在进行二氧化碳地质封存的同时，获得额外的原油增产收益，以此来弥补整个 CCUS 项目的成本。从环境效益考虑，采用二氧化碳驱油，还可以节省水资源及减少水驱及化学驱等废水排放造成的环境污染，一举多得。

虽然油气储层是开展 CCUS 的最佳场所，但是从全球来看，油气储层储集空间远少于咸水层的储集空间。因此，咸水层二氧化碳地质封存的潜力巨大，如何利用盐水和降低咸水层封存的成本，也是国际上重点研究和项目示范的方向。

二氧化碳地质封存的条件与要求：

（1）封存地址的选择，与封存前储层岩性、构造、圈闭的容量，与储层的孔、渗、饱、温度、压力等参数及更准确的岩石组构、孔隙度、微裂缝分析等。

（2）封存二氧化碳的储层几何形态、封堵层厚度和延伸范围，断层与裂缝的几何特征与特性。

（3）储层附近的多套储层与盖层的地质构造与岩性信息。

（4）剩余油分布与注二氧化碳提高原油采收率的效率。

（5）证实盖层封堵和井孔的完整性，检测二氧化碳泄漏和二氧化碳在地下的运移。

（6）证实盖层一次封堵泄漏后，盖层之上的二次封堵和最终二氧化碳运移的稳定性，并证实储层压力、储层的实际二氧化碳存储能力或空间大小。

（7）地表形变与上覆荷载的岩石力学预测。

（8）二氧化碳地质封存的机制、长期保存时的地球化学反应等（Matter et al.，2009）。

（9）泄漏及泄漏后风险评估。

（10）与封存区地下地质结构对应的近地表及大气的快速监测技术及二氧化碳泄漏的环境效应。

其中最主要的科学问题是如何提高二氧化碳地质封存过程中的二氧化碳-提高采收率效率和如何确保二氧化碳安全地封存在地下 200～1000 年以上。地球物理技术具有无可替代的作用，而如何观测、监测数千米深的储层内二氧化碳-提高采收率效率与地质封存的效果，如何证实地质封存的安全性，如何证实地下深部储层二氧化碳封存量等于注入量，确定二氧化碳可能的快速泄露点与慢速泄露点，成为地球物理技术的最大挑战。

1.4.1　二氧化碳地质封存中的地球物理监测技术

目前，二氧化碳地质封存的地球物理监测主要包括以下六方面的内容：

（1）四维地震勘探技术，包括四维三分量地震技术（4D3C）、四维三分量垂直地震剖面技术（4D3CVSP）、四维九分量地震（4D9C）（White et al.，2012，2013；Davis et al.，2003）、井间地震（Onishi et al.，2009；Spetzler et al.，2008；Zhang et al.，2015）、被动地震观测（Verdon et al.，2010；Ugalde et al.，2013）。

（2）井中地球物理监测技术（Xue et al.，2006），包括多次测井技术、井中多级温度、压力等监测技术。

（3）岩石物理测试（Brown，2002；Xue et al.，2006；Martínez et al.，2013），即模拟地下温度、压力与二氧化碳驱油条件下的储层参数测试。

（4）电阻率法（Kiessling et al.，2010；Bergmann et al.，2012；Schmidt-Hattenberger et al.，2013；），包括地面、井间与井中技术。

（5）重力监测（Havard et al.，2011；Gasperikova et al.，2008）。

（6）遥感（Verkerke et al.，2014）、地表形变监测（He et al.，2014；Samsonov et al.，2015）等。

二氧化碳地质封存过程的地球物理监测，贯穿于二氧化碳地质封存的所有阶段，即二氧化碳注入前（Baseline）、注入过程中（Monitor）和封存后（Post-closure Monitor）。特别是在二氧化碳地质封存完成后，还要监测二氧化碳长期封存的安全性（Ma et al.，2010；Hao et al.，2012），这其中最为有效的地球物理监测技术是地震监测技术。

二氧化碳地质封存的地震监测是一个长期过程，主要采用四维地震技术（也称作时延地震监测技术）。通过对比注入二氧化碳前后的地震监测数据差异或者二氧化碳注入不同阶段的地震监测数据之间的差异，包括地震振幅差异与储层内旅行时间微小的延迟，来估算二氧化碳注入地下后的平面与垂向分布范围。加拿大（White，2009）、挪威（Chadwick et al.，2010）、澳大利亚（Urosevic et al.，2010；Pevzner et al.，2011）、欧盟（Kiessling et al.，2010；Ivanova et al.，2012）、美国（Finley，2014）等都有成功经验，图 1-34 为两次地震监测振幅差异。目前国际上实施的二氧化碳地质封存项目则都开展了本底（Baseline）地震监测，或者采用地震技术选择封存地址。

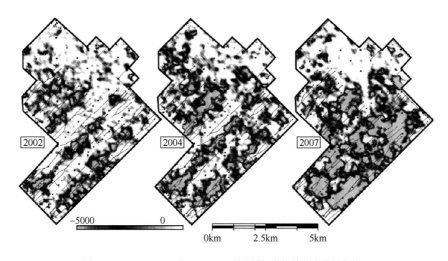

图 1-34　Weyburn 油田 Marly 储层的时移地震振幅差异。

2002、2004、2007 分别代表 2002 年（注入二氧化碳 280 万 t）、2004 年（注入二氧化碳 370 万 t）、2007 年（注入二氧化碳 740 万 t）采集的监测（Monitor）三维地震振幅与 1999 年本底（Baseline）三维地震振幅的差异。图中双腿线表示水平生产井（黑色）或者二氧化碳注入井（绿色）（White，2009），黄色区域为二氧化碳分布范围

与地面四维地震监测技术相比，以井中记录和激发的 VSP 与井间地震技术，在二氧化碳注入过程中，特别是封存后，技术上实施困难。比如，现有的 VSP、微地震监测及井下监测，都是在很小规模的试验区内监测井开展。而在油气田内正在注入二氧化碳与产出原油的注入井与生产井井内，则难以实施。一方面停注或者停止生产，井底压力与注入和生产状态的不同，在大量二氧化碳注入阶段，对于油气生产井或者监测井还面临井口二氧化碳泄露的风险；另一方面，如果采用停注二氧化碳来进行监测，还可能造成井底反水、二氧化碳无法注入与井报废。

在目前所有国际上的二氧化碳地质封存项目中，地震监测技术开展最完善的是加拿大 Weyburn 油田二氧化碳地质封存项目（White et al.，2013）。Weyburn 项目开展了 5 次有效的三维三分量地震监测、3 次三维 VSP 监测、3 次三维九分量（3D9C）和 5 次被动地震监测。在注入二氧化碳之前，为配合项目开展，在三维地震工区边缘钻探了一口新井（Ma et al.，2010），即图 1-35 中 Well4-23 井。并进行了包括快、慢横波在内的较为完善的测井，这口井随后转为注水井。但是这口新井并没有进行取心，岩石

物理测试时采用的是工区内已有岩心，见图 1-35 中取心井位置，并在科罗拉多矿院开展测试（Brown，2002）。

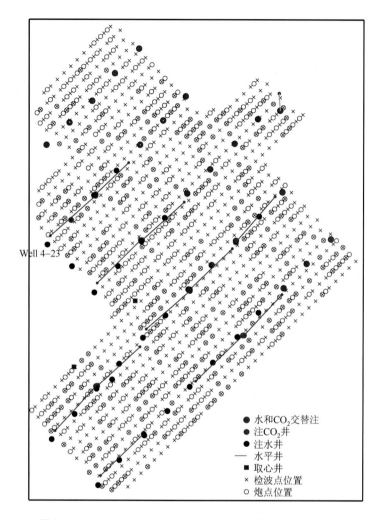

图 1-35　Weyburn 油田 Phase1 A 四维地震监测工区与井位图

　　目前不少二氧化碳地质封存项目中，特别是利用开发后期油田进行二氧化碳注入的工区内，往往注入工区内缺乏取心井，也缺乏全波列测井资料；或者有取心井，而没有全波列测井曲线等。都直接影响取心与全波列测井曲线的对应及后续计算流体替换曲线等研究的精度。

　　Weyburn 油田的四维地震监测，固定在每年 11 月底到 12 月初的冬季进行采集，以免地震采集受季节变化导致浅地表地层速度变化，进而影响两次地震监测的差异。在实际地震采集时，由于采用炸药震源激发和重新布置检波器，难以做到两次地震采集观测系统严格的一致，即两次采集中炮点和接收点的一致（Ma et al.，2009）。图 1-36、图 1-37 为 Weyburn 项目本底（baseline）三维采集与监测（monitor）三维采集的炮点、接收点差异。

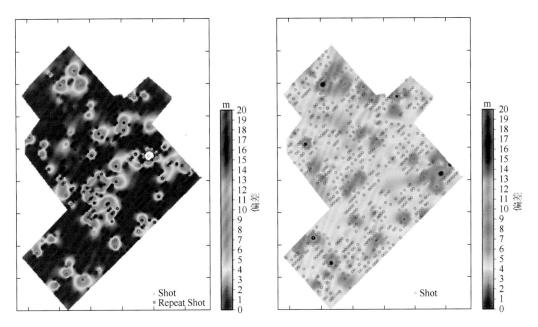

图 1-36　Weyburn 油田三维监测与三维本底地震激发点偏差（Ma et al.，2009）。其中左图为 2001 年与
1999 年激发点坐标之差，右图为 2002 年与 1999 年激发点坐标之差

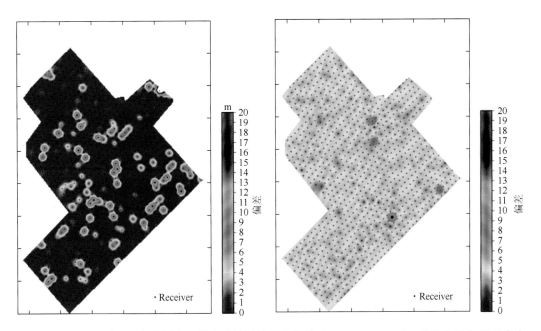

图 1-37　Weyburn 油田三维监测与三维本底地震接收点偏差（Ma et al.，2009）。其中左图为 2001 年与
1999 年接收点坐标之差，右图为 2002 年与 1999 年接收点坐标之差

尽管如此，在 Weyburn 项目的地震采集中，还是尽量保持了监测数据与本底数据之

间炮点和接收点的误差最小，采集参数见表 1-1。2001 年为注入 100 万 t 二氧化碳后开展的第一次三维监测。尽管 2001 年的三维监测参数与 1999 年本底不同，但是仍然获得了与本底监测地震数据的差异（Li，2003），这为后续多次开展三维地震监测奠定了基础和增强了信心。考虑到 2001 年监测时改变观测系统带来的问题，从 2002 年以后的监测中，三维地震观测系统保持与 1999 年本底监测一致。

表 1-1　Weyburn 油田四维地震监测采集参数（Ma et al.，2009）

参数\年份	本底（1999）	监测（2001）	监测（2002）
炮数	630	882	630
接收站	986	986	986
采样率（ms）	2	2	1
最大偏移距	2152.87	3445.84	2105.627
最大叠加次数	77	132	78
震源类型	炸药，1kg，12m	炸药，1kg，12m	炸药，1kg，12m
接收器类型	Mithan，3C 频率 10 赫兹 衰减 70%	OYO，3C 频率 10 赫兹 衰减 1%	OYO，3C 频率 10 赫兹 衰减 0.7%
炮间距（m）	160	160	160
接收器间距（m）	160	160	160
观测系统	19lines×39stations	19lines×39stations	19lines×39stations

与水驱油、稠油热采等的四维地震监测不同（Calvert，2005；Johnston，2013），地层温度压力状态下的超临界二氧化碳弹性特性与天然气类似，注入二氧化碳使得储层纵波速度下降很快，将易于从监测地震数据观测到地震反射振幅与时间延迟的变化。比如加拿大 Weyburn 油田的碳酸盐岩储层在注入二氧化碳后，我们从模型计算出的纵波速度变化在 10% 以内。Wang 等（1998）对注入二氧化碳后的碳酸盐岩岩心进行岩石物理测试，也发现高孔隙岩样的纵波速度平均下降 9%，低孔隙岩样的纵波速度平均下降 4%。

Xue 等（2006）根据日本长冈二氧化碳地质封存先导试验区砂岩储层的岩石物理测试也发现，随着注入二氧化碳饱和度的增加，纵波速度可以下降 10% 以上（图 1-38）。然而，当二氧化碳饱和度超过 20% 后，纵波速度就不再下降。这样对于能否和如何利用地震资料反演储层内二氧化碳饱和度超过 20% 的区域，就成为技术难点。

而 Kim 等（2011）在日本长冈项目的实验同样证实了电阻率随二氧化碳饱和度变化显著，如图 1-38 所示。那么依靠电阻率的监测，可能成为识别二氧化碳饱和度的有效方法。不过，电阻率成像存在分辨率不够高的问题。同时，当二氧化碳注入储层后遇水形成的碳酸，将会溶解储层中部分矿物质，而导致储层矿化度升高和地层水电阻率下降。实际监测的储层电阻率将受二氧化碳与地层水电阻率的双重影响，而不宜获得准确的二氧化碳饱和度。

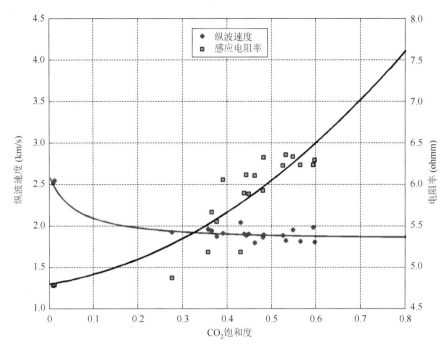

图 1-38　日本长冈岗碳封存项目中纵波速度、电阻率随二氧化碳饱和度变化关系（Kim et al.，2011）

　　二氧化碳注入过程中，储层压力的变化或者差异压力（上覆压力与孔隙压力差）的变化，也是影响储层弹性参数的主要因素，如图 1-39 所示。这种压力对弹性参数的影响，在油田开发后期和开始注入二氧化碳阶段，可能大于二氧化碳饱和度对纵波速度的影响。由于横波速度对二氧化碳饱和度不敏感，压力变化是影响横波速度的主要因素。比如在陕西延长石油集团靖边油田 CCS 项目中，开始注入二氧化碳阶段的 2012 年 9 月，井底储层压力从原始的 12MPa，已经下降到 2~3MPa。胜利油田 G89 区块二氧化碳注入区，注入二氧化碳时，井底储层压力从原始的 42.6MPa，下降到 28.1~32.2MPa。加拿大 Weyburn 油田二氧化碳注入时，原始储层压力为 15MPa，注入井底压力 23MPa，生产井压力 8MPa（Ma et al.，2010）。此外，储层的温度、盐水矿化度、气油比、原油 API 等也影响弹性参数变化。

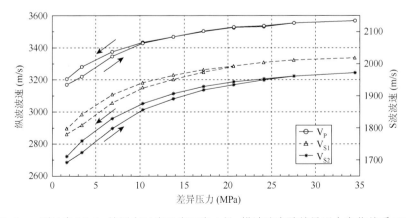

图 1-39　Weyburn 项目中 Marly 储层白云岩干岩石岩心纵、横波速度随差异压力变化关系（Brown，2002）

　　除四维地震监测外,其他的地球物理方法主要配合四维地震获得不同二氧化碳注入阶段的储层及流体参数。这些地球物理方法一般和每次地震采集的时间应当相同,这样才能用于标定四维地震资料。比如,需要开展多次测井,才能准确标定二氧化碳注入时期采集的地震资料。基本上测井资料是在注入二氧化碳前或者更早的裸眼井中进行的,储层注入二氧化碳后,温度、饱和度、压力、电阻率、气油比、地层水矿化度发生了变化,甚至由于油田开发时压裂、酸化、碳酸溶解等造成孔隙度变化,需要进行第二次测井来获得更加准确的储层参数。但是由于固井和加套管,第二次测井受套管影响难以准确地实施而且成本高。目前只有日本的长冈碳封存项目实施了多次测井(Xue et al.,2006),但是多次测井曲线只有中子测井(neutron)、感应测井(induction)和声波测井(sonic logs)(Nakajima et al.,2012)三条,其中最高的一口井重复测井达到40次。因此,利用 Gassman 流体替换理论计算的测井曲线,目前还是碳封存项目中估算注入二氧化碳不同阶段储层段弹性参数曲线的主要手段。

　　在无法开展多次测井的情况下,需要通过岩石物理测试获得不同注入阶段下,储层压力与弹性参数之间的关系(Brown,2002),进而将测井资料校正或者拟合到与四维地震资料采集时间一致的储层温度、压力、含油饱和度等状态下,才能使得测井资料与四维地震资料匹配,进而开展以测井资料为基础的油藏模型建立与四维地震解释、反演研究(Mezghani et al.,2004;Roggero et al.,2007)。

　　被动地震监测除了可以用于监测二氧化碳注入过程中,高压可能产生的二氧化碳突破位置、储层微裂缝开启、断层开启及是否盖层被突破外,还有助于监测和评价天然地震对井眼完整性及二氧化碳地质封存完成后封井质量的影响,即天然地震对固井水泥、套管产生的破坏可能导致封存的二氧化碳从井眼泄露。

1.4.2　二氧化碳地质封存地球物理监测技术难题

　　从地球物理数据采集技术、设备、处理与解释技术几个方面分析二氧化碳地质封存的地球物理监测技术的难题。

1.4.2.1　采集技术

　　地球物理数据采集的基本要求是监测(monitor)位置与本底采集(baseline)观测系统及激发点、接收点位置的一致性。比如对四维地震监测来说,目前的陆地采集无法确保监测的炮点和检波点位置与本底采集位置一致。因此,从 Weyburn 项目在第二期实施中,就考虑埋置永久检波器和采用可控震源激发。但是采用可控震源可能会带来炸药震源激发与可控震源激发的地震信号差异。

　　Weyburn 项目在 1999 年 12 月采集 Baseline 三维地震数据后,于 2001 年 12 月注入100 万 t 二氧化碳,采集了第二次三维地震监测数据(monitor)。这次的三维监测虽然尽力确保激发点与接收点与本底采集的一致,但是,为了提高覆盖次数,将本底采集中一炮记录的三维束线,改为两炮甚至三炮采集,即改变了观测系统(Ma et al.,2009),如

图 1-40 所示。这样虽然三维地震剖面上仍然可以处理出 2001 年 Monitor 数据与 1999 年 Baseline 的差异（Li，2003），但是平面上二氧化碳分布的差异地震信息还是受到影响。因此，2002 年以后的采集观测系统又改回与 1999 年观测系统一致的方式进行，见表 1-1。

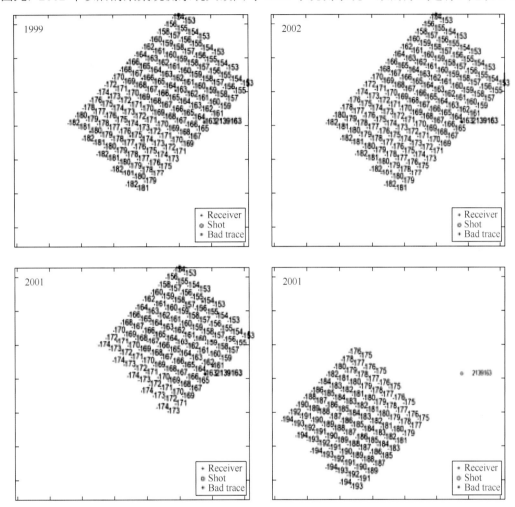

图 1-40　Weyburn 油田 1999 年、2001 年、2002 年三次
三维地震采集中同一炮（炮号 2139163）的接收线束。

图中蓝色数字为接收点位置，红色数字为炮点位置。注意，同一炮位置，2001 年采集中激发了两次，
两炮的接收线束合并后与 1999 年、2002 年相同

　　对 Weyburn 项目来说，后续地震监测的最大问题在于，随着二氧化碳注入量的增加，二氧化碳已经运移出原来的本底采集地震监测区域。因此，对 CCS 项目来说，开始设计时的二氧化碳本底（Baseline）三维地震监测区域要足够大，以便确保长期注入过程中，二氧化碳没有运移出四维地震监测区域。但是监测面积大，随之而来的问题是地震采集成本升高和 CCS 项目成本升高。

　　对中国目前所开展的 CCS 项目来说，只有胜利油田 G89 区块的二氧化碳-提高采收率项目开展了两次重叠的三维地震监测，即 1992 年冬季（Baseline）和 2011 年 12 月（Monitor）

采集的两次三维地震。其中二氧化碳注入时间为 2007 年，到 2011 年第二次地震采集时，累计注入二氧化碳约 6 万 t。但是这两次观测系统差异很大，1992 年采集时是采用 4 线 6 炮，覆盖次数为 20 次，CDP 面元为 25×100，采用间隔 4ms。而 2011 年采集时则采用 18 线 12 炮，覆盖次数为 225 次，CDP 面元为 25×25，采用间隔 2ms。此外，这两次地震监测的激发点与接收点位置也不重合。

对于很多开发后期的油气田来说，多数已经做过三维地震覆盖，在开展二氧化碳-提高采收率与地质封存时，如果利用早期的三维地震作为 Baseline 数据，那么监测（Monitor）地震的采集参数往往高于 Baseline 采集参数，如高密度、宽范围采集，就不易达到两者观测系统完全一致。此外，随着井场建设的不断开展，包括铺设输水、输油管道、二氧化碳输送管道及排污管道等，监测（Monitor）地震的采集中炸药震源的激发需要格外小心。为避免破坏地下设施，部分监测地震采集炸药震源的激发点位置需要移动并难以达到与 Baseline 的一致。

在 G89 区块第二次三维采集过程中，为降低井场抽油机及注入泵的噪声，井场的注入井与生产井停止作业。但这导致了四口二氧化碳注入井中的一口井在地震采集完毕后无法再次注入二氧化碳，至今也无法注入的情况。而在陕西延长石油靖边油田的第一口二氧化碳注入井在注入过程中，发生过类似事情（图 1-41）。即在将注入二氧化碳从实验阶段的食品级二氧化碳更换为榆林煤化工厂捕集的二氧化碳过程中，暂停注入后再次注入二氧化碳时，井底反水严重而导致无法注入。这口井两年后才能重新注入二氧化碳，目前的注入量也不大（图 1-41、图 1-42）。因此，在地震采集过程中停

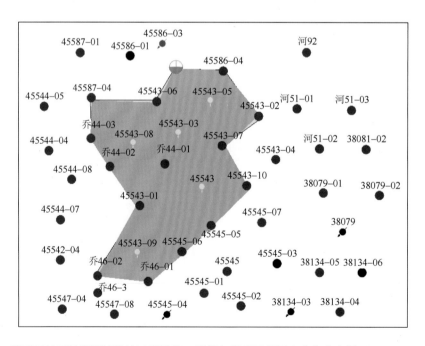

图 1-41　陕西延长石油集团靖边油田碳捕集、利用与封存示范区内井位分布图（Ma et al.，2014）。图中黄色为二氧化碳注入井，蓝色为注水井，红色为产油井

止注入二氧化碳，可能导致注入井报废。

　　在地震采集过程中，特别是监测地震数据采集时，不应当停止二氧化碳和水的注入，这样井底压力也可以保持注入或者生产时的压力状态。比如加拿大 Weyburn 油田的多次监测地震采集过程中，都没有停止二氧化碳注入。

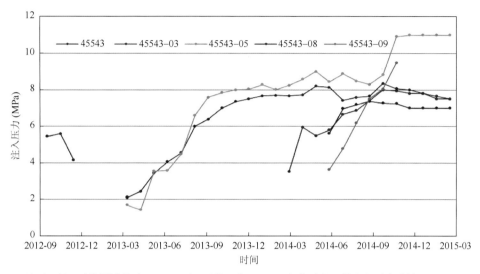

图 1-42　陕西延长石油集团靖边油田 CCS 项目示范区内，5 口二氧化碳注入井注入压力曲线（Ma et al.，2014）

注意，红色线条代表工区第一口二氧化碳注入井 45543-03，从 2012 年 9 月开始注入，随后因为更换二氧化碳源暂时停注，而无法再次注入。直到 2014 年 3 月后才能再次注入

　　当然，如果在地震采集时井场的抽油机等设备不停止，将会带来较强的干扰。比如，陕西延长石油集团在其第二个二氧化碳注入区块，即吴起油田长官庙二氧化碳地质封存区开展的 10.68km^2 三维地震监测（Baseline）采集中，对于现场正在开展的注水井等设备没有要求停注和停止生产，虽然这样获得的地震数据反映了生产时的压力状态，但是现场的抽油机噪声对地震数据也产生了严重的干扰，影响了地震资料的品质（图 1-43）。

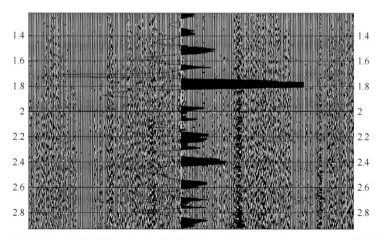

图 1-43　陕西延长石油集团吴起油田二氧化碳注入区内，2015 年 Baseline 三维地震采集时炮集中典型抽油机干扰

在 Weyburn 油田附近，加拿大 Saskpower 电厂开展的 Boundary Dam CCS 咸水层封存项目中，在 6.25km^2 面积内地下 20m 深度处，埋置了 630 个永久检波器，这样确保了每次地震采集时接收点的一致。而震源则计划在 2015 年 4 月注入二氧化碳后，采用可控震源激发方式。目前采用炸药震源，在二氧化碳注入前的 2012 年 3 月、2013 年 4 月和 2013 年 11 月，采集了三次 Baseline 三维地震数据，用于评价四维地震资料采集和处理的可重复性（Rostrona et al.，2014；White et al.，2014），特别是评价季节变化对于四维地震采集的影响。

在 Boundary Dam CCS 前三年开展的咸水层二氧化碳地质封存地球物理监测中，除了进行三次 Baseline 三维地震监测外，还在地面开展了被动地震监测、电阻率/大地电磁、重力等监测。在井中开展了井间地震、VSP、井地联合电阻率、实时温度压力监测、被动地震监测等技术，并设计了更为先进的时延测井监测技术（White et al.，2014）。

二氧化碳地质封存的四维地震采集中，成本决定了最佳的三维地震监测的时间间隔与最佳观测系统。我们需要有效降低采集成本，才能使整个 CCS 项目的运营成本降低。然而，与常规油气勘探的水驱油、稠油热采等四维地震监测不同的是，二氧化碳地质封存中的四维地震监测，除了要考虑注入二氧化碳的储层外，还要考虑储层附近的油层与咸水层。一方面考虑注入储层中的二氧化碳可能会泄露到附近的储层中，需要地震资料予以证实并跟踪二氧化碳泄露的途径；另一方面，未来开展二氧化碳的最佳方式，可能为多套储层及咸水层的注入，也称为 Stack 储存方式，采用这种存储方式，可以有效降低咸水层二氧化碳地质封存中基础地质、地球物理、钻井等投入的成本。这样，需要像研究油气储层那样，获得这些储层及咸水层的储层参数。因此，四维地震采集过程中需要兼顾二氧化碳当前注入层附近储层的采集效果及覆盖次数，这可能会增加地震采集的成本。

1.4.2.2　采集设备

二氧化碳地质封存的地球物理监测中，虽然大多数地球物理监测设备可以采用常规油气勘探的设备，但是在二氧化碳注入井、生产或监测井中，监测装备的研发已经成为该领域内装备技术的关键。井中在线监测的数据可以包括 VSP、温度、压力及多次测井曲线等，这些设备需要安置在井中不同深度，需满足小型化、耐高温、耐二氧化碳腐蚀等要求以达到可永久安置在井中。这样做对于二氧化碳地质封存项目完成后，封井条件下储层参数的获取，以及标定项目关闭后采集的地震监测数据和井资料校正非常重要。

目前，二氧化碳注入阶段的井中温度、压力等监测是将装备沉入井底，监测一段时间以后取出读数。而 VSP、多次测井则是在监测井开展的，如果能够在注入井监测，则能获得二氧化碳高压注入条件下更准确的、更有价值的注入井附近储层参数。

在 Boundary Dam 咸水层封存项目的井中 VSP 监测中，吸取了 Weyburn 项目的经验，采用了将光纤检波器埋置在套管后面进行永久性监测的做法（White et al.，2014）。而光纤检波器具有体积小、灵敏度高、抗电磁干扰性强、耐高温高压、无漏电、易于复用等优点，能实现永久、实时在线的测量。井间电阻率法监测，同样面临如何在注入过程中进行井中在线监测的设备问题。

1.4.2.3　处理技术

二氧化碳地质封存中四维地震资料的处理，目的是获得两次地震资料的差异，并用于判断二氧化碳-提高采收率效果、二氧化碳在地下分布范围、异常压力分布范围和证实封存安全性。虽然，注二氧化碳后储层纵波速度的下降明显，四维地震易于观测到注入前后两次的差异。但并不是一定可以处理出符合实际的差异地震信息，四维地震资料处理需要根据地震资料的特点，采取不同的处理流程进行，处理的方法并不唯一。

在 Weyburn 油田四维地震资料处理中（Ma et al.，2009），虽然每次采集的三维地震资料都在 12 月份进行，但是浅地表速度的变化仍然导致同一炮、同一接收点初至的不同，见图 1-44、图 1-45。因此，我们需要统计每次地震监测与本底监测初至时间的平均差异（图 1-46），将监测数据的初至按照平均的时间差异校正成与本底数据相同的初至时间。然后，对两次观测的数据采用相同的处理流程进行处理。

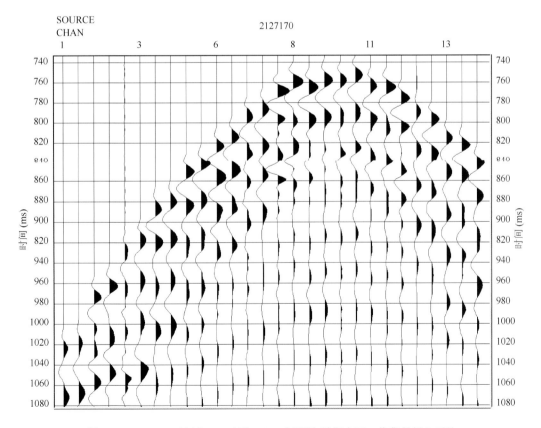

图 1-44　Weyburn 油田 1999 年与 2001 年两次采集中同一炮集的插入对比

第一道为 1999 年采集记录，第二道为 2001 年采集记录

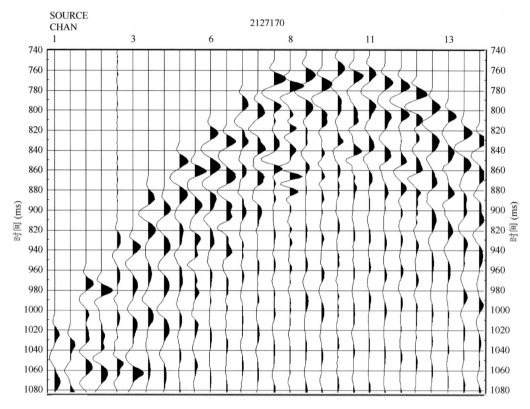

图 1-45　Weyburn 油田 1999 年与 2002 年两次采集中同一炮集的插入对比

第一道为 1999 年采集记录，第二道为 2002 年采集记录

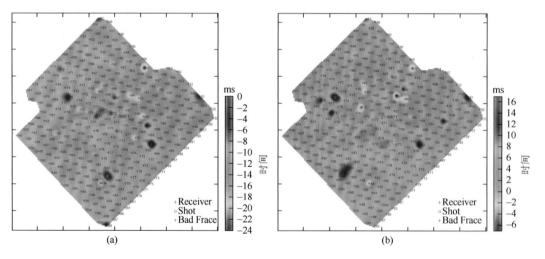

图 1-46　Weyburn 油田本底与监测三维地震两次采集中同一炮集（2116171）初至的差

（a）为 2001 年（Monitor）初至减去 1999 年（Baseline）初至；（b）为 2002 年（Monitor）初至减去 1999 年（Baseline）初至

　　为确保叠后不同年份地震剖面的可对比性，我们在对监测地震数据的初至与本底数据的初至进行整体校正后，对每次观测的地震数据统一采用 1999 年 Baseline 的静校正数据

进行处理。当然，我们也可以采用 Monitor 的数据，主要是 Baseline 数据质量更好的缘故。

当我们分别计算 Baseline 和 Monitor 三维地震数据的静校正量时，我们发现其差异还是比较大的，这种差异也影响到了后面的 CMP 与叠后数据的对比。如图 1-47、图 1-48 为 Weyburn 项目中，不进行初至校正时，1999 年、2001 年、2002 年三维地震采集数据分别计算静校正后，求得的差异。从图中可以看到本底数据与监测地震数据之间的静校正差异是

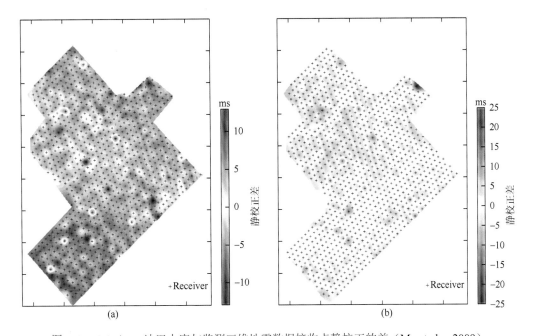

图 1-47　Weyburn 油田本底与监测三维地震数据接收点静校正的差（Ma et al.，2009）

（a）为 1999 年（Baseline）减去 2001 年（Monitor）之差；（b）为 1999 年（Baseline）减去 2002 年（Monitor）之差

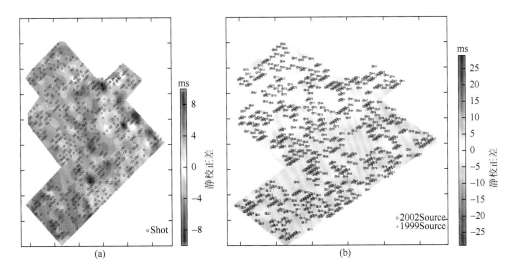

图 1-48　Weyburn 油田本底与监测三维地震数据激发点静校正的差（Ma et al.，2009）

（a）为 1999 年（Baseline）减去 2001 年（Monitor）之差；（b）为 1999 年（Baseline）减去 2002 年（Monitor）之差

比较大的。当两次采集的三维地震资料静校正差异较大，而我们对两次地震资料统一采用来自本底数据或者监测数据的静校正值时，势必对其中之一产生较大的误差，这种误差需要采用较大的剩余静校正来处理，而这可能会带来新的地震振幅等的误差。

当两次地震监测的时间间隔不大时，静校正量的差异还不算大。如果两次地震监测的时间间隔很长，则静校正量会有比较大的差异。比如，在胜利油田 G89 区块的时延地震监测中，Baseline 监测的时间是 1992 年，Monitor 监测是 2011 年。这种长时间间隔地震监测中出现的较大静校正量差异，可能主要来自地下潜水面的下降，即过度开采地下水和气候变化导致气温升高引起的浅地表水蒸发。这种情况在中国华北地区、西北地区等地尤为严重。陕西北部鄂尔多斯盆地很多地区的地下水位已经下降到 50～100m 或更深。而潜水面的下降，也会造成两次采集地震资料频率信息的差异。

两次地震监测中震源的不同，也直接影响四维地震资料处理的效果。比如在澳大利亚 Otway Project 中，2008 年 1 月采集的三维地震数据采用重锤激发，而注入 35000t 二氧化碳后的 2009 年，则采用可控震源采集三维监测地震数据（Urosevic et al.，2010；Pevzner et al.，2011）。为保持每次采集时震源位置相同，以及严格的环保要求，采用可控震源激发将会成为二氧化碳地质封存项目中主要震源激发方式。而可控震源激发的地震信号中，目前的地震资料处理方法，还是难以剔除干净炮集中的调谐噪声。Hammer 等（2004）对比了同一点激发的炸药震源与可控震源炮集，可以从中看到两者震源的差异（图 1-49）。这种可控震源信号与炸药、重锤等其他震源激发信号的差异，在四维地震差异信息中可能造成解释的错误。

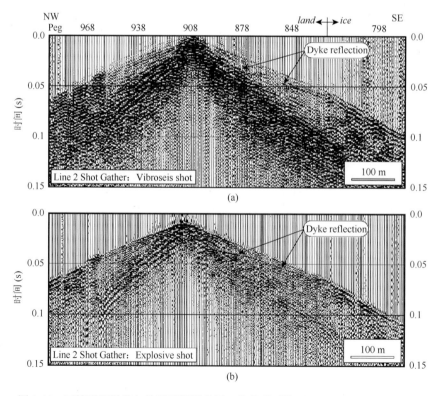

图 1-49　可控震源激发与炸药震源激发同一炮集的对比（Hammer et al.，2004）

　　两次三维地震资料的处理与对比，可以从叠前的炮集、CMP 道集与叠加、偏移资料进行对比。理想的数据对比是从炮集进行，即如果从炮集或者 CMP 道集就可以处理出反映二氧化碳注入的振幅、时延等变化，则为后续叠前反演奠定了很好的基础。但是，在实际四维地震资料采集过程中，即便注入二氧化碳前后两次观测时的炮点、检波点重复性很好，但是采集中的坏道、抽油机干扰、交流电干扰等对每次采集的影响都不一样。这就会造成两次监测中这些坏道、干扰等不在同样的道出现，即 Baseline 数据出现的坏道与Monitor 数据出现的坏道不同，坏道与坏道不能一一对应，而坏道与正常道对应。这样，给两次监测炮集的道与道之间的对比带来困难。

　　叠加与偏移资料可以做到两次监测数据 CDP 与 CDP 道的一一对应，可以方便进行四维地震资料的互均化等处理（图 1-50）。但是，衡量四维地震资料效果的方法，是其结果与地质、驱油效果、二氧化碳示踪、地球化学分析、油藏数值模拟等结果的一致性。这是四维地震监测与处理中最难的地方，往往处理很多次也不一定能够获得理想的效果。

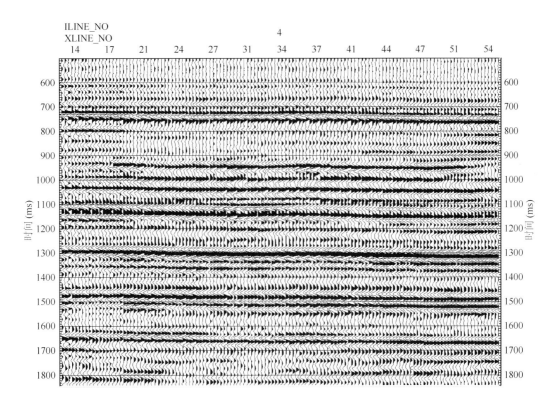

图 1-50　Weyburn 油田 1999 年、2001 年和 2002 年同一测线叠加地震数据的插入式对比（Ma et al.，2009）

第一道为 1999 年，第二道为 2001 年，第三道为 2002 年数据。其中 Marly 储层顶面位置在 1140ms 左右

　　往往在注入二氧化碳过程中人们的地质认识会影响对地震处理效果的判断。比如，人们一般认为注入井点二氧化碳饱和度高，一定会出现注入前后两次地震监测的差异，但是注入的二氧化碳可能不一定聚集在注入井附近，而是沿着高孔隙或者裂隙通道运移向别

处，或者很快突破。如果注入区域有一定幅度的地质构造，二氧化碳往往会向构造高部位运移。此时，注入井附近可能观测不到地震的差异。观测不到差异时，也有可能注入的二氧化碳突破封堵层，进入储层附近的咸水层内。

两次监测的三维地震资料观测系统不同，是地震处理中棘手的事情。此时，可以采用观测系统退化等方式，将两次采集的观测系统变成一致。也可以将两次三维地震监测资料的 CMP 做成一一对应，然后进行四维处理。

1.4.2.4　解释技术

二氧化碳地质封存的地震解释目标，主要是从差异地震信息中排除干扰，识别出二氧化碳分布范围和压力分布范围。最终目标是通过地震信息验证二氧化碳的注入量是否等于封存量。如果注入量不等于封存量，那么二氧化碳是否泄漏？在什么地方泄漏？如果二氧化碳泄漏到储层附近的咸水层中，如何从四维地震信息中证实二氧化碳被二次封闭而没有泄漏到浅地表。

四维地震解释可以分别解释 Baseline、Monitor 数据和差异地震数据。因此需要制作合成地震记录分别标定这些数据。而在没有时延测井资料的情况下，预测 Monitor 时期的储层二氧化碳饱和度、压力等状态下的测井曲线，即通过 Baseline 时期或之前测井的曲线经过流体替换后，预测纵、横波速度与密度，成为四维地震数据标定和解释的重要环节。而在没有时延测井数据时，注入井点附近储层的二氧化碳饱和度是比较难估计准确的参数。对于裂隙介质或压裂后储层的二氧化碳注入，注入压力导致的储层微裂缝开启与关闭是注入状态下测井曲线预测的难点（Shen et al.，2009；Wei et al.，2013）。

解释技术最主要的难点在于如何从主要反映二氧化碳饱和度与压力变化的差异振幅及时间延迟差异信息中，获取二氧化碳饱和度与孔隙压力（Ivanova et al.，2012；Grude et al.，2013）。AVO 反演、波阻抗、弹性阻抗反演等储层预测技术成为获取这些参数的主要手段（Lumley，2010；Meadows et al.，2013；Gong et al.，2013；Huang et al.，2015）。但是，单纯利用纵波信息，难以区别差异地震信息中二氧化碳饱和度与孔隙压力的影响，考虑到横波速度对流体饱和度不敏感，利用纵波与转换波联合解释及利用四维转换波信息预测孔隙压力可能是未来发展方向之一。

与油藏数值模拟的互相结合和印证，是四维地震解释的重要手段（Huang et al.，1997；Johnston，2013；Riazi et al.，2013）。油藏数值模拟可以用于预测二氧化碳在储层中运移、分布和封存的特性，预测实际的二氧化碳地质封存量。特别是可以从油藏数值模拟中，分别获得二氧化碳饱和度和储层压力的分布。在四维地震资料难以区别二氧化碳饱和度与压力效应，以及地震资料分辨率不够，无法分辨薄互层和储层垂向非均质性的情况下，油藏数值模拟提供的二氧化碳波及范围，及饱和度与压力分布模型，可以在四维地震监测中得到验证和修正，进而获得二氧化碳地质封存量计算需要的饱和度与泄漏风险预测需要的储层压力数据体。

比如在加拿大 Weyburn 油田 Phase 1A 区块 Marly 储层顶部的差异振幅信息中（图 1-34），难以解释出二氧化碳驱替效率和封存量。实际上，在 Phase 1A 区块采用了 16 种 CO_2-EOR

模式（White et al.，2004），不同的模式二氧化碳驱油效率不同。而不同的驱油模式，四维地震响应却相似，这也是四维地震差异信息非唯一性的表现。通过油藏数值模拟则有助于建立正确的储层模型，减少四维地震解释的非唯一性。

考虑到注入储层的二氧化碳可能泄漏到附近的咸水层，那么这些咸水层的储层预测也需要开展，以便估算可能泄露到咸水层的二氧化碳量及咸水层孔隙压力，进而判断咸水层的封堵是否安全，是否有导致继续向上部其他咸水层泄露的压力与风险。这样，常规储层研究中开展的注二氧化碳岩石物理实验、流体替换等方法，也需要在储层上覆的咸水层开展。

从解释技术上来说，常规三维地震解释的技术都适合于四维地震，但是目前很多解释技术在二氧化碳地质封存中的应用还在实验和探索中，比如地震属性、储层含二氧化碳的吸收衰减等。

当然，综合利用其他地球物理信息，比如两次重力监测差异反演储层密度、利用电阻率法反演储层二氧化碳饱和度、微震监测断裂位置等，并确保地球物理预测结果与其他学科的一致性，也有助于提高四维地震解释的精度。

地球物理技术，特别是四维地震技术是观测、监测与证实地下深部二氧化碳地质封存安全性最有效、最可靠的技术，是整个 CCS 项目安全监测体系中最重要的一环。

对油气勘探地球物理技术而言，开展二氧化碳地质封存地球物理监测最大的价值，在于提高现有地球物理方法中储层预测技术的精度。就是说以往的储层预测技术是对未知油气储量进行的预测，预测出的油气储量与实际储量存在比较大的误差，需要经过很长时间的油气田开发后，才能逐步证实。而在二氧化碳地质封存项目中，对注入地下并封存的二氧化碳量开展的储层预测技术，则是在已知二氧化碳储量或注入量情况下，采用地球物理方法进行的二氧化碳储量预测，是在目标已知情况下对现有地球物理方法进行的修正和完善。

二氧化碳地质封存的地球物理监测延续时间长，需要在二氧化碳注入前、注入过程中和注入后多个阶段开展安全性监测。四维地震监测的质量与效果，直接受野外监测技术、监测地表条件及监测设备等的影响。四维地震监测数据的处理需要根据不同的观测系统、激发方式等开展不同流程的处理。四维地震数据的解释需要与地质、测井、二氧化碳驱油效果、油藏数值模拟等其他学科获得一致的结果。采集、处理和解释每个环节都有很多的难题需要解决。如何以先进的设备、最低的成本、最佳的监测方案来观测、监测和证实二氧化碳地质封存的安全性，给地球物理的装备、处理和解释技术都带来新的挑战。

随着全球降低碳排放与应对气候变化的迫切需求，CCS 技术成为快速降低碳排放最直接、最有效的手段，而面临前所未有的发展机遇。中国政府承诺 2030 年达到碳排放峰值，2017 年启动全国碳排放交易，将给中国的 CCS 技术带来巨大的发展机遇。而随着 CCS 项目的广泛开展，二氧化碳地质封存地球物理监测技术为地球物理行业带来巨大商机，即将发布的 ISO 碳捕集、运输和封存国际标准（ISO/TC265），确定了地球物理监测是 CCS 项目必备的流程。传统的为油气资源勘探服务的地球物理技术因为 CCS 而被赋予新的使命，拓展了新的发展空间。

1.5　研究区基本情况

G89 块位于正理庄油田的北部。区域构造上处于东营凹陷博兴洼陷金家—正理庄—樊家鼻状构造带的中部，该带为多含油层系、多油气藏类型的复式油气聚集带（图 1-51）。

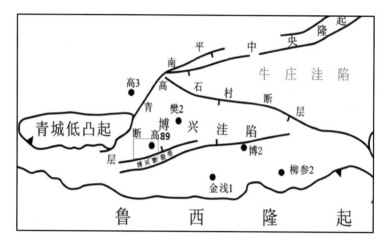

图 1-51　G89 二氧化碳驱油先导试验区区域位置图

1.5.1　研究区地质特征

1. 地质背景

博兴洼陷是东营凹陷西部的次级洼陷，西以高青断裂为界接青城凸起，东以纯化构造与东营东部洼陷相隔，南接鲁西隆起，北连利津洼陷，呈北西断陷、南东超覆，北西陡南东缓的不对称箕状洼陷。受石村断层、高青断层活动的控制，古近纪早期博兴洼陷沉积沉降中心位于石村断层下降盘一线，晚期沉积沉降中心迁移至西部高青地区。洼陷中部发育的金家—樊家鼻状构造带是一个继承性构造，自南向北基本贯穿了整个洼陷，将洼陷分为东西两部分，对区内沉积成藏起着重要作用。G89 块位于金家—樊家鼻状构造带中部，具有得天独厚的油气富集条件。

通过钻井资料揭示，本研究区地层自上而下依次为新生界第四系平原组；新近系明化镇组、馆陶组；古近系东营组、沙河街组的沙一段、沙二段、沙三段（沙三上、沙三中、沙三下）、沙四段（沙四上、沙四下）及孔店组。

2. 地层特征

沙四段地层组合自下而上由红色的泥岩夹砂岩转变为灰色的泥岩、薄层砂岩以及泥灰岩和油页岩，反映了沙四段沉积时期，气候逐渐由干旱向潮湿转变，沉积环境由干旱的滨湖冲积平原向潮湿气候下的浅湖、半深湖转化。本项目研究区的目的层段为沙四上亚段。根据岩性及电性特征，结合区域及邻井资料可将沙四上亚段细分为纯上次亚段、纯下次亚段。

3. 构造特征

从精细解释的 T_7 构造图（图 1-52）看，G89 块构造形态整体上呈南高北低的鼻状构造特征。本区主要发育一系列北东东向及近东西向的北掉盆倾断层，自南向北表现为逐级下掉的平行断阶。其北界断层落差最大，断距达 300m 以上，延伸长度近 20km，走向北东，倾向北西，对该区的构造和成藏起着重要的控制作用。此外，区内发育 7 条断距 100m 左右、延伸长度 5～10km 的次生盆倾断层（G89 北、G40 北、F145 南、F138 北、F149 北、F146 南、F20 北断层），这些断层对本区古地形塑造及地层沉积起到了重要控制作用。

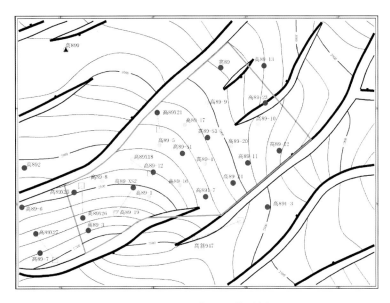

图 1-52　G89 井区 T_7 构造图

1.5.2　储层及油藏特征

1. 沉积相特征

G89 块沙四上亚段为湖侵体系域的滨浅湖相—半深湖相沉积，储层以滨浅湖相的滩坝砂岩为主。岩性组合特征表现为泥岩夹砂岩或砂泥岩互层。根据砂岩的形态和产状，可划分为坝砂和滩砂两种微相。

2. 储层岩性及物性特征

本研究区滩坝砂岩储层远离湖岸发育，岩性较细。岩石由灰色、灰绿色细砂岩和粉砂岩组成。沙坝主体相位于沉积序列的上部，由灰色、褐灰色粗粉砂岩和细砂岩组成，砂岩中石英含量 40%～60%，长石 20%～40%，岩屑 10%～20%，以变质岩岩屑为主，泥质含量 3%～17%，碳酸岩含量一般 6%～30%。分选性较好，磨圆度以次棱为主，颗粒支撑，胶结物以泥质和碳酸盐为主。

G89 块沙四段Ⅰ、Ⅱ砂组属滨浅湖沉积，滩坝砂体广泛发育，储层滩砂席状连片分布，坝砂呈"串珠状"镶嵌于滩砂中，占砂体总厚度的 21%。储层以极细粒岩屑长石砂岩为主，储层物性差，坝砂平均渗透率 1.38mD，滩砂平均渗透率 0.48mD。储层层间物性差异大，主要受坝砂发育状况控制，平面物性主要受坝砂发育状况控制。

3. 油藏特征

G89 块主力含油层系为沙四上纯下亚段，油藏埋深 2800～3200m，油层主要集中在Ⅰ、Ⅱ砂组，划分 8 个小层，17 个砂体，地层厚度为 50～70m。整体构造为一个西南高、东北低复杂断块区。区内发育四条主要断层，走向均为北东向，落差 100～350m。

G89 块油层叠合连片，厚度中心在东北部的 G899-X15 井区和东南部的 G892 井区。1+2 砂组平均叠合有效厚度 6.7m。储层连通性方面，有 13 个砂体平面上含油面积分布较零散，呈透镜体状分布，有 4 个砂体平面上含油面积较大、连片分布。油藏类型属常规稀油、常温高压、构造岩性油藏，地层原油密度 0.7386g/cm^3，地层原油黏度 1.59mPa·s，含硫 0.19%，凝固点 34℃，为低黏度、低含硫、高凝固点原油。原油体积系数 1.2，压缩系数 1.12×10^{-3}MPa^{-1}，生产气油比 60m^3/t。地层水总矿化度平均为 62428mg/l，水型为 CaCl$_2$型。原始地层压力 45MPa，压力系数 1.42，地层温度 130℃，温度梯度 3.6℃/100m 左右。

G899 块沙四上纯下亚段Ⅰ$_1$、Ⅱ砂组储量丰度 35 万 t/km^2，为特低丰度油藏。

4. 油藏控制因素

实钻发现，沙四段滩坝砂岩普遍见有不同程度的油气显示，说明其具有良好的成藏条件。综合分析认为，滩坝砂岩的成藏控制因素主要有以下几点：

（1）构造背景有利、油源丰富是油气富集成藏的主要因素。

鼻状构造背景一方面控制了油气的运聚指向，另一方面控制了沉积储层的分布。沿 G891－G89－F142 井鼻状构造轴向斜坡油气最为富集，古鼻状构造周缘是储层集中发育的部位，油层厚度相应较大。G89 块沙四段纯上发育一套优质烃源岩兼作区域盖层，与纯下滩坝砂体形成非常有利的"生储盖"配置。

（2）储层有效性控制油气的富集分布。

单层厚、物性好的坝砂油气最易富集成藏。单层薄、灰质含量低的滩砂也具有较好储集性能，油气富集程度次之。从本研究区实钻统计与岩心观察来看，如果砂体物性好则表现为整体含油，如果物性差则表现为局部物性好的砂条含油，即储层有效性控制了油气的富集分布。

（3）地层压力对油气的产能具有重要控制作用。

1.5.3　二氧化碳驱油概况

为了提高采收率，胜利油田于 2007 年在 G89 块的 G89-1 井区进行二氧化碳混相驱先导试验，并且建成了国内燃煤电厂烟气二氧化碳地质封存（CCUS）全流程示范工程。二氧化碳驱油先导性试验得到良好结果，二氧化碳的注入使对应的 5 口生产井产量上升，井组日产油由 31.6t 上升至 42.1t，累计增油 7500t。胜利油田适合二氧化碳驱油的低渗透油田储量达 2 亿 t 若用二氧化碳驱油开发，每年可消耗 300 万 t 二氧化碳，提高油田采收率 10%～15%。胜利电厂烟气二氧化碳捕集纯化技术的推广，为今后胜利油田大规模开展二氧化碳驱油提供了稳定的气源保障和技术保证。胜利油田分别于 1994 年和 2011 年对 G89 井区进行了三维地震资料的采集。四维地震资料可以用来监测二氧化碳注入封存的安全性以及油气采收率。

第 2 章　二氧化碳驱油岩石物理测试

目前，国内外针对二氧化碳驱油相应研究主要集中于小于 3000m 的中浅层，既有灰岩也有砂岩，而针对 3000m 以下的中深层砂岩油藏，二氧化碳驱油过程中岩石物理参数的动态变化特征研究近乎空白，本章依托胜利油田 G89 块二氧化碳驱油试验区开展了探索性研究。

2.1　岩石物理参数测试方法及装置

2.1.1　超声波测试系统基本原理

如图 2-1 所示，系统先进的闭环电液伺服控制，由主控计算机程序发出命令信号，指挥各类传感器检测各应力、应变，将所测得的这些变化量作为反馈信号；由数控器求出反馈信号与程序命令信号之间的误差信号，再作为伺服阀的命令信号，试验时选取一定控制模式。

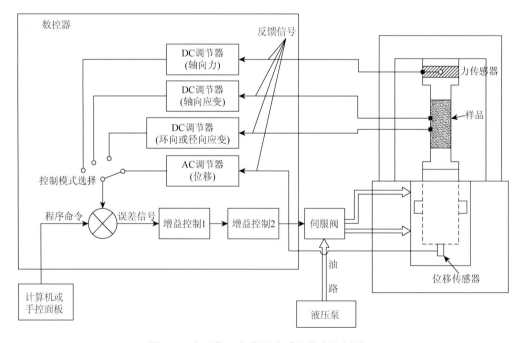

图 2-1　岩石物理参数测试系统基本控制原理

超声波测试系统组成如图 2-2 所示，主要由三轴室、超声波脉冲发射−接收控制盒、数字存储示波器、组合式超声波换能器及计算机等 5 部分组成。

数字存储示波器以数字方式存储，再反馈计算机做进一步处理。

换能器分为激发探头和接收探头，激发探头将超声波电脉冲信号转换为超声机械能去激震岩样；接收换能器与此相反，它将通过岩样的机械波转换为电信号，供后续电路处理。这种组合式超声波换能器内部，由能分别激发（接受）纵波和两个方向相互垂直的横波的石英晶片组成。

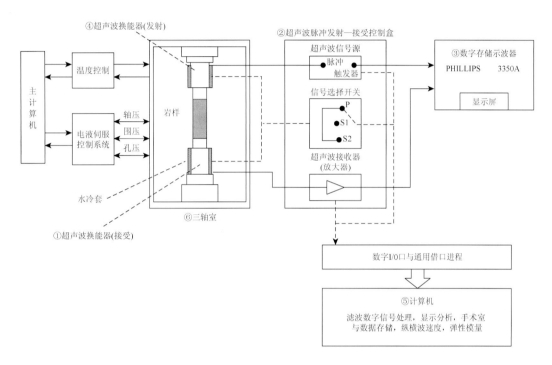

图 2-2　超声波测试系统组成框图

2.1.2　岩石超声波测试计算

2.1.2.1　岩样超声波速度的求取

超声波在岩样中的传播速度可用下式计算：

$$V = L / T \tag{2-1}$$

式中，V 是超声波在岩样中的传播速度；L 是岩样的长度；T 为超声波在岩样中的传播时间。岩样长度 L 随着压力的增加而变短，随着温度的增加而增长，表明 L 不是固定值，而是随测试条件而变化的可变量。L 的长度可由仪器控制系统根据给定的测试条件（轴压、围压、温度等）指挥探头位移的位移量算出来。

图 2-3 给出了超声波由激发探头经过耦合层 1 传至岩样，再由岩样经过耦合层 2 传至接收探头，这表明在测试记录曲线上读出的有效超声波的初至时间 T_y 中包含了波在激发

探头和接收探头及两个耦合层中的传播时间 T_0。要想得到波在纯岩样中的传播时间，必须消除上述影响。消除的方法是在岩样超声波测试之前，首先对无岩样的探头对探头的超声波进行测试，如图 2-3 所示。T_0 就是需要输入的零时值。根据上述分析，超声波在岩样中的传播速度表达式可改写为

$$V_i = (T_{y_i} - T_0) / L_i \tag{2-2}$$

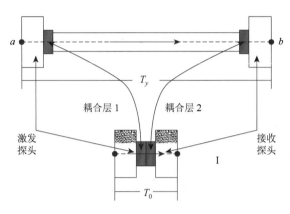

图 2-3　超声波传播示意图

2.1.2.2　岩样相关参数计算方法

岩石的动弹性参数包括杨氏模量、剪切模量、体积模量、拉梅常数、泊松比和纵横波速度比。其中，①杨氏模量 E，指法向应力与沿应力作用方向引起的伸长量之比；②剪切模量 μ，指弹性体受到剪切力作用时，剪切应力与剪切应变的比值；③体积模量（刚性模量）k，指当弹性体受均匀静压力作用时，所加压力与体积形变的比值；④泊松比 σ，指弹性体受单轴拉伸应力作用时，弹性体横向压缩应变与纵向伸长应变的比值。

动弹性参数的计算主要依据实验室岩石动态物理参数测试系统测试得到的储层岩样纵横波速度（V_P，V_S）。杨氏模量、剪切模量、体积模量、拉梅常数等计算公式如下：

杨氏模量：

$$E = \frac{\rho V_S^2 (3 V_P^2 - 4 V_S^2)}{(V_P^2 - V_S^2)} \tag{2-3}$$

剪切摸量：

$$\mu = \rho V_S^2 \tag{2-4}$$

体积模量：

$$\sigma = \rho \left(V_P^2 - \frac{4 V_S^2}{3} \right) \tag{2-5}$$

拉梅常数：

$$\lambda = \rho (V_P^2 - 2 V_S^2) \tag{2-6}$$

泊松比：

$$\sigma = \frac{V_P^2 - 2V_S^2}{2(V_P^2 - V_S^2)} \qquad (2\text{-}7)$$

岩样的动弹性参数是根据实验中施加轴向荷载（偏应力）的过程中，轴向和环向引伸计同时记录各级应力下的轴向和横向应变进行计算得到的。获得的岩石力学参数主要有极限抗压强度、静杨氏模量和静泊松比，实验计算得到的是 50%抗压强度时的静杨氏模量和静泊松比。同时，根据超声波测试得到的纵横波速度，进行纵横波速度与差应力之间的相关关系拟合，利用拟合关系曲线计算岩石在地层有效压力和温度下，对应于 50%抗压强度应力状态下的实际纵横波速度值及相应的动弹性参数。

2.1.3　岩石物理参数测试装置设计

针对本项目实验需求，在先前工作基础上进行改进和创新，结合常规二氧化碳驱油替实验方法和超声波测试技术，建立了地层温度压力条件下测试动态驱替过程岩石物理参数变化的装置及方法。

如图 2-4 所示，二氧化碳驱油岩石物理参数测试系统主要包括驱替系统、数据采集分析系统、监测系统以及残余流体处理系统。

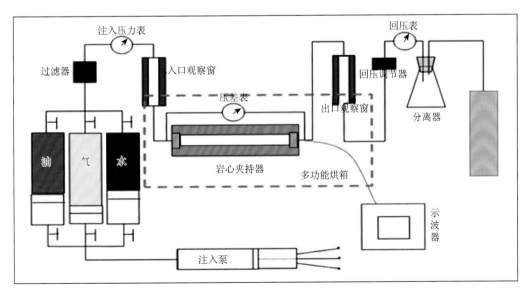

图 2-4　二氧化碳驱油岩石物理参数测试装置示意图

1. 多功能烘箱的设计与改造

在传统二氧化碳驱油替过程中，常采用外加热的方法来实现保证实验温度；外加热方法会影响二氧化碳及其他流体相态性质，与真实地层流体状态不符，从而导致岩石物理参数测试误差较大。

　　为了克服上述难点，通过将实验用到的管线及夹持器均置于相同温度下，课题组重新设计了多功能烘箱（图 2-5），多功能烘箱特点为空间大，外接管线，温度范围为 0～200℃，功率大。

　　该多功能烘箱具有避免先前二氧化碳驱油替外加热对流体物性及相态的改变，保证驱替温度等优点，从而提高岩石物理参数测试精度。

图 2-5　改造后多功能烘箱

2. 三维岩心夹持器设计

　　传统岩心夹持器多采用二维岩心夹持器，岩心横向通过"锁紧装置"固定，随围压变化可能会引起横向岩心的松动或变形，从而影响岩石物理参数的测试。

　　为克服上述测试误差，设计了三维岩心夹持器装置（图 2-6），加入超声波探头后的三维岩心夹持器不仅可监测岩石横波、纵波速度等，同时能根据围压或横向压力的变化对岩心的固定相应调整，避免岩心固定松弛或拉伸对测试参数的影响。

图 2-6　改造前后岩心夹持器对比图

3. 声波采集模块设计

如图 2-7 所示，采集模块主要由驱动板（图 2-8）、岩心、超声波测试晶片、示波器、计算机及线路等组成。其工作原理：驱动板控制晶片从岩心一端发出声波信号，信号由岩心另一端接收并放大后传输至示波器，数据连接电脑保存。

采集模块部分采用英国进口 PICO 采集卡，可高精度实时动态采集实验数据，以便后期数据跟踪和分析。

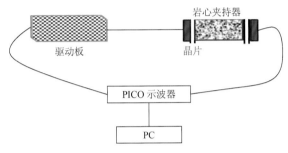

图 2-7　采集部分电路模拟示意图

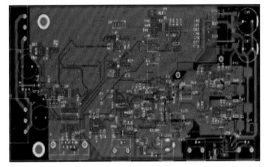

图 2-8　驱动板示意图

4. 岩石物理参数测试软件

基于 Python 二次开发环境，开发了二氧化碳驱油岩石物理参数测试软件，实现对超声波的信号采集、噪声处理与结果分析。

5. 数据采集与分析

利用二氧化碳驱油岩石物理参数测试软件，试验得到干岩样结果。

2.1.4　验证试验

2.1.4.1　钢心超声波测试验证试验

（1）样品原始数据测试及编号（表 2-1）。

表 2-1　钢心基本数据

	长度（cm）	直径（cm）	重量（g）	密度（g/cm³）	实验
钢心	6.50	2.63	275.71	7.8	钢心测试

（2）定温变压下超声波测试（表 2-2、表 2-3）。

表 2-2　变压条件下检测要求、仪器及恒定参数

测试项目	钢心超声波测试
检测要求	恒定温度，不同围压下测试波速变化
检测仪器	自制岩心超声波测试装置
温度（℃）	20
内压（MPa）	0.1

表 2-3　钢心在 20℃不同围压的超声测试数据

序号	围压（MP）	横波时间（μs）	纵波时间（μs）	横波速度（m/s）	纵波速度（m/s）	备注
1	10	37.608	2.569	3036.223	5717.287	
2	15	37.608	2.569	3036.223	5717.287	304 钢实际值：
3	20	37.608	2.569	3036.223	5717.287	横波 3190m/s
4	25	37.608	2.569	3036.223	5717.287	纵波 5660m/s
5	30	37.608	2.569	3036.223	5717.287	

图 2-9 表明，定温不同压力下不锈钢柱的纵横波速度基本恒定。在压力为 10~30MPa 时，横波速度稳定在 3036.233m/s，纵波速度稳定在 5717.287m/s，与 304 钢超声波测试实际值横波速度 3190m/s、纵波速度 5660m/s 相一致。

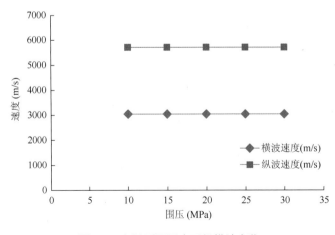

图 2-9　定温不同压力下纵横波变化

（3）定压不同温度下超声波测试（表 2-4、表 2-5）。

表 2-4　定压变温条件下检测要求、仪器及恒定参数

测试项目	钢心超声波测试
检测要求	恒定压力，不同温度下测试波速变化
检测仪器	自制岩心超声波测试装置
围压（MPa）	10
内压（MPa）	0.1

表 2-5　定压变温条件下超声波测试

序号	温度（℃）	横波时间（μs）	纵波时间（μs）	横波速度（m/s）	纵波速度（m/s）	备注
1	20	37.529	20.569	3047.504	5717.287	304 钢实际值：
2	100	37.538	20.569	3046.249	5717.287	横波 3190m/s
3	140	37.529	20.569	3047.504	5717.287	纵波 5660m/s

图 2-10 表明，定压不同温度下不锈钢柱的纵横波速度基本恒定。在温度为 20～140℃时，横波速度稳定在 3036.233m/s，纵波速度稳定在 5717.287m/s，与 304 钢超声波测试实际值横波速度 3190m/s、纵波速度 5660m/s 相一致，说明改造的实验装置可靠，不会受温度变化的干扰。

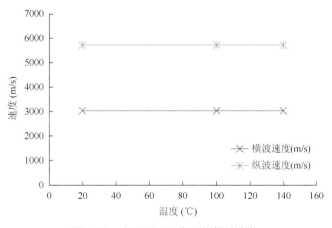

图 2-10　定压不同温度下纵横波变化

2.1.4.2　内外压超声波测试

1. 注气测试

（1）样品原始数据测试及编号（表 2-6）。

表 2-6　样品基本数据

样品编号	长度（cm）	直径（cm）	孔隙度（%）	渗透率（mD）	重量（g）	实验
黄 2-1	6.141	2.512	11.6	33.17194	67.051	注气测试

（2）围压 10MPa 下超声波测试（表 2-7）。

表 2-8 数据表明，注气测试时，岩心横纵波速度的变化与围压及内压的大小变化无关，只与岩心有效压力的变化有关。当有效压力为 5MPa 时，横波、纵波速度分别为 2264.855m/s 和 3483.282m/s；有效压力为 10MPa 时，横波、纵波速度分别为 2326.044m/s 和 3579.837m/s；有效压力为 15MPa 时，横波、纵波速度分别为 2361.488m/s 和 3664.485m/s；有效压力为 20MPa 时，横波、纵波速度分别为 2405.474m/s 和 3699.475m/s；有效压力为 25MPa 时，横波、纵波速度分别为 2420.502m/s 和 3753.233m/s。

表 2-7　围压 10MPa，检测要求、仪器及恒定参数

测试项目	注气超声波测试		
送样时间	送样单位		
岩心编号	黄 2-1	检测时间	
检测要求	恒定温度和围压，内压 5MPa 下测试波速变化		
检测仪器	自制岩心超声波测试装置		
温度（℃）	20	围压（MPa）	10

表 2-8　不同有效压力下纵横波变化

序号	围压（MPa）	内压（MPa）	有效压力（MPa）	横波时间（μs）	纵波时间（μs）	横波速度（m/s）	纵波速度（m/s）	围压及内压变化
1	10	5	5	43.314	26.83	2264.855	3483.282	
3	15	10	5	43.314	26.83	2264.855	3483.282	
6	20	15	5	43.314	26.83	2264.855	3483.282	有效压力 5MPa
10	25	20	5	43.314	26.83	2264.855	3483.282	
15	30	25	5	43.314	26.83	2264.855	3483.282	
2	15	5	10	42.522	26.275	2333.048	3596.452	
5	20	10	10	42.601	26.354	2326.044	3579.837	有效压力 10MPa
9	25	15	10	42.601	26.354	2326.044	3579.837	
14	30	20	10	42.76	26.592	2312.163	3530.899	
4	20	5	15	42.046	25.958	2375.97	3664.485	
8	25	10	15	42.205	25.958	2361.488	3664.485	有效压力 15MPa
13	30	15	15	42.205	25.958	2361.488	3664.485	
7	25	5	20	41.729	25.8	2405.474	3699.475	有效压力 20MPa
12	30	10	20	41.809	25.8	2398.029	3699.475	
11	30	5	25	41.571	25.562	2420.502	3753.233	

因此，注气测试时，有效压力一定，无论围压与内压如何变化，岩心纵横波速不变，故实验时可以只考虑有效压力，不需考虑岩心内外压大小。

2. 注水测试

样品原始数据测试及编号如表 2-9 所示。

表 2-10 数据表明，注水测试时，岩心横纵波速度的变化与围压及内压的大小变化无关，只与岩心有效压力的变化有关。当有效压力为 5MPa 时，横波、纵波速度分别为 1792.848m/s 和 2922.327m/s；当有效压力为 10MPa 时，横波、纵波速度分别为 1832.775m/s 和 3029.917m/s；当有效压力为 15MPa 时，横波、纵波速度分别为 1865.081m/s 和 3067.563m/s；当有效压力为 20MPa 时，横波、纵波速度分别为 1879.277m/s 和 3145.733m/s。

表 2-9　样品基本数据

样品编号	长度（cm）	直径（cm）	孔隙度（%）	渗透率（mD）	重量（g）	实验
F151-1-4 二号	5.87	2.484	19.67	0.1595	60.98	注水测试

表 2-10　不同有效压力下纵横波变化

序号	围压（MPa）	内压（MPa）	有效压力（MPa）	横波时间（μs）	纵波时间（μs）	横波速度（m/s）	纵波速度（m/s）	围压及内压变化
1	15	10	5	49.02	29.287	1788.519	2922.327	
3	20	15	5	48.941	29.287	1792.848	2922.327	有效压力5MPa
6	25	20	5	48.941	29.287	1792.848	2922.327	
10	30	25	5	48.941	29.287	1792.848	2922.327	
2	20	10	10	48.307	28.653	1828.251	3017.573	
5	25	15	10	48.228	28.573	1832.775	3029.917	有效压力10MPa
9	30	20	10	48.228	28.573	1832.775	3029.917	
4	25	10	15	47.832	28.336	1855.735	3067.563	有效压力15MPa
8	30	15	15	47.673	28.336	1865.081	3067.563	
7	30	10	20	47.435	27.86	1879.277	3145.733	

因此，注水测试时，当有效压力一定，无论围压与内压如何变化，岩心纵横波速不变，故实验时可以只考虑有效压力，不需考虑岩心内外压大小。

2.1.4.3　二氧化碳驱水试验

（1）样品原始数据测试及编号（表 2-11）。

表 2-11　样品基本数据

样品编号	长度（cm）	直径（cm）	孔隙度（%）	渗透率（mD）	重量（g）	实验
黄 2-1	6.141	2.512	11.6	33.17194	66.7683	饱和 CO_2 测试

（2）二氧化碳驱水超声波测试。

测试需求如表 2-12 所示。图 2-11 和图 2-12 为二氧化碳驱水超声波测试实验结果。实验数据如表 2-13 所示。

由图 2-11 和图 2-12 可知，岩心横波速度随含水饱和度升高基本不变，纵波速度随含水饱和度的升高而增大。黄 2-1 岩心纵波速度变化范围为 3362.363～3647.236m/s，而横波速度变化范围为 2099.192～2122.189m/s。表明岩心中流体饱和度的变化对纵波速度有较大的影响，而对横波速度的作用较小。

表 2-12　二氧化碳驱水定温变压超声波测试要求

测试项目	二氧化碳驱水超声波测试		
送样时间	送样单位		
岩心编号	黄 2-1	检测时间	
检测要求	恒定温度、内压和围压下二氧化碳驱水测试波速变化		
检测仪器	自制岩心超声波测试装置		
温度（℃）	18　　内压（MPa）　　0.1　　围压（MPa）　　10		

表 2-13　黄 2-1 岩心在 18.1℃内压 0.1MPa 下不同围压的超声测试数据

序号	岩心质量（g）	含水饱和度(%)	横波时间（μs）	纵波时间（μs）	横波速度（m/s）	纵波速度（m/s）	电阻率 Ω·m
1	71.4855	100	45.1371	26.03741	2122.189	3647.236	1.24
2	70.7854	85.15857	45.1371	26.19591	2122.189	3613.222	1.36
3	70.2564	73.94429	45.1371	26.35441	2122.189	3579.837	1.41
4	69.4375	56.58441	45.1371	26.59217	2122.189	3530.899	1.47
5	68.8678	44.50733	45.29561	26.67142	2110.628	3514.883	1.56
6	68.5045	36.80573	45.29561	26.82992	2110.628	3483.282	1.62
7	68.2578	31.57593	45.29561	26.90918	2110.628	3467.694	1.78
8	67.8387	22.69143	45.45411	27.22618	2099.192	3406.711	1.86
9	67.4889	15.27601	45.45411	27.30544	2099.192	3391.799	1.93
10	66.7683	0	45.45411	27.46394	2099.192	3362.363	2.07

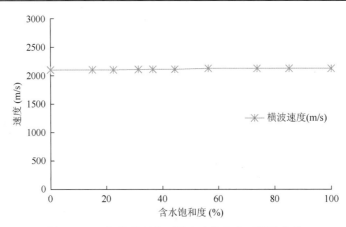

图 2-11　二氧化碳驱水不同含水饱和度下横波变化

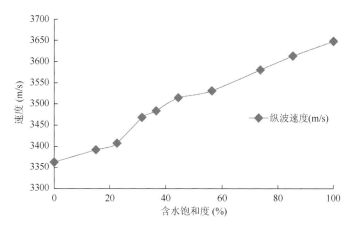

图 2-12　二氧化碳驱水不同含水饱和度下纵波变化

2.2　二氧化碳驱油岩石物理超声波测试

2.2.1　干岩心力学测试

2.2.1.1　G89-1 号岩心测试

1）样品原始数据测试及编号

利用超声波测试岩石力学参数，准备了 G89-1 号岩心，其原始长度为 4.91cm，直径为 2.5cm，孔隙度为 11.36%，渗透率为 0.679mD，重量为 64.62g，如表 2-14 所示。

表 2-14　G89-1 号岩心原始数据表

样品编号	长度（cm）	直径（cm）	孔隙度（%）	渗透率（mD）	重量（g）	实验
G89-1 号	4.91	2.5	11.36	0.679	64.62	干岩心测试

2）干岩心在不同温度和压力超声波对比

G89-1 号岩心在不同温度和压力下横、纵波速度如表 2-15、表 2-16 所示。

表 2-15　G89-1 号岩心在不同温度和压力下横波对比　　　　（单位：m/s）

压力（MPa）	温度（℃）			
	20	100	120	140
10	2383.334	2335.564	2318.837	2295.045
15	2430.075	2356.142	2333.216	2303.579
20	2459.011	2384.215	2356.142	2329.564
25	2498.680	2411.160	2374.200	2338.356
30	2518.999	2459.168	2392.538	2347.216

表 2-16　G89-1 号岩心在不同温度和压力下纵波对比　　　　（单位：m/s）

压力（MPa）	温度（℃）			
	20	100	120	140
10	4127.469	4056.592	4020.333	3994.413
15	4183.207	4127.469	4057.592	4020.333
20	4216.644	4160.207	4089.197	4046.592
25	4299.324	4229.471	4135.153	4073.197
30	4329.368	4279.324	4157.469	4100.153

3）岩石超声波测试计算

图 2-13 为 G89-1 号岩心在不同温度和压力下横波对比，其具体数据见表 2-15。

由图 2-13 与表 2-15 可知，在一定温度下，横波速度在 10～30MPa 范围内随围压的升高而升高。20℃、100℃、120℃和 140℃条件下，横波速度的升高幅度分别为 135.665m/s、123.604m/s、73.701m/s 和 52.171m/s。横波速度在 10～30MPa 范围内的增加趋势基本不变。

在一定压力下，横波速度在 20～140℃范围内随温度的升高而降低（图 2-13）。10MPa、15MPa、20MPa、25MPa 和 30MPa 条件下，横波速度的降低幅度分别为 88.289m/s、126.496m/s、129.447m/s、160.324m/s 和 171.783m/s。除 20MPa 压力点外，横波速度的降低幅度随围压的升高而增大。

图 2-14 为 G89-1 号岩心在不同温度和压力下纵波对比，其具体数据见表 2-16。

由图 2-14 与表 2-16 可知，在一定温度下，纵波速度在围压 10～30MPa 范围内随有效压力的升高而升高。20℃、100℃、120℃和 140℃条件下，纵波速度的升高幅度分别为 201.899m/s、222.732m/s、137.136m/s 和 105.74m/s。纵波速度在 10～30MPa 范围内的增加趋势基本不变。

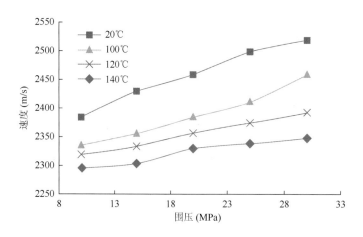

图 2-13　G89-1 号岩心在不同温度和压力下横波对比

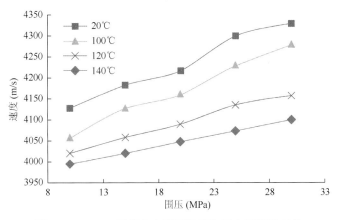

图 2-14　G89-1 号岩心在不同温度和压力下纵波对比

在一定压力下，纵波速度在 20～140℃ 范围内随温度的升高而降低。10MPa、15MPa、20MPa、25MPa 和 30MPa 条件下，纵波速度的降低幅度分别为 133.056m/s、162.874m/s、170.052m/s、226.127m/s 和 229.215m/s。纵波速度的降低幅度随有效压力的升高而增大。

2.2.1.2　G89-2 号岩心测试

1）样品原始数据测试及编号

利用超声波测试岩石力学参数，准备了 G89-2 号岩心，其原始长度为 5.006cm，直径 2.51cm，孔隙度为 15.06%，渗透率为 0.707mD，重量为 65.9929g，如表 2-17 所示。

表 2-17　G89-2 号岩心原始数据表

样品编号	长度（cm）	直径（cm）	孔隙度（%）	渗透率（mD）	重量（g）	实验
G89-2 号	5.006	2.51	15.06	0.707	65.9929	干岩心测试

2）干岩心在不同温度和压力超声波对比

G89-2 号岩心在不同温度和压力下横、纵波速度如表 2-18、表 2-19 所示。

表 2-18　G89-2 号岩心在不同温度和压力下横波对比　　　　　　（单位：m/s）

压力（MPa）	温度（℃）			
	20	100	120	140
10	2764.504	2716.940	2654.597	2632.470
15	2788.916	2735.057	2699.985	2654.597
20	2813.763	2771.053	2711.575	2677.098
25	2839.506	2783.263	2723.266	2688.493
30	2864.809	2783.263	2735.057	2699.985

表 2-19　G89-2 号岩心在不同温度和压力下纵波对比　　　　（单位：m/s）

压力（MPa）	温度（℃）			
	20	100	120	140
10	4835.001	4762.098	4710.252	4675.388
15	4910.170	4818.036	4745.640	4710.252
20	4987.714	4892.675	4855.069	4781.564
25	5067.746	4969.663	4892.675	4855.069
30	5150.389	5049.112	4930.869	4892.675

图 2-15 为 G89-2 号岩心在不同温度和压力下横波对比，其具体数据见表 2-18。

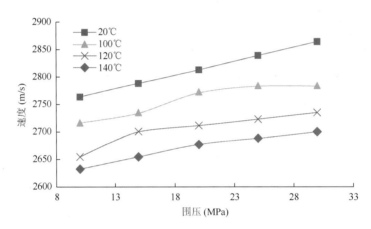

图 2-15　G89-2 号岩心在不同温度和压力下横波对比

由图 2-15 与表 2-18 可知，在一定温度下，横波速度在 10～30MPa 范围内随围压的升高而升高。20℃、100℃、120℃和 140℃条件下，横波速度的升高幅度分别为 100.305m/s、66.323m/s、80.46m/s 和 67.515m/s。横波速度在 10～30MPa 范围内的增加趋势基本不变。

在一定压力下，横波速度在 20～140℃范围内随温度的升高而降低。10MPa、15MPa、20MPa、25MPa 和 30MPa 条件下，横波速度的降低幅度分别为 132.034m/s、134.319m/s、136.665m/s、151.013m/s 和 164.824m/s。横波速度的降低幅度随围压的升高而增大。

图 2-16 为 G89-2 号岩心在不同温度和压力下纵波对比，其具体数据见表 2-19。

由图 2-16 与表 2-19 可知，在一定温度下，纵波速度在 10～30MPa 范围内随有效压力的升高而升高。20℃、100℃、120℃和 140℃条件下，纵波速度的升高幅度分别为 315.388m/s、287.014m/s、220.617m/s 和 217.287m/s。纵波速度在 10～30MPa 范围内的增加趋势基本不变。

在一定压力下，纵波速度在 20～140℃范围内随温度的升高而降低。10MPa、15MPa、20MPa、25MPa 和 30MPa 条件下，纵波速度的降低幅度分别为 133.056m/s、

162.874m/s、170.052m/s、226.127m/s 和 229.215m/s。纵波速度的降低幅度随有效压力的升高而增大。

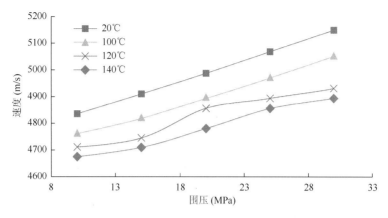

图 2-16　G89-2 号岩心在不同温度和压力下纵波对比

2.2.1.3　F151-1-4 二号岩心测试

1）样品原始数据测试及编号

利用超声波测试岩石力学参数，准备了 F151-1-4 二号岩心，其原始长度为 5.87cm，直径为 2.484cm，孔隙度为 19.67%，渗透率为 0.1595mD，重量为 60.98g，如表 2-20 所示。

表 2-20　F151-1-4 二号岩心原始数据表

样品编号	长度（cm）	直径（cm）	孔隙度（%）	渗透率（mD）	重量（g）	实验
F151-1-4 二号	5.87	2.484	19.67	0.1595	60.98	干岩心测试

2）干岩心在不同温度和压力超声波对比

F151-1-4 二号岩心在不同温度和压力下横、纵波速度如表 2-21、表 2-22 所示。

表 2-21　F151-1-4 二号岩心在不同温度和压力下横波对比　　（单位：m/s）

压力（MPa）	温度（℃）			
	20	100	120	140
10	1830.330	1812.415	1794.847	1735.954
15	1886.265	1857.876	1839.421	1786.190
20	1956.003	1925.494	1895.921	1830.330
25	1998.219	1966.389	1956.003	1867.244
30	2020.018	1998.219	1976.886	1895.921

表 2-22　F151-1-4 二号岩心在不同温度和压力下纵波对比　　（单位：m/s）

压力（MPa）	温度（℃）			
	20	100	120	140
10	2950.969	2882.073	2859.817	2837.902
15	3073.418	2989.672	2953.64	2927.64
20	3178.946	3125.148	3099.138	3073.418
25	3234.425	3206.47	3178.946	3151.89
30	3321.503	3291.978	3262.973	3234.475

图 2-17 为 F151-1-4 二号岩心在不同温度和压力下横波对比，其具体数据见表 2-21。

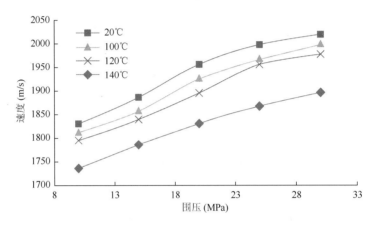

图 2-17　F151-1-4 二号岩心在不同温度和压力下横波对比

由图 2-17 与表 2-21 可知，在一定温度下，横波速度在 10～30MPa 范围内随围压的升高而升高。20℃、100℃、120℃ 和 140℃ 条件下，横波速度的升高幅度分别为 189.688m/s、185.804m/s、182.039m/s 和 159.967m/s。横波速度在 10～30MPa 范围内的增加趋势基本不变。

在一定压力下，横波速度在 20～140℃ 范围内随温度的升高而降低。10MPa、15MPa、20MPa、25MPa 和 30MPa 条件下，横波速度的降低幅度分别为 94.376m/s、100.075m/s、125.673m/s、130.975m/s 和 124.097m/s。除 30MPa 压力点外，横波速度的降低幅度随围压的升高而增大。

图 2-18 为 F151-1-4 二号岩心在不同温度和压力下纵波对比，其具体数据见表 2-22。

由图 2-18 与表 2-22 可知，在一定温度下，纵波速度在 10～30MPa 范围内随有效压力的升高而升高。20℃、100℃、120℃ 和 140℃ 条件下，纵波速度的升高幅度分别为 370.534m/s、409.905m/s、403.156m/s 和 396.573m/s。除 20℃ 温度点外，纵波速度在 10～30MPa 范围内的升高趋势基本不变。

在一定压力下，纵波速度在 20～140℃ 范围内随温度的升高而降低。10MPa、15MPa、20MPa、25MPa 和 30MPa 条件下，纵波速度的降低幅度分别为 113.067m/s、145.778m/s、

105.528m/s、82.535m/s 和 87.028m/s。纵波速度的降低幅度随有效压力的升高先增大后降低。

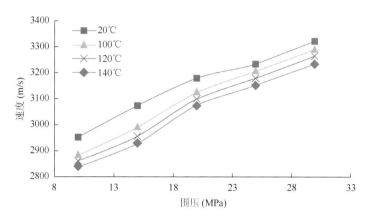

图 2-18　F151-1-4 二号岩心在不同温度和压力下纵波对比

2.2.1.4　PH5-3 号岩心测试

1）样品原始数据测试及编号

利用超声波测试岩石力学参数，准备了 PH5-3 号岩心，其原始长度为 6.592cm，直径为 2.543cm，孔隙度为 17.6%，渗透率为 72mD，重量为 74.1578g，如表 2-23 所示。

表 2-23　PH5-3 号岩心原始数据表

样品编号	长度（cm）	直径（cm）	孔隙度（%）	渗透率（mD）	重量（g）	实验
PH5-3	6.592	2.543	17.6	72	74.1578	干岩心测试

2）饱和二氧化碳岩心不同温度和压力超声波对比

PH5-3 岩心在不同温度和压力下横、纵波速度如表 2-24、表 2-25 所示。

表 2-24　PH5-3 岩心在不同温度和压力横波对比　　　　（单位：m/s）

压力（MPa）	温度（℃）		
	90	110	128
10	1996.724	1977.278	1931.367
15	2055.348	2032.378	1996.26
20	2117.538	2096.912	2066.392
25	2180.628	2162.326	2140.073
30	2217.588	2196.588	2171.588

表 2-25　PH5-3 岩心在不同温度和压力纵波对比　　（单位：m/s）

压力（MPa）	温度（℃）		
	90	110	128
10	3632.31	3561.951	3395.092
15	3711.886	3664.313	3589.86
20	3833.18	3763.799	3725.042
25	3942.183	3868.838	3833.18
30	4018.363	3956.166	3905.166

图 2-19 为 PH5-3 岩心在不同温度和压力下横波对比，其具体数据见表 2-24。

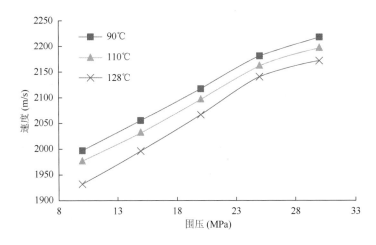

图 2-19　PH5-3 岩心在不同温度和压力横波对比

由图 2-19 与表 2-24 可知，在一定温度下，横波速度在 10～30MPa 范围内随围压的升高而升高。90℃、110℃和 128℃条件下，横波速度的升高幅度分别为 220.864m/s、219.31m/s和 240.221m/s。横波速度在围压 10～30MPa 范围内的增加趋势基本不变。

在一定压力下，横波速度在 90～128℃范围内随温度的升高而降低。10MPa、15MPa、20MPa、25MPa 和 30MPa 条件下，横波速度的降低幅度分别为 1996.72m/s、2055.35m/s、2117.54m/s、2180.63m/s 和 2217.59m/s。横波速度的降低幅度随围压的升高而增大。

图 2-20 为 PH5-3 岩心在不同温度和压力下纵波对比，其具体数据见表 2-25。

由图 2-20 与表 2-25 可知，在一定温度下，纵波速度在 10～30MPa 范围内随有效压力的升高而升高。90℃、110℃和 128℃条件下，纵波速度的升高幅度分别为386.053m/s、394.215m/s 和 510.074m/s。纵波速度在围压 10～30MPa 范围内的升高趋势基本不变。

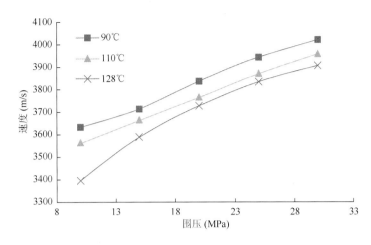

图 2-20　PH5-3 岩心在不同温度和压力纵波对比

在一定压力下，纵波速度在 90～128℃范围内随温度的升高而降低。10MPa、15MPa、20MPa、25MPa 和 30MPa 条件下，纵波速度的降低幅度分别为 3632.31m/s、3711.89m/s、3833.18m/s、3942.18m/s 和 4018.36m/s。纵波速度的降低幅度随有效压力的升高而增大。

2.2.2　饱和单相流体岩心超声波测试

2.2.2.1　实验原理及流程

饱和单相流体岩心超声波测试是用于研究地震测试时实时监测气驱位置的室内实验。

1. 实验装置

岩心驱替实验装置（图 2-21）主要由岩心夹持器、回压调节器、注入泵系统、气量计、控温系统、气相色谱仪和压差表组成。三轴长的岩心夹持器是装置的关键部分，主要由轴向连接器、岩心外筒以及胶皮套组成。各部分介绍如下：

（1）注入泵压力系统：实验室高精度自动泵：工作压力 0～100.00MPa，工作温度为室温，精度为 0.001。

（2）岩心夹持器：温度 0～200℃，压力 0～70MPa，长度 0～1m。

（3）温度控制系统：工作温度为 0～200.0℃，控温控制器精度为 0.1℃。

（4）回压阀：工作压力 0～70MPa，工作温度为 0～200.0℃。

（5）气量计：计量范围 0～2000ml，计量精度 1ml。

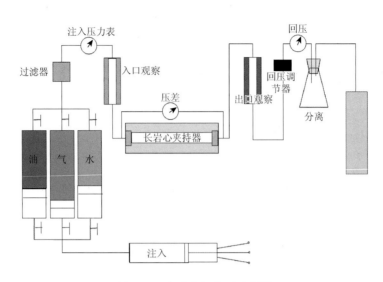

图 2-21　实验流程装置示意图

2. 实验步骤

岩心驱替实验是在地层压力和地层温度下进行。本文共设计四组岩心驱替实验，各组实验的步骤简介如下：

（1）首先测定每块岩心的渗透率，然后按岩心排列顺序将岩心装在胶皮套内，安装其他部件。对系统抽空，抽空系统到 200Pa 再抽空半小时。再饱和地层水，在地层条件下稳定一段时间，使充分饱和地层水，记下饱和量。

（2）用死油驱替岩心，等到出水量为 0 即止，计量驱出的水体积。

（3）用地层原油驱替出岩心中的死油，一段时间后计算出口的气油比，当出口的气油比和配样的气油比一致即认为饱和原油完成。

（4）进行岩心驱替实验。实验过程中监控驱替时间、回压、入口压力，同时计量出口的气液体积，并分析采出气的组分。

（5）实验结束后用无水酒精和石油醚的混合液清洗岩心，然后用干燥的 N_2 吹岩心，最后烘干系统。

3. 实验条件

（1）实验温度和压力：每组岩心驱替实验在温度范围 100~140℃，压力范围 10~30MPa 内进行。

（2）驱替速度：在实验过程中保持 0.125ml/min 恒速驱替。

（3）回压：将回压控制在 1~10MPa。

（4）注入体积：实验精度泵上的体积即为注入体积，当累积驱油效率不变时结束实验。

2.2.2.2　饱和二氧化碳超声波测试

1. G89-1 号岩心测试（饱和二氧化碳）

利用超声波测试了不同围压：10MPa、15MPa、20MPa、25MPa 以及 30MPa 分别在温度 100℃、120℃、140℃下的超声波横波波速，如表 2-26。

表 2-26　G89-1 号岩心在不同温度和压力下横波对比　　　（单位：m/s）

压力（MPa）	温度（℃）		
	100	120	140
10	2286.575	2261.307	2237.037
15	2338.356	2312.176	2278.167
20	2365.137	2329.564	2303.579
25	2383.334	2347.216	2329.564
30	2401.813	2374.200	2356.142

图 2-22 为 G89-1 号岩心在不同温度和压力下横波对比，其具体数据见表 2-26。

由图 2-22 与表 2-16 可知，在一定温度下，横波速度在 10～30MPa 范围内随围压的升高而升高。100℃、120℃ 和 140℃ 条件下，横波速度的升高幅度分别为 115.238m/s、112.893m/s、119.105m/s。横波速度在 10～30MPa 范围内的升高趋势基本不变。

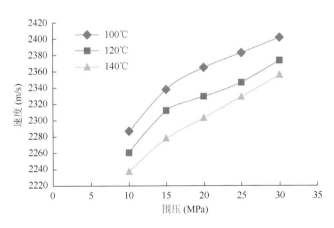

图 2-22　G89-1 号岩心在不同温度和压力下横波速度

在一定压力下，横波速度在 100～140℃ 范围内随温度的升高而降低。10MPa、15MPa、20MPa、25MPa 和 30MPa 条件下，横波速度的降低幅度分别为 49.538m/s、60.189m/s、61.558m/s、53.770m/s 和 45.671m/s。围压 10～20MPa，横波速度的降低幅度随围压的升高而增大，围压 20-30MPa，横波速度的降低幅度随围压的升高而减小。

利用超声波测试了不同围压：10MPa、15MPa、20MPa、25MPa 以及 30MPa 分别在温度 100℃、120℃、140℃下的超声波纵波波速，如表 2-27。

表 2-27　G89-1 号岩心在不同温度和压力下纵波对比　　　　（单位：m/s）

压力（MPa）	温度（℃）		
	100	120	140
10	4020.333	3994.413	3968.824
15	4073.197	4046.592	3994.413
20	4127.469	4100.153	4020.333
25	4183.207	4127.469	4100.153
30	4240.471	4183.207	4155.151

图 2-23 为 G89-1 号岩心在不同温度和压力下纵波对比，其具体数据见表 2-27。

由图 2-23 与表 2-27 可知，在一定温度下，纵波速度在 10～30MPa 范围内随围压的升高而升高。100℃、120℃ 和 140℃ 条件下，纵波速度的升高幅度分别为 220.138m/s、188.794m/s、186.327m/s。纵波速度在 10～30MPa 范围内的升高趋势基本不变。

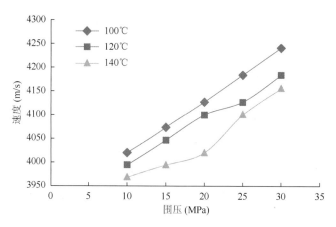

图 2-23　G89-1 号岩心在不同温度和压力下纵波对比

在一定压力下，纵波速度在 100～140℃范围内随温度的升高而降低。10MPa、15MPa、20MPa、25MPa 和 30MPa 条件下，纵波速度的降低幅度分别为 51.509m/s、78.784m/s、107.136m/s、83.054m/s 和 85.319m/s。

2. G89-2 号岩心测试

利用超声波测试了不同围压：10MPa、15MPa、20MPa、25MPa 以及 30MPa 分别在温度 100℃、120℃、140℃下的超声波横波波速，如表 2-28 所示。

表 2-28　G89-2 号岩心在不同温度和压力下横波对比　　　　（单位：m/s）

压力（MPa）	温度（℃）		
	100	120	140
10	2632.470	2610.710	2599.964
15	2654.597	2643.487	2610.710
20	2665.800	2654.597	2632.470
25	2688.493	2665.800	2643.487
30	2711.575	2688.493	2665.800

　　图 2-24 为 G89-2 号岩心在不同温度和压力下横波对比，其具体数据见表 2-28。

　　由图 2-24 与表 2-28 可知，在一定温度下，横波速度在 10～30MPa 范围内随围压的升高而升高。100℃、120℃ 和 140℃ 条件下，横波速度的升高幅度分别为 79.105m/s、77.782m/s、65.836m/s。横波速度在围压 10～30MPa 范围内的升高趋势基本不变。

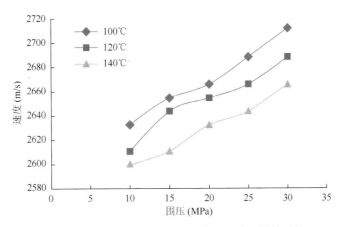

图 2-24　G89-2 号岩心在不同温度和压力下横波对比

　　在一定压力下，横波速度在 100～140℃ 范围内随温度的升高而降低。10MPa、15MPa、20MPa、25MPa 和 30MPa 条件下，横波速度的降低幅度分别为 32.505m/s、43.887m/s、33.330m/s、45.005m/s 和 45.774m/s。围压 10～20MPa，温度的降低幅度随围压的升高而震荡增加。

　　利用超声波测试了不同围压：10MPa、15MPa、20MPa、25MPa 以及 30MPa 分别在温度 100℃、120℃、140℃ 下的超声波纵波波速，如表 2-29。

表 2-29　G89-2 号岩心在不同温度和压力下纵波对比　　　　（单位：m/s）

压力（MPa）	温度（℃）		
	100	120	140
10	4781.564	4710.252	4641.036
15	4818.036	4781.564	4710.252
20	4855.069	4818.036	4781.564
25	4892.675	4855.069	4818.036
30	4969.663	4930.869	4892.675

　　图 2-25 为 G89-2 号岩心在不同温度和压力下纵波对比，其具体数据见表 2-29。

　　由图 2-25 与表 2-29 可知，在一定温度下，纵波速度在 10～30MPa 范围内随围压的升高而升高。100℃、120℃和 140℃条件下，纵波速度的升高幅度分别为 188.098m/s、220.616m/s、251.639m/s。纵波速度在 10～30MPa 范围内的纵波速度的升高幅度随温度升高而增大。

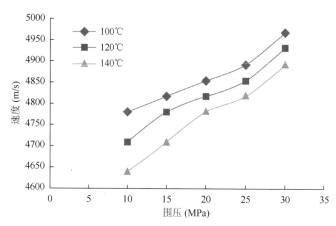

图 2-25　G89-2 号岩心在不同温度和压力下纵波对比

　　在一定压力下，纵波速度在 100～140℃范围内随温度的升高而降低。10MPa、15MPa、20MPa、25MPa 和 30MPa 条件下，纵波速度的降低幅度分别为 140.528m/s、107.784m/s、73.505m/s、74.639m/s 和 76.987m/s。围压 10～20MPa，温度的降低幅度随围压的升高而减小。

3. F151-1-4 二号岩心测试

　　利用超声波测试了不同围压：10MPa、15MPa、20MPa、25MPa 以及 30MPa 分别在温度 100℃、120℃、140℃下的超声波横波波速，如表 2-30。

表 2-30　F151-1-4 二号岩心在不同温度和压力下横波对比　　（单位：m/s）

压力（MPa）	温度（℃）		
	100	120	140
10	1673.209	1643.507	1621.913
15	1777.616	1719.83	1680.803
20	1839.421	1803.588	1769.125
25	1867.244	1839.421	1830.33
30	1895.921	1876.706	1867.244

　　图 2-26 为 F151-1-4 二号岩心在不同温度和压力下横波对比，其具体数据见表 2-30。

　　由图 2-26 与表 2-30 可知，在一定温度下，横波速度在 10～30MPa 范围内随围压的升高而升高。100℃、120℃和 140℃条件下，横波速度的升高幅度分别为 79.105m/s、77.782m/s、65.836m/s。横波速度在围压 10～30MPa 范围内的升高趋势基本不变。

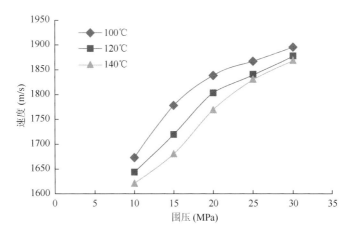

图 2-26　F151-1-4 二号岩心在不同温度和压力下横波对比

在一定压力下，横波速度在 100～140℃ 范围内随温度的升高而降低。10MPa、15MPa、20MPa、25MPa 和 30MPa 条件下，横波速度的降低幅度分别为 32.505m/s、43.887m/s、33.330m/s、45.005m/s 和 45.774m/s。围压 10～20MPa，横波速度的降低幅度随围压的升高而震荡增加。

利用超声波测试了不同围压：10MPa、15MPa、20MPa、25MPa 以及 30MPa 分别在温度 100℃、120℃、140℃ 下的超声波纵波波速，如表 2-31。

表 2-31　F151-1-4 二号岩心在不同温度和压力下纵波对比　　　（单位：m/s）

压力（MPa）	温度（℃）		
	100	120	140
10	2774.128	2733.18	2693.424
15	2974.672	2857.611	2816.321
20	3125.292	2998.759	2950.969
25	3206.47	3125.292	3101.211
30	3291.928	3234.475	3178.946

图 2-27 为 F151-1-4 二号岩心在不同温度和压力下纵波对比，其具体数据见表 2-31。

由图 2-27 与表 2-31 可知，在一定温度下，纵波速度在 10～30MPa 范围内随围压的升高而升高。100℃、120℃ 和 140℃ 条件下，纵波速度的升高幅度分别为 517.800m/s、501.295m/s、485.522m/s。纵波速度在围压 10～30MPa 范围内的纵波速度的升高幅度随温度升高趋势基本不变。

在一定压力下，纵波速度在 100～140℃ 范围内随温度的升高而降低。10MPa、15MPa、20MPa、25MPa 和 30MPa 条件下，纵波速度的降低幅度分别为 80.704m/s、158.351m/s、174.323m/s、105.259m/s 和 112.982m/s。围压 10～20MPa，纵波速度的降低幅度随围压的升高而先增加后减小。

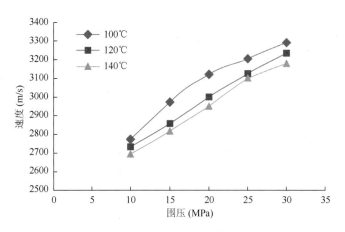

图 2-27　F151-1-4 二号岩心在不同温度和压力下纵波对比

4. 湖检 1-55-21 号岩心测试（饱和二氧化碳）

利用超声波测试岩石力学参数，准备了 G89-1 号岩心，其原始长度为 5.0cm，直径 2.534cm，孔隙度为 6.8%，渗透率为 0.0238mD，重量为 61.109g，如表 2-32 所示。

表 2-32　湖检 1-55-21 号岩心样品原始数据

样品编号	长度（cm）	直径（cm）	孔隙度（%）	渗透率（mD）	重量（g）	实验
湖检 1-55-21	5.0	2.534	6.8	0.0238	61.109	饱和 CO_2 测试

利用超声波测试了不同围压：10MPa、15MPa、20MPa、25MPa 以及 30MPa 分别在温度 100℃、120℃、140℃下的超声波横波波速，如表 2-33。

表 2-33　湖检 1-55-21 岩心在不同温度和压力横波对比　　　　（单位：m/s）

压力（MPa）	温度（℃）		
	100	120	140
10	1631.631	1606.699	1598.557
15	1670.616	1657.348	1644.148
20	1715.649	1702.06	1692.926
25	1749.252	1715.644	1702.06
30	1791.895	1735.981	1720.628

图 2-28 为湖检 1-55-21 岩心在不同温度和压力下横波对比，其具体数据见表 2-33。

由图 2-28 与表 2-33 可知，在一定温度下，横波速度在 10～30MPa 范围内随围压的升高而升高。100℃、120℃和 140℃条件下，横波速度的升高幅度分别为 160.264m/s、129.282m/s、122.071m/s。横波速度在围压 10～30MPa 范围内的升高幅度逐渐减少。

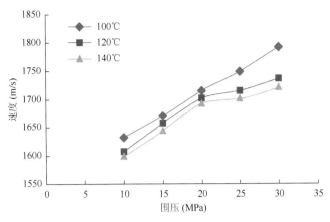

图 2-28　湖检 1-55-21 岩心在不同温度和压力横波对比

在一定压力下，横波速度在 100～140℃ 范围内随温度的升高而降低。10MPa、15MPa、20MPa、25MPa 和 30MPa 条件下，横波速度的降低幅度分别为 33.074m/s、26.468m/s、22.723m/s、47.192m/s 和 71.267m/s。围压 10～30MPa，横波速度的降低幅度随围压的升高而先减小后增大。

利用超声波测试了不同围压：10MPa、15MPa、20MPa、25MPa 以及 30MPa 分别在温度 100℃、120℃、140℃ 下的超声波横波波速，如表 2-34。

表 2-34　湖检 1-55-21 岩心在不同温度和压力纵波对比　　（单位：m/s）

压力（MPa）	温度（℃）		
	100	120	140
10	2779.364	2731.235	2684.745
15	2850.114	2804.070	2779.364
20	2905.145	2880.896	2854.823
25	3007.448	2962.050	2934.495
30	3114.856	3085.482	3018.741

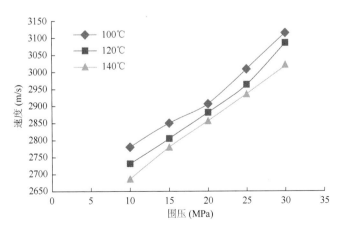

图 2-29　湖检 1-55-21 岩心在不同温度和压力纵波对比

图 2-29 为 F151-1-4 二号岩心在不同温度和压力下纵波对比，其具体数据见表 2-34。

由图 2-29 与表 2-34 可知，在一定温度下，纵波速度在 10～30MPa 范围内随围压的升高而升高。100℃、120℃ 和 140℃条件下，纵波速度的升高幅度分别为 335.492m/s、354.247m/s、333.996m/s。纵波速度在围压 10～30MPa 范围内的升高趋势基本不变。

在一定压力下，纵波速度在 100～140℃范围内随温度的升高而降低。10MPa、15MPa、20MPa、25MPa 和 30MPa 条件下，纵波速度的降低幅度分别为 94.619m/s、70.750m/s、50.322m/s、72.953m/s 和 96.115m/s。围压 10～20MPa，纵波速度的降低幅度随围压的升高而先减小后增加。

2.2.2.3　饱和地层水超声波测试

1. G89-1 号岩心测试

利用超声波测试了不同围压：10MPa、15MPa、20MPa、25MPa 以及 30MPa 分别在温度 100℃、120℃、140℃下的超声波横波波速，如表 2-35。

表 2-35　G89-1 号岩心在不同温度和压力下横波对比　　　　　（单位：m/s）

压力（MPa）	温度（℃）		
	100	120	140
10	2374.200	2365.137	2356.142
15	2397.538	2385.334	2372.200
20	2420.581	2397.813	2383.334
25	2433.075	2420.581	2406.160
30	2459.011	2437.644	2420.468

图 2-30 为 G89-1 岩心在不同温度和压力下横波对比，其具体数据见表 2-35。

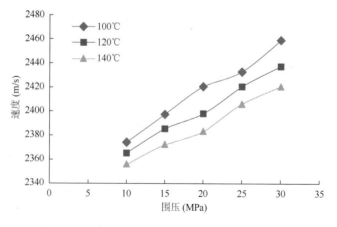

图 2-30　G89-1 号岩心在不同温度和压力下横波对比

由图 2-30 与表 2-35 可知，在一定温度下，横波速度在 10～30MPa 范围内随围压的升高而升高。100℃、120℃ 和 140℃ 条件下，横波速度的升高幅度分别为 84.811m/s、72.506m/s、64.326m/s。横波速度在围压 10～30MPa 范围内的升高幅度逐渐减少。

在一定压力下，横波速度在 100～140℃ 范围内随温度的升高而降低。10MPa、15MPa、20MPa、25MPa 和 30MPa 条件下，横波速度的降低幅度分别为 18.058m/s、25.338m/s、37.247m/s、26.915m/s 和 38.543m/s。围压 10～30MPa，横波速度的降低幅度随围压的升高而震荡增大。

利用超声波测试了不同围压：10MPa、15MPa、20MPa、25MPa 以及 30MPa 分别在温度 100℃、120℃、140℃ 下的超声波纵波波速，如表 2-36。

表 2-36 G89-1 号岩心在不同温度和压力下纵波对比   （单位：m/s）

压力（MPa）	温度（℃）		
	100	120	140
10	4453.862	4422.072	4390.733
15	4486.112	4453.862	4422.072
20	4552.035	4518.833	4486.112
25	4585.728	4552.035	4518.833
30	4619.924	4585.728	4552.035

图 2-31 为 G89-1 号岩心在不同温度和压力下纵波对比，其具体数据见表 2-36。

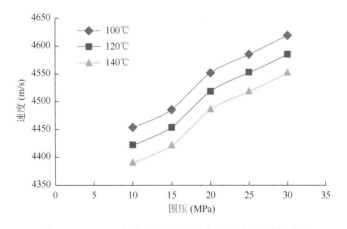

图 2-31 G89-1 号岩心在不同温度和压力下纵波对比

由图 2-31 与表 2-36 可知，在一定温度下，纵波速度在 10～30MPa 范围内随围压的升高而升高。100℃、120℃ 和 140℃ 条件下，纵波速度的升高幅度分别为 166.062m/s、163.656m/s、161.302m/s。纵波速度在围压 10～30MPa 范围内的升高幅度减小。

在一定压力下，纵波速度在 100～140℃ 范围内随温度的升高而降低。10MPa、15MPa、20MPa、25MPa 和 30MPa 条件下，纵波速度的降低幅度分别为 63.128m/s、64.040m/s、

65.922m/s、66.895m/s 和 67.889m/s。围压 10～30MPa，纵波速度的降低幅度随围压的升高而小幅度增加。

2. F151-1-4 二号岩心测试（饱和水）

利用超声波测试了不同围压：10MPa、15MPa、20MPa 以及 30MPa 分别在温度100℃、120℃、140℃下的超声波横波波速，如表2-37 所示。

表 2-37　F151-1-4 二号岩心在不同温度和压力下横波对比　　（单位：m/s）

压力（MPa）	温度（℃）		
	100	120	140
10	1886.265	1794.847	1760.714
15	2031.096	1905.677	1830.33
20	2124.301	1998.219	1967.495
25	2161.497	2088.364	2065.073
30	2174.186	2124.301	2100.207

图 2-32 为 F151-1-4 二号岩心在不同温度和压力下横波对比，其具体数据见表2-38。

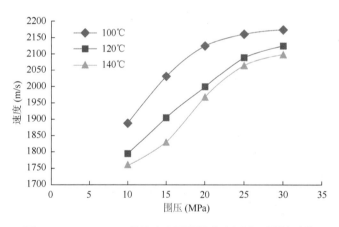

图 2-32　F151-1-4 二号岩心在不同温度和压力下横波对比

由图 2-32 与表 2-37 可知，在一定温度下，横波速度在 10～30MPa 范围内随围压的升高而升高。100℃、120℃和 140℃条件下，横波速度的升高幅度分别为287.921m/s、329.454m/s、339.493m/s。横波速度在围压 10～30MPa 范围内的升高幅度逐渐增加。

在一定压力下，横波速度在 100～140℃范围内随温度的升高而降低。10MPa、15MPa、20MPa、25MPa 和 30MPa 条件下，横波速度的降低幅度分别为125.551m/s、200.766m/s、156.806m/s、96.424m/s 和 73.979m/s。围压 10～30MPa，横波速度的降低幅度随围压的升高而先增大后减小。

利用超声波测试了不同围压：10MPa、15MPa、20MPa、25MPa 以及 30MPa 分别在温度 100℃、120℃、140℃下的超声波横波波速，如表 2-38。

表 2-38 F151-1-4 二号岩心在不同温度和压力下纵波对比 （单位：m/s）

压力（MPa）	温度（℃）		
	100	120	140
10	3099.138	3023.239	2998.759
15	3291.978	3151.890	3099.138
20	3477.446	3291.978	3234.475
25	3544.002	3413.344	3382.171
30	3578.245	3477.446	3445.097

图 2-33 为 F151-1-4 二号岩心在不同温度和压力下纵波对比，其具体数据见表 2-41。

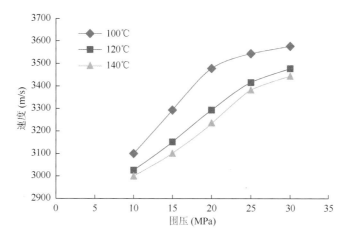

图 2-33 F151-1-4 二号岩心在不同温度和压力下纵波对比

由图 2-33 与表 2-38 可知，在一定温度下，纵波速度在 10～30MPa 范围内随围压的升高而升高。100℃、120℃和 140℃条件下，纵波速度的升高幅度分别为479.107m/s、454.207m/s、446.338m/s。纵波速度在围压 10～30MPa 范围内的升高趋势基本不变。

在一定压力下，纵波速度在 100～140℃范围内随温度的升高而降低。10MPa、15MPa、20MPa、25MPa 和 30MPa 条件下，纵波速度的降低幅度分别为100.379m/s、192.84m/s、242.971m/s、161.831m/s 和 133.148m/s。围压 10～30MPa，纵波速度的降低幅度随围压的升高而先增大后减小。

3. PH4-1 号岩心测试

利用超声波测试岩石力学参数，准备了高 PH4-1 号岩心，其原始长度为 62.23cm，直径 25.57cm，孔隙度为 16%，渗透率为 9.72542mD，重量为 69.7598g，如表 2-39。

表 2-39　PH4-1 号岩心样品原始数据

样品编号	长度（cm）	直径（cm）	孔隙度（%）	渗透率（mD）	重量（g）	实验
PH4-1	62.23	25.57	16	9.72542	69.7598	饱和地层水测试

利用超声波测试了不同围压：10MPa、15MPa、20MPa、25MPa 以及 30MPa 分别在温度 22℃、100℃、120℃、140℃下的超声波横波波速，如表 2-40 所示。

表 2-40　PH4-1 岩心在不同温度和压力下横波对比　　　（单位：m/s）

压力（MPa）	温度（℃）			
	22	100	120	140
10	2304.934	2239.204	2066.856	1949.015
15	2346.257	2291.481	2135.693	1993.605
20	2360.363	2320.189	2189.564	2059.771
25	2403.716	2372.168	2230.727	2083.473
30	2464.06	2430.147	2262.735	2141.954

图 2-34 为 PH4-1 号岩心在不同温度和压力下横波对比，其具体数据见表 2-40。

由图 2-34 与表 2-40 可知，在一定温度下，横波速度在 10～30MPa 范围内随围压的升高而升高。22℃、100℃、120℃和 140℃条件下，横波速度的升高幅度分别为 159.126m/s、190.943m/s、195.879m/s、192.939m/s。横波速度在围压 10～30MPa 范围内的升高趋势基本不变。

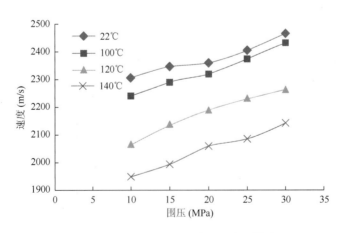

图 2-34　PH4-1 岩心在不同温度和压力下横波对比

在一定压力下，横波速度在 22～140℃范围内随温度的升高而降低。10MPa、15MPa、20MPa、25MPa 和 30MPa 条件下，横波速度的降低幅度分别为 355.919m/s、352.652m/s、300.592m/s、320.243m/s 和 322.106m/s。围压 10～20MPa，横波速度的降

低幅度随围压的升高而增大，围压 20～30MPa，横波速度的降低幅度随围压的升高而减小。

利用超声波测试了不同围压：10MPa、15MPa、20MPa、25MPa 以及 30MPa 分别在温度 22℃、100℃、120℃、140℃下的超声波横波速度，如表 2-41 所示。

表 2-41　PH4-1 岩心在不同温度和压力下纵波对比　　　　（单位：m/s）

压力（MPa）	温度（℃）			
	22	100	120	140
10	3830.437	3721.512	3686.567	3652.273
15	3906.667	3800.156	3757.125	3721.512
20	3945.931	3850.437	3830.437	3802.437
25	4026.875	3945.931	3906.667	3868.176
30	4068.606	3985.992	3945.931	3906.667

图 2-35 为 PH4-1 号岩心在不同温度和压力下纵波对比，其具体数据见表 2-41。

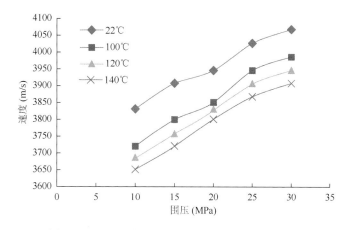

图 2-35　PH4-1 岩心在不同温度和压力下纵波对比

由图 2-35 与表 2-41 可知，在一定温度下，纵波速度在 10～30MPa 范围内随围压的升高而升高。22℃、100℃、120℃和 140℃条件下，纵波速度的升高幅度分别为 238.169m/s、264.48m/s、259.364m/s、254.394m/s。纵波速度在围压 10～30MPa 范围内的升高趋势基本不变。

在一定压力下，纵波速度在 22～140℃范围内随温度的升高而降低。10MPa、15MPa、20MPa、25MPa 和 30MPa 条件下，纵波速度的降低幅度分别为 178.164m/s、185.155m/s、143.494m/s、158.699m/s 和 161.939m/s。围压 10～20MPa，纵波速度的降低幅度随围压的升高而增大，围压 20～30MPa，纵波速度的降低幅度随围压的升高而减小。

4. TWT2 号岩心测试

利用超声波测试岩石力学参数，准备了 TWT2 号岩心，其原始长度为 62.23cm，直径

24.67cm，孔隙度为 13.6%，渗透率为 6.8729mD，重量为 66.920g，如表 2-42 所示。

表 2-42　TWT2 号岩心样品原始数据

样品编号	长度（cm）	直径（cm）	孔隙度（%）	渗透率（mD）	重量（g）	实验
TWT2	62.23	24.67	13.6	6.8729	66.920	饱和地层水测试

利用超声波测试了不同围压：10MPa、15MPa、20MPa、25MPa 以及 30MPa 分别在温度 15℃、100℃、120℃、140℃下的超声波横波波速，如表 2-43。

表 2-43　TWT2 岩心在不同温度和压力下横波对比　　　　（单位：m/s）

压力（MPa）	温度（℃）			
	15	100	120	140
10	1969.602	1912.047	1851.782	1765.851
15	1989.564	1960.602	1922.856	1798.202
20	2026.935	1999.698	1959.771	1843.255
25	2084.64	2041.286	2015.286	1902.782
30	2153.239	2118.384	2073.63	1921.407

图 2-36 为 TWT2 号岩心在不同温度和压力下横波对比，其具体数据见表 2-43。

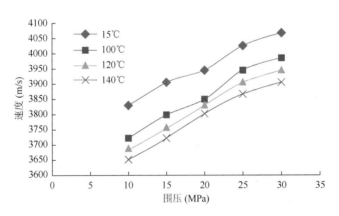

图 2-36　TWT2 岩心在不同温度和压力下横波对比

由图 2-36 与表 2-43 可知，在一定温度下，横波速度在 10～30MPa 范围内随围压的升高而升高。15℃、100℃、120℃ 和 140℃条件下，横波速度的升高幅度分别为 183.167m/s、206.337m/s、221.848m/s、155.556m/s。横波速度在围压 10～30MPa 范围内的升高趋势基本不变。

在一定压力下，横波速度在 15～140℃范围内随温度的升高而降低。10MPa、15MPa、20MPa、25MPa 和 30MPa 条件下，横波速度的降低幅度分别为 203.751m/s、

191.362m/s、183.68m/s、181.858m/s 和 231.832m/s。围压 10～20MPa，横波速度的降低幅度随围压的升高而增大，围压 20～30MPa，横波速度的降低幅度随围压的升高而减小。

利用超声波测试了不同围压：10MPa、15MPa、20MPa、25MPa 以及 30MPa 分别在温度 22℃、100℃、120℃、140℃下的超声波纵波波速，如表 2-44 所示。

图 2-37 为 TWT2 号岩心在不同温度和压力下纵波对比，其具体数据见表 2-44。

表 2-44　TWT2 岩心在不同温度和压力下纵波对比　　　　　　　（单位：m/s）

压力（MPa）	温度（℃）			
	15	100	120	140
10	3428.984	3341.433	3313.235	3285.509
15	3489.945	3428.984	3370.116	3341.443
20	3553.113	3485.196	3459.196	3428.984
25	3585.563	3553.113	3521.246	3501.246
30	3686.567	3618.61	3585.563	3553.113

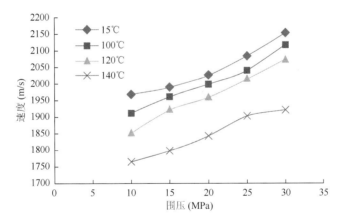

图 2-37　TWT2 岩心在不同温度和压力下纵波对比

由图 2-37 与表 2-44 可知，在一定温度下，纵波速度在 10～30MPa 范围内随围压的升高而升高。15℃、100℃、120℃和 140℃条件下，纵波速度的升高幅度分别为 257.583m/s、277.177m/s、272.328m/s、267.604m/s。纵波速度在围压 10～30MPa 范围内的升高趋势基本不变。

在一定压力下，纵波速度在 15～140℃范围内随温度的升高而降低。10MPa、15MPa、20MPa、25MPa 和 30MPa 条件下，纵波速度的降低幅度分别为 143.475m/s、148.502m/s、124.129m/s、84.317m/s 和 133.454m/s。围压 10～20MPa，纵波波速的降低幅度随围压的升高而增大，围压 20～30MPa，纵波波速的降低幅度随围压的升高而减小。

2.2.2.4　饱和油超声波测试

1. G89-22 号岩心测试（饱和油）

利用超声波测试了不同围压：10MPa、15MPa、20MPa、25MPa 以及 30MPa 分别在温度 100℃、120℃、140℃下的超声波横波波速，如表 2-45。

表 2-45　G89-2 号岩心在不同温度和压力下横波对比　　　　（单位：m/s）

压力（MPa）	温度（℃）		
	100	120	140
10	2911.554	2898.196	2884.959
15	2925.037	2911.554	2898.196
20	2966.245	2925.037	2911.554
25	3008.630	2966.245	2938.645
30	3023.029	3008.630	2952.380

图 2-38 为 G89-2 号岩心在不同温度和压力下横波对比，其具体数据见表 2-45。

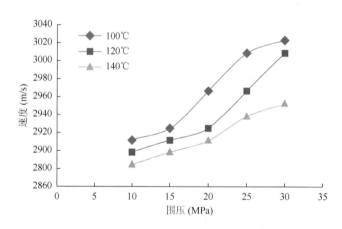

图 2-38　G89-2 号岩心在不同温度和压力下横波速度

由图 2-38 与表 2-45 可知，在一定温度下，横波速度在 10～30MPa 范围内随围压的升高而升高。100℃、120℃和 140℃条件下，横波速度的升高幅度分别为 111.536m/s、110.434m/s、67.421m/s。横波速度在围压 10～30MPa 范围内的升高趋势基本不变。

在一定压力下，横波速度在 100～140℃范围内随温度的升高而降低。10MPa、15MPa、20MPa、25MPa 和 30MPa 条件下，横波速度的降低幅度分别为 26.595m/s、26.841m/s、54.686m/s、69.985m/s 和 70.649m/s。除 20MPa 压力点外，横波速度的降低幅度随围压的升高而增大。

利用超声波测试了不同围压：10MPa、15MPa、20MPa、25MPa 以及 30MPa 分别在温度 100℃、120℃、140℃下的超声波纵波波速，如表 2-46 所示。

图 2-39 为 G89-2 号岩心在不同温度和压力下纵波对比，其具体数据见表 2-46。

由图 2-39 与表 2-46 可知，在一定温度下，纵波速度在 10～30MPa 范围内随围压的升高而升高。100℃、120℃ 和 140℃ 条件下，纵波速度的升高幅度分别为 168.742m/s、171.919m/s、150.48m/s、。纵波速度在围压 10～30MPa 范围内的升高趋势基本不变。

表 2-46　G89-2 号岩心在不同温度和压力下纵波对比　　　　（单位：m/s）

压力（MPa）	温度（℃）		
	100	120	140
10	5042.142	5001.248	4969.663
15	5096.797	5057.112	5019.073
20	5131.143	5085.458	5051.147
25	5173.167	5121.147	5089.157
30	5210.884	5173.167	5120.143

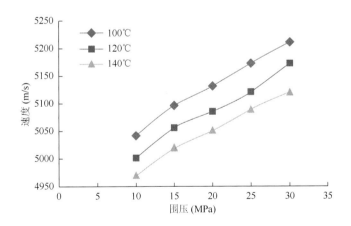

图 2-39　G89-2 号岩心在不同温度和压力下纵波对比

在一定压力下，纵波速度在 100～140℃ 范围内随温度的升高而降低。10MPa、15MPa、20MPa、25MPa 和 30MPa 条件下，纵波速度的降低幅度分别为 72.479m/s、77.724m/s、79.996m/s、和 84.01m/s。围压 10～20MPa，纵波波速的降低幅度随围压的升高而增大，围压 20～30MPa，纵波波速的降低幅度随围压的升高而减小。

2. F151-1-4 三号岩心测试（饱和油）

利用超声波测试岩石力学参数，准备了 F151-1-4 三号岩心，其原始长度为 5.612cm，直径 2.484cm，孔隙度为 19.15%，渗透率为 0.576mD，重量为 59.9387g，如表 2-47 所示。

表 2-47　F151-1-4 三号岩心样品原始数据

样品编号	长度（cm）	直径（cm）	孔隙度（%）	渗透率（mD）	重量（g）	实验
F151-1-4 三号	5.612	2.484	19.15	0.576	58.9387	饱和油测试

利用超声波测试了不同围压：10MPa、15MPa、20MPa、25MPa 以及 30MPa 分别在温度 100℃、120℃、140℃下的超声波横波波速，如表 2-48。

表 2-48　F151-1-4 三号岩心在不同温度和压力下横波对比　　　（单位：m/s）

压力（MPa）	温度（℃）		
	100	120	140
10	1872.703	1848.263	1805.843
15	1892.725	1867.763	1824.453
20	1923.574	1902.897	1867.763
25	1993.989	1950.060	1918.363
30	2028.257	1982.822	1928.813

图 2-40 为高 F151-1-4 三号岩心在不同温度和压力下横波对比，其具体数据见表 2-48。

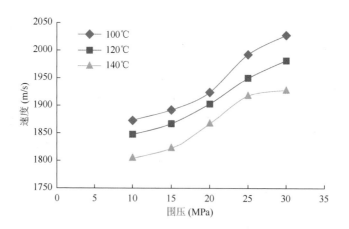

图 2-40　F151-1-4 三号岩心在不同温度和压力下横波对比

由图 2-40 与表 2-48 可知，在一定温度下，横波速度在 10～30MPa 范围内随围压的升高而升高。100℃、120℃和 140℃条件下，横波速度的升高幅度分别为 155.554m/s、134.559m/s、122.97m/s。横波速度在围压 10～30MPa 范围内的升高趋势基本不变。

在一定压力下，横波速度在 100～140℃范围内随温度的升高而降低。10MPa、15MPa、20MPa、25MPa 和 30MPa 条件下，横波速度的降低幅度分别为 66.86m/s、68.272m/s、

55.811m/s、75.626m/s 和 99.444m/s。除 20MPa 压力点外，横波波速的降低幅度随围压的升高而增大。

利用超声波测试了不同围压：10MPa、15MPa、20MPa、25MPa 以及 30MPa 分别在温度 100℃、120℃、140℃下的超声波纵波波速，如表 2-49。

表 2-49　F151-1-4 三号岩心在不同温度和压力下纵波对比　　　（单位：m/s）

压力（MPa）	温度（℃）		
	100	120	140
10	3007.470	2908.644	2873.238
15	3046.284	2957.232	2896.745
20	3168.978	3072.721	3033.235
25	3241.510	3197.598	3140.866
30	3333.055	3286.645	3226.739

图 2-41 为 F151-1-4 三号岩心在不同温度和压力下纵波对比，其具体数据见表 2-49。

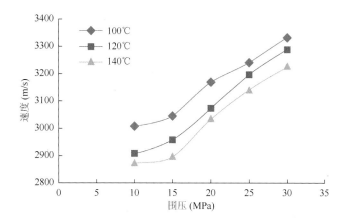

图 2-41　F151-1-4 三号岩心在不同温度和压力下纵波对比

由图 2-41 与表 2-49 可知，在一定温度下，纵波速度在 10～30MPa 范围内随围压的升高而升高。100℃、120℃ 和 140℃ 条件下，纵波速度的升高幅度分别为 325.585m/s、378.001m/s、353.501m/s。纵波速度在围压 10～30MPa 范围内的升高趋势基本不变。

在一定压力下，纵波速度在 100～140℃ 范围内随温度的升高而降低。10MPa、15MPa、20MPa、25MPa 和 30MPa 条件下，纵波速度的降低幅度分别为 134.232m/s、149.539m/s、135.743m/s、100.644m/s 和 106.316m/s。围压 10～20MPa，纵波波速的降低幅度随围压的升高而增大，围压 20～30MPa，纵波波速的降低幅度随围压的升高而减小。

3. 黄 2-1 号岩心测试（饱和油）

利用超声波测试了不同围压：10MPa、15MPa、20MPa、25MPa 以及 30MPa 分别在温度 100℃、120℃、140℃下的超声波横波波速，如表 2-50。

图 2-42 为黄 2-1 号岩心在不同温度和压力下横波对比，其具体数据见表 2-50。

表 2-50　黄 2-1 岩心在不同温度和压力下横波对比　　　　（单位：m/s）

压力（MPa）	温度（℃）		
	100	120	140
10	2301.586	2287.994	2248.165
15	2329.261	2315.341	2287.994
20	2372.043	2357.608	2315.341
25	2401.448	2372.043	2329.261
30	2431.592	2401.448	2357.608

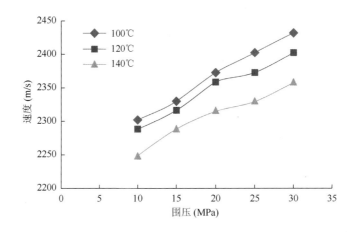

图 2-42　黄 2-1 岩心在不同温度和压力下横波对比

由图 2-42 与表 2-50 可知，在一定温度下，横波速度在 10～30MPa 范围内随围压的升高而升高。100℃、120℃ 和 140℃ 条件下，横波速度的升高幅度分别为 130.006m/s、113.454m/s、109.433m/s。横波速度在围压 10～30MPa 范围内的升高趋势基本不变。

在一定压力下，横波速度在 100～140℃ 范围内随温度的升高而降低。10MPa、15MPa、20MPa、25MPa 和 30MPa 条件下，横波速度的降低幅度分别为 53.421m/s、41.267m/s、56.702m/s、72.187m/s 和 73.984m/s。除 20MPa 压力点外，横波波速的降低幅度随围压的升高而增大。

利用超声波测试了不同围压：10MPa、15MPa、20MPa、25MPa 以及 30MPa 分别在温度 100℃、120℃、140℃下的超声波纵波波速，如表 2-51 所示。

表 2-51　黄 2-1 岩心在不同温度和压力下纵波对比　　　（单位：m/s）

压力（MPa）	温度（℃）		
	100	120	140
10	3672.474	3637.989	3570.928
15	3743.441	3707.618	3637.989
20	3817.206	3779.964	3707.618
25	3893.936	3817.206	3743.441
30	3933.469	3855.189	3779.964

图 2-43 为黄 2-1 岩心在不同温度和压力下纵波对比，其具体数据见表 2-51。

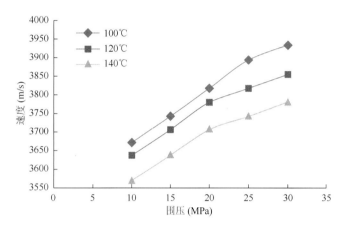

图 2-43　黄 2-1 岩心在不同温度和压力下纵波对比

由图 2-43 与表 2-51 可知，在一定温度下，纵波速度在 10～30MPa 范围内随围压的升高而升高。100℃、120℃ 和 140℃ 条件下，纵波速度的升高幅度分别为 260.955m/s、217.2m/s、209.036m/s。纵波速度在 10～30MPa 范围内的升高趋势基本不变。

在一定压力下，纵波速度在 100～140℃ 范围内随温度的升高而降低。10MPa、15MPa、20MPa、25MPa 和 30MPa 条件下，纵波速度的降低幅度分别为 101.546m/s、105.452m/s、109.588m/s、105.495m/s 和 153.505m/s。围压 10～20MPa，纵波速度的降低幅度随围压的升高而增大，围压 20～30MPa，纵波速度的降低幅度随围压的升高而减小。

2.2.3　双相流体岩心超声波测试

2.2.3.1　实验基本方法及流程

测试岩心直径和长度实验前确保实验管线连线正确性（气相线、油相线和回压阀线）。
第一步：组装岩心夹持器
岩心放入岩心夹持器，确保胶皮筒干净（岩心任何位置都不能沾液压油）大小胶圈已换新并保证胶圈紧贴相应的金属台，松夹持器上的四个螺丝。

组装完成后拧紧四个螺丝（为了螺丝受力平衡，两对螺丝交替上紧）。

第二步：岩心夹持器放入烘箱

注意：管线位置不要搅在一起，以免加温过后由于位置不合理导致的烫伤；

阀门位置：所有阀门必须在好操作的地方，方便加温后开关阀门操作；

关闭油和气中间容器出口端阀门，打开油和气液压油端阀门。

第三步：抽真空

围压只需加10MPa，抽40分钟，抽完后关闭岩心夹持器入口端阀门。

第四步：加温

注意：等气相压力稳定后，监测围压（稳定在10MPa）。

第五步：饱和油

打开油中间容器阀门；

记录压力稳定后泵的排量（V_1）；

打开岩心夹持器入口端阀门；

定压8MPa，直至压力完全稳定；

记录现在的泵排量（V_2），得到孔隙体积（V_p）。

第六步：油相渗透率测定

围压加到地层压力；

回压稳定；

打开岩心夹持器出口端；

油中间容器加压到比回压高3MPa、5MPa、7MPa三个驱替压力点测试稳定渗流速度。只要记录稳定流动后油压，稳定5分钟后的油出口体积。

第七步：二氧化碳驱油动态测试

首先二氧化碳恒压（压力加到比回压高3MPa），整个实验都必须恒压不能变，待完全稳定后，记录时间间隔用5s，打开泵里面数据保存，按钮变红，打开气中间容器出口阀门。根据驱出油量换算得出岩心不同含油、含气饱和度状态下的纵横波速度。

2.2.3.2 岩心测试

1. G89-2 号岩心测试（双相）

1）样品原始数据测试及编号

表2-52为G89-2号岩心测试样品原始数据测试，此岩心长度5.006cm，直径2.51cm，孔隙度15.06%，渗透率0.707mD，重量65.9929g，试验为二氧化碳驱油测试。

表 2-52　G89-2 号岩心测试样品原始数据测试

样品编号	长度（cm）	直径（cm）	孔隙度（%）	渗透率（mD）	重量（g）	实验
G89-2 号	5.006	2.51	15.06	0.707	65.9929	CO_2驱油测试

2）100℃下二氧化碳驱油超声波测试

表 2-53 为 G89-2 号岩心二氧化碳驱油超声波测试，如表所示，二氧化碳驱油超声波测试要求在恒定温度、围压和内压下测试波速变化，所用仪器为自制岩心超声波测试装置，温度为 100℃，注气压力为 5.51MPa。

表 2-53　G89-2 号岩心二氧化碳驱油超声波测试

测试项目	钢心超声波测试
检测要求	恒定温度、围压和内压下测试波速变化
检测仪器	自制岩心超声波测试装置
温度（℃）	100
注气压力（MPa）	5.51

表 2-54 为 G89-2 号岩心在 100℃、内压 5.51MPa、围压 25MPa 下的超声测试数据，图 2-44 和图 2-45 分别为 G89-2 号岩心在不同驱出油量下横波变化和纵波变化，如表和图所示，横波速度和纵波速度变化的总体趋势为随着驱油量的增加而降低，但是横波速度在驱出油量为 0.5～1.0ml 范围内降低趋势趋缓，纵波速度在驱出油量为 0.5ml 附近时降低趋势趋缓，其中岩心最大横波速度为 3023.029m/s，最小横波速度为 2952.380m/s，驱油量 0～1.5ml 范围内横波速度整体变化幅度为 70.649m/s，最大纵波速度为 5184.631m/s，最小纵波速度为 5100.895m/s，驱油量 0～1.5ml 范围内纵波速度整体变化幅度为 83.736m/s。

表 2-54　G89-2 号岩心在 100℃内压 5.51MPa 围压 25MPa 下的超声测试数据

序号	岩心状态	围压（MPa）	驱出油量（ml）	出气量（ml）	横波时间（μs）	纵波时间（μs）	横波速度(m/s)	纵波速度(m/s)
1	饱和油	25	0	0	42.760	23.955	3023.029	5184.631
2	CO_2 驱油	25	0.2	5	42.817	23.977	3012.467	5173.167
3	CO_2 驱油	25	0.4	18	42.839	23.995	3008.630	5163.440
4	CO_2 驱油	25	0.6	57	42.877	24.000	3001.648	5160.825
5	CO_2 驱油	25	0.8	184	42.918	24.035	2994.368	5142.422
6	CO_2 驱油	25	1.0	406	42.997	24.056	2980.240	5131.143
7	CO_2 驱油	25	1.2	629	43.077	24.074	2966.245	5121.574
8	CO_2 驱油	25	1.5	1056	43.156	24.114	2952.380	5100.895

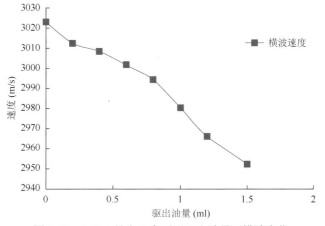

图 2-44　G89-2 号岩心在不同驱出油量下横波变化

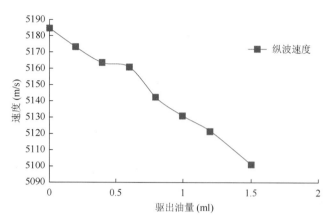

图 2-45 G89-2 号岩心在不同驱出油量下纵波变化

2. F151-1-4 三号岩心测试

1）样品原始数据测试及编号

表 2-55 为岩 F151-1-4 三号岩心测试样品原始数据测试，如表所示，此岩心长度 5.612cm，直径 2.484cm，孔隙度 19.15%，渗透率 0.576mD，重量 58.9387g，试验为二氧化碳驱油测试。

表 2-55 岩 F151-1-4 三号岩心测试样品原始数据测试

样品编号	长度（cm）	直径（cm）	孔隙度（%）	渗透率（mD）	重量（g）	实验
F151-1-4 三号	5.612	2.484	19.15	0.576	58.9387	CO_2 驱油测试

2）100℃下二氧化碳驱油超声波测试

表 2-56 为岩 F151-1-4 三号二氧化碳驱油超声波测试，如表所示，二氧化碳驱油超声波测试要求在恒定温度、围压和内压下测试波速变化，所用仪器为自制岩心超声波测试装置，温度为 100℃，注气压力为 3.45MPa。

表 2-56 F151-1-4 三号二氧化碳驱油超声波测试

测试项目	钢心超声波测试
检测要求	恒定温度、围压和内压下测试波速变化
检测仪器	自制岩心超声波测试装置
温度（℃）	100
注气压力（MPa）	3.45

表 2-57 为 F151-1-4 三号岩心在 100℃内压 3.45MPa 围压 25MPa 下的超声测试数据，图 2-46 和图 2-47 分别为 F151-1-4 三号岩心在不同驱出油量下横波变化和纵波变化。横波速度和纵波速度变化的总体趋势为随着驱油量的增加而降低，纵波速度和横波速度的降低趋势基本趋于一致，波动不大，横波速度和纵波速度在驱出油量为 0.5ml 附近时降低幅度都略微趋缓，其中岩心最大横波速度为 1993.989m/s，最小横波速度为 1950.060m/s，驱油

量 0～1.6ml 范围内横波速度整体变化幅度为 43.929m/s，最大纵波速度为 3241.510m/s，最小纵波速度为 3179.936m/s，驱油量 0～1.6ml 范围内纵波整体变化幅度为 61.574m/s。

表 2-57　F151-1-4 三号岩心在 100℃内压 3.45MPa 围压 25MPa 下的超声测试数据

序号	岩心状态	围压（MPa）	驱出油量（ml）	出气量（ml）	横波时间（μs）	纵波时间（μs）	横波速度（m/s）	纵波速度（m/s）
1	饱和油	25	0	0	44.345	26.513	1993.989	3241.510
2	CO_2 驱油	25	0.2	8	44.466	26.576	1985.390	3229.714
3	CO_2 驱油	25	0.4	21	44.503	26.610	1982.822	3223.361
4	CO_2 驱油	25	0.6	62	44.611	26.639	1975.286	3218.041
5	CO_2 驱油	25	0.8	175	44.662	26.690	1971.780	3208.755
6	CO_2 驱油	25	1.0	425	44.741	26.740	1966.305	3199.501
7	CO_2 驱油	25	1.2	650	44.791	26.769	1962.860	3194.281
8	CO_2 驱油	25	1.4	1146	44.899	26.803	1955.445	3188.092
9	CO_2 驱油	25	1.6	1426	44.979	26.848	1950.060	3179.936

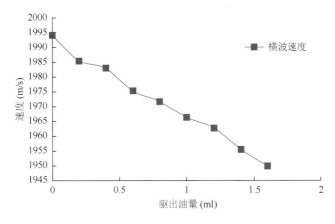

图 2-46　F151-1-4 三号岩心在不同驱出油量下横波变化

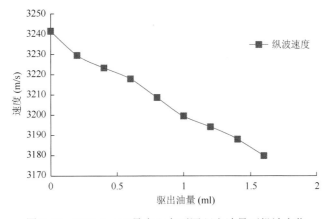

图 2-47　F151-1-4 三号岩心在不同驱出油量下纵波变化

3. 黄 2-1-1 号岩心测试（双相）

1）样品原始数据测试及编号

表 2-58 为黄 2-1-1 号岩心测试样品原始数据测试，如表所示，此岩心长度 6.141cm，直径 2.50cm，孔隙度 11.4%，渗透率 32.7439mD，重量 66.71g，试验为二氧化碳驱油测试。

表 2-58　黄 2-1-1 号岩心测试样品原始数据测试

样品编号	长度（cm）	直径（cm）	孔隙度（%）	渗透率（mD）	重量（g）	实验
黄 2-1-1	6.141	2.50	11.4	32.7439	66.71	CO_2 驱油测试

2）在 100℃下二氧化碳驱油超声波测试

表 2-59 为黄 2-1-1 号岩心测试二氧化碳驱油超声波测试，如表所示，二氧化碳驱油超声波测试要求在恒定温度、围压和内压下测试波速变化，所用仪器为自制岩心超声波测试装置，温度为 100℃，注气压力为 0.34MPa。

表 2-59　黄 2-1-1 号岩心测试二氧化碳驱油超声波测试

测试项目	钢心超声波测试
检测要求	恒定温度、围压和内压下测试波速变化
检测仪器	自制岩心超声波测试装置
温度（℃）	100
注气压力（MPa）	0.34

表 2-60 为黄 2-1-1 岩心在 100℃、内压 0.34MPa、围压 25MPa 下的超声测试数据，图 2-48 和图 2-49 分别为黄 2-1-1 岩心在不同驱出油量下横波变化和纵波变化。横波速度和纵波速度变化的总体趋势为随着驱油量的增加而降低，纵波速度和横波速度的降低趋势基本趋于一致，波动不大，纵波速度在驱出油量为 0.5～1.0ml 附近时降低幅度都略微趋缓，其中岩心最大横波速度为 2443.3m/s，最小横波速度为 2398.029m/s，驱油量 0～2.0ml 范围内横波速度整体变化幅度为 45.271m/s，最大纵波速度为 3884.955m/s，最小纵波速度为 3795.575m/s，驱油量 0～2.0ml 范围内纵波速度整体变化幅度为 89.38m/s。

表 2-60　黄 2-1-1 岩心在 100℃内压 0.34MPa 围压 25MPa 下的超声测试数据

序号	岩心状态	围压（MPa）	驱出油量（ml）	出气量（ml）	横波时间（μs）	纵波时间（μs）	横波速度（m/s）	纵波速度（m/s）
1	饱和油	25	0	0	41.33404	25.00713	2443.3	3884.955
2	CO_2 驱油	25	0.2	0	41.41227	25.05248	2435.719	3873.841
3	CO_2 驱油	25	0.5	10	41.44613	25.08639	2432.452	3865.574
4	CO_2 驱油	25	0.7	25	41.49152	25.12862	2428.087	3855.324
5	CO_2 驱油	25	1.0	62	41.53234	25.16564	2424.174	3846.386

序号	岩心状态	围压（MPa）	驱出油量（ml）	出气量（ml）	横波时间（μs）	纵波时间（μs）	横波速度（m/s）	纵波速度（m/s）
6	CO_2 驱油	25	1.2	128	41.57583	25.24489	2420.019	3827.387
7	CO_2 驱油	25	1.5	240	41.65003	25.27942	2412.964	3819.167
8	CO_2 驱油	25	1.7	460	41.72927	25.32414	2405.474	3808.575
9	CO_2 驱油	25	2.0	954	41.80853	25.37937	2398.029	3795.575

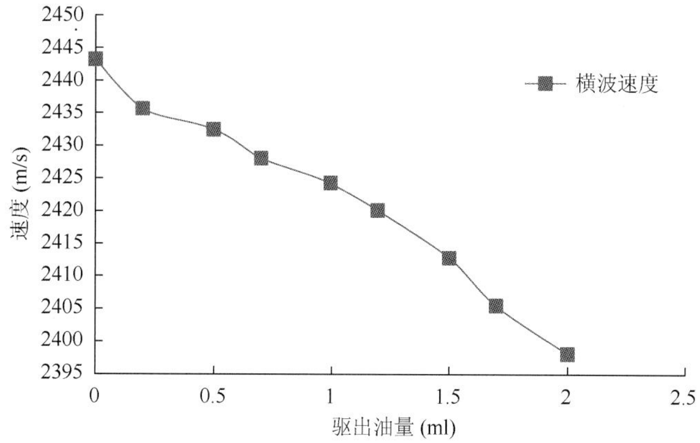

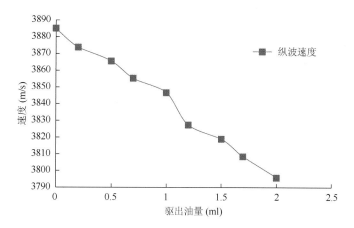

图 2-48　黄 2-1-1 岩心在不同驱出油量下横波变化

图 2-49　黄 2-1-1 岩心在不同驱出油量下纵波变化

2.2.4　溶解不同比例二氧化碳测试

2.2.4.1　实验基本方法及流程

测试岩心直径和长度实验前确保实验管线连线正确性（气相线、油相线和回压阀线）。

第一步：组装岩心夹持器

岩心放入岩心夹持器，确保胶皮筒干净（岩心任何位置都不能沾液压油）大小胶圈已换新并保证胶圈紧贴相应的金属台，松夹持器上的四个螺丝；

组装完成后拧紧四个螺丝（为了螺丝受力平衡，两对螺丝交替上紧）。

第二步：岩心夹持器放入烘箱

注意：

管线位置：不要搅在一起，以免加温过后由于位置不合理导致的烫伤；

阀门位置：所有阀门必须在好操作的地方，方便加温后开关阀门操作；

关闭油和气中间容器出口端阀门，打开油和气液压油端阀门。

第三步：抽真空

围压只需加 10MPa，抽 40 分钟，抽完后关闭岩心夹持器入口端阀门。

第四步：加温

注意：等气相压力稳定后，监测围压（稳定在 10MPa）。

第五步：饱和二氧化碳

打开二氧化碳中间容器阀门；

记录压力稳定后泵的排量（V_1）；

打开岩心夹持器入口端阀门；

定压 5MPa，直至压力完全稳定。

第六步：油驱二氧化碳动态测试

让连接装油中间容器的高压活塞泵定流量进泵，同时保持连接装二氧化碳中间容器的高压活塞泵同步退泵。根据进泵量换算得出不同比例二氧化碳下岩心的纵横波速度。

2.2.4.2　岩心测试

1. F151-1-4 二号岩心测试

1）样品原始数据测试及编号

表 2-61 为 F151-1-4 二号岩心测试样品原始数据测试，如表所示，此岩心长度 5.87cm，直径 2.484cm，孔隙度 19.67%，渗透率 0.1595mD，孔隙体积 5.595cm^3，重量 60.98g，实验为溶解不同比例二氧化碳测试。

表 2-61　F151-1-4 二号岩心测试样品原始数据测试

样品编号	长度（cm）	直径（cm）	孔隙度（%）	渗透率（mD）	孔隙体积（cm^3）	重量（g）	实验
F151-1-4 二号	5.87	2.484	19.67	0.1595	5.595	60.98	溶解不同比例CO$_2$测试

2）岩心饱和不同比例二氧化碳在不同围压超声波对比

表 2-62 和表 2-63 分别为 F151-1-4 二号岩心在不同围压下横波对比和纵波对比，

图 2-50 和图 2-51 分别表示 F151-1-4 二号岩心在不同围压下横波对比和纵波对比。由图可见，随着围压的增大，横波速度和纵波速度都增大，随着饱和二氧化碳比例的增加，横波速度和纵波速度都减小。且由数据表可以得出随饱和二氧化碳比例的增加不同围压下横波速度的降低幅度分别为 60.189m/s、54.433m/s、44.143m/s、47.504m/s、38.576m/s，随饱和二氧化碳比例的增加不同围压下纵波速度的降低幅度分别为 283.322m/s、310.314m/s、275.237m/s、253.616m/s、286.188m/s。可见纵波速度的降低幅度明显比横波的降低幅度大。

表 2-62　F151-1-4 二号岩心在不同围压下横波对比　　　　　（单位：m/s）

CO_2 比例（%）	围压（MPa）				
	10	15	20	25	30
100	1754.624	1805.963	1884.058	1953.630	2001.134
82.12	1762.977	1823.750	1903.425	1963.991	2012.006
64.25	1788.519	1837.322	1908.329	1974.462	2017.487
46.38	1792.848	1841.891	1913.258	1985.045	2028.537
28.50	1801.570	1851.097	1923.194	1995.742	2034.108
0	1814.813	1860.396	1928.201	2001.134	2039.710

表 2-63　F151-1-4 二号岩心在不同围压下纵波对比　　　　　（单位：m/s）

CO_2 比例（%）	围压（MPa）				
	10	15	20	25	30
100	2759.041	2822.115	2981.137	3106.156	3200.097
82.12	2800.772	2899.447	3029.917	3172.682	3242.120
64.25	2899.447	2969.186	3106.156	3213.983	3314.666
46.38	2957.331	3017.573	3159.150	3270.754	3375.082
28.50	2993.184	3067.563	3213.983	3314.666	3421.860
0	3042.363	3132.429	3256.374	3359.772	3486.285

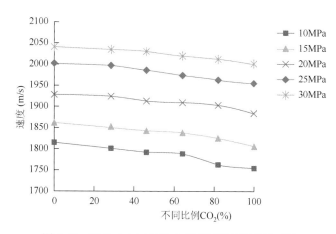

图 2-50　F151-1-4 二号岩心在不同围压下横波对比

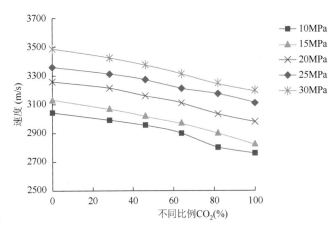

图 2-51　F151-1-4 二号岩心在不同围压下纵波对比

2. F151-1-4 三号岩心测试

1）样品原始数据测试及编号

表 2-64 为 F151-1-4 三号岩心测试样品原始数据测试，如表所示，此岩心长度 5.612cm，直径 2.484cm，孔隙度 19.15%，渗透率 0.576mD，孔隙体积 5.205cm³，重量 58.9387g，试验为溶解不同比例二氧化碳测试。

表 2-64　F151-1-4 三号岩心测试样品原始数据测试

样品编号	长度（cm）	直径（cm）	孔隙度（%）	渗透率（mD）	孔隙体积（cm³）	重量（g）	实验
F151-1-4 三号	5.612	2.484	19.15	0.576	5.205	58.9387	溶解不同比例 CO_2 测试

2）岩心饱和不同比例二氧化碳在不同围压超声波对比

表 2-65 和表 2-66 分别为 F151-1-4 三号岩心在不同围压下横波对比和纵波对比，图 2-52 和图 2-53 分别表示 F151-1-4 三号岩心在不同围压下横波对比和纵波对比。由图可见，随着围压的增大，横波速度和纵波速度都增大，随着饱和二氧化碳比例的增加，横波速度和纵波速度都减小。且由数据表可以得出随饱和二氧化碳比例的增加不同围压下横波速度的降低幅度分别为 59.128m/s、63.895m/s、42.497m/s、40.787m/s、30.516m/s，随饱和二氧化碳比例的增加不同围压下纵波速度的降低幅度分别为 276.888m/s、240.366m/s、219.806m/s、171.877m/s、169.502m/s。可见纵波速度的降低幅度明显比横波的降低幅度大。

表 2-65　F151-1-4 三号岩心在不同围压下横波对比　　　　（单位：m/s）

CO_2 比例（%）	围压（MPa）				
	10	15	20	25	30
100	1765.325	1833.903	1918.363	2010.977	2063.724
80.7877	1778.628	1843.452	1928.813	2016.704	2069.756
61.57541	1787.608	1853.100	1934.081	2028.257	2075.823
42.36311	1796.679	1867.763	1944.705	2034.083	2081.926
23.15082	1810.460	1882.661	1955.445	2039.943	2088.065
0	1824.453	1897.798	1960.860	2051.764	2094.240

表 2-66　F151-1-4 三号岩心在不同围压下纵波对比　　　　　（单位：m/s）

CO_2 比例（%）	围压（MPa）				
	10	15	20	25	30
100	2850.109	2957.232	3113.249	3241.510	3380.794
80.7877	2920.641	3007.470	3168.978	3286.645	3413.387
61.57541	2957.232	3059.446	3212.103	3333.055	3446.615
42.36311	3020.298	3099.621	3256.417	3364.730	3480.496
23.15082	3072.721	3140.866	3286.645	3380.794	3515.049
0	3126.997	3197.598	3333.055	3413.387	3550.296

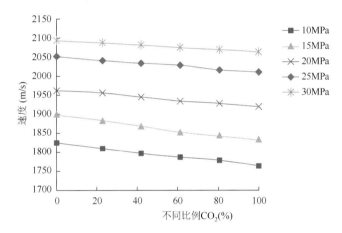

图 2-52　F151-1-4 三号岩心在不同围压下横波对比

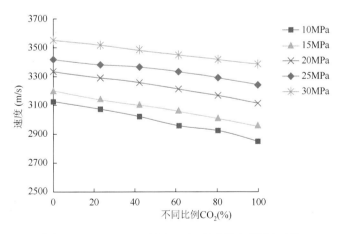

图 2-53　F151-1-4 三号岩心在不同围压下纵波对比

3. F151-1-4 四号岩心测试

1）样品原始数据测试及编号

表 2-67 为 F151-1-4 四号岩心测试样品原始数据测试，如表所示，此岩心长度 5.46cm，

直径 2.472cm，孔隙度 14.64%，渗透率 0.462mD，孔隙体积 3.834cm^3，重量 58.4401g，试验为溶解不同比例二氧化碳测试。

表 2-67　F151-1-4 四号岩心测试样品原始数据测试

样品编号	长度（cm）	直径（cm）	孔隙度（%）	渗透率（mD）	孔隙体积（cm^3）	重量（g）	实验
F151-1-4 四号	5.46	2.472	14.64	0.462	3.834	58.4401	溶解不同比例CO_2测试

2）岩心饱和不同比例二氧化碳在不同围压超声波对比

表 2-68 和表 2-69 分别为 F151-1-4 四号岩心在不同围压下横波对比和纵波对比，图 2-54 和图 2-55 分别表示 F151-1-4 四号岩心在不同围压下横波对比和纵波对比。由图可见，随着围压的增大，横波速度和纵波速度都增大，随着饱和二氧化碳比例的增加，横波速度和纵波速度都减小。且由数据表可以得出随饱和二氧化碳比例的增加不同围压下横波速度的降低幅度分别为 53.633m/s、49.161m/s、36.402m/s、39.375m/s、25.629m/s，随饱和二氧化碳比例的增加不同围压下纵波速度的降低幅度分别为 236.912m/s、263.533m/s、273.547m/s、200.85m/s、242.446m/s。可见纵波速度的降低幅度明显比横波的降低幅度大。

表 2-68　F151-1-4 四号岩心在不同围压下横波对比　　　（单位：m/s）

CO_2 比例（%）	围压（MPa）				
	10	15	20	25	30
100	1597.999	1655.601	1752.463	1821.987	1866.404
86.95879	1601.714	1659.590	1752.463	1826.812	1876.572
73.91758	1612.964	1663.597	1761.424	1831.669	1876.572
60.87637	1624.373	1675.736	1765.939	1836.552	1876.572
47.83516	1632.069	1679.822	1775.038	1841.461	1881.697
34.79395	1639.839	1683.928	1784.232	1846.396	1886.851
21.75274	1643.751	1696.367	1784.232	1851.358	1892.033
0	1651.632	1704.762	1788.865	1861.362	1892.033

表 2-69　F151-1-4 四号岩心在不同围压下纵波对比　　　（单位：m/s）

CO_2 比例（%）	围压（MPa）				
	10	15	20	25	30
100	2492.067	2566.331	2728.979	2938.494	3015.669
86.95879	2510.227	2585.594	2761.799	2963.776	3069.411
73.91758	2537.969	2625.000	2818.288	2989.497	3097.007
60.87637	2585.594	2675.980	2853.304	3015.669	3139.344
47.83516	2615.036	2707.530	2877.136	3042.303	3168.217
34.79395	2655.352	2750.771	2926.014	3083.147	3197.627
21.75274	2696.931	2795.417	2963.776	3110.992	3212.537
0	2728.979	2829.864	3002.526	3139.344	3258.115

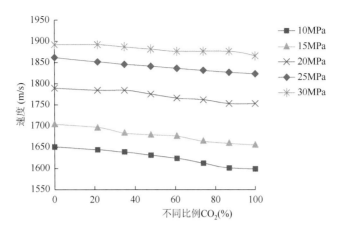

图 2-54　F151-1-4 四号岩心在不同围压下横波对比

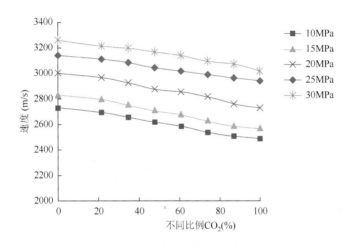

图 2-55　F151-1-4 四号岩心在不同围压下纵波对比

2.2.5　二氧化碳驱油岩石物理特征

2.2.5.1　二氧化碳驱油岩石物理测试分析

1. 压力-温度对岩心速度影响

在岩石物理速度测试过程中，分别针对干岩心、饱和油、饱和水、饱和二氧化碳的岩心进行了不同温度、压力条件下的速度测试，测试发现，压力-温度对岩心速度影响具有显著的规律性：纵横波速度随有效压力增大而增大，随温度升高而减小；压力越大，纵横波速度随温度减小的幅度越大；温度越高，纵横波速度随压力增大的幅度越小。测试结果如下图所示：

目的层干岩心横波速度在围压 10～30MPa 增大 52.2～135.6m/s，在 20～140℃减小 88.3～171.8m/s（图 2-56）。

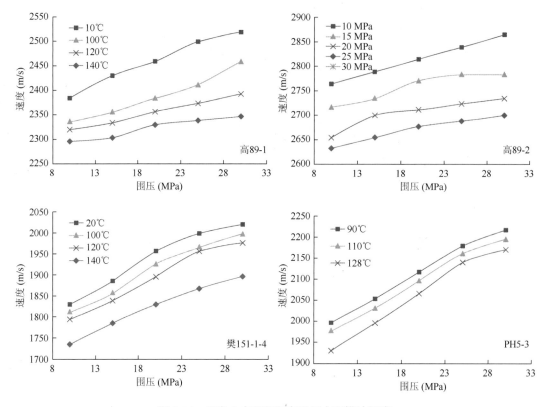

图 2-56　干岩心在不同温度和压力下横波速度

目的层干岩心纵波速度在围压 10～30MPa 增大 105.7～315.4m/s，在 20～140℃减小 133.1～257.7m/s（图 2-57）。

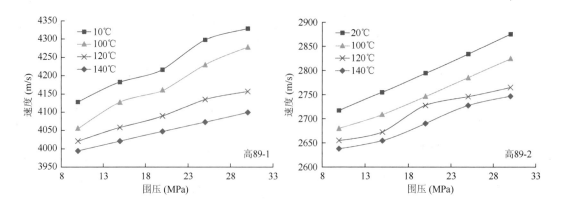

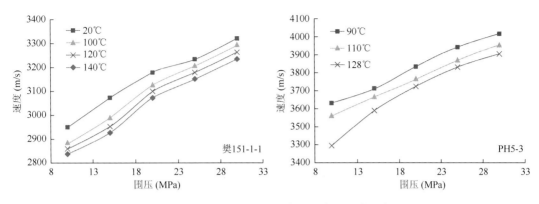

图 2-57　干岩心在不同温度和压力下纵波速度

目的层饱和水岩心纵波速度在 10～30MPa 增大 161.3～166.1m/s，在 100～140℃减小 63.1～67.9m/s（图 2-58）。

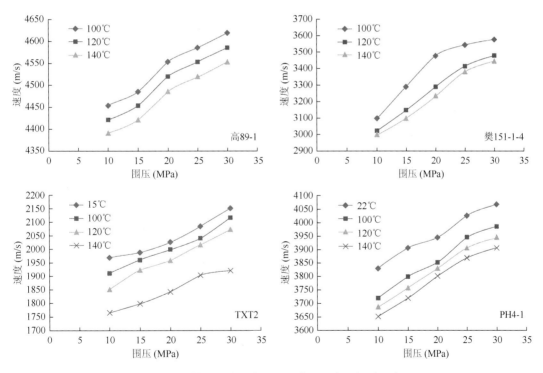

图 2-58　饱和水岩心在不同温度和压力下纵波速度

目的层饱和水岩心横波速度在围压 10～30MPa 增大 64.3～84.8m/s，在 100～140℃减小 18.1～38.5m/s（图 2-59）。

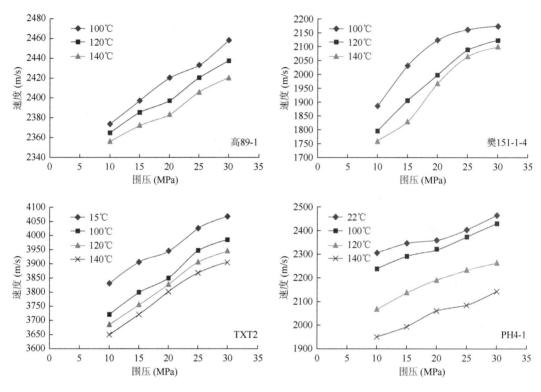

图 2-59　饱和水岩心在不同温度和压力下横波速度

饱和油岩心纵波速度在围压 10～30MPa 增大 150.5～171.9m/s，在 100～140℃减小 72.5～90.7m/s（图 2-60）。

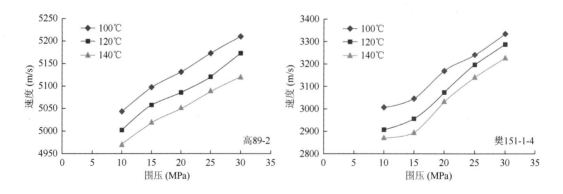

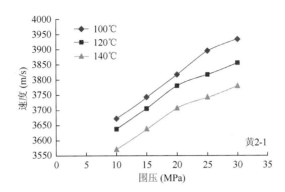

图 2-60　饱和油岩心在不同温度和压力下纵波速度

饱和油岩心横波速度在 10～30MPa 增大 67.4～111.5m/s，在 100～140℃减小 26.6～70.6m/s（图 2-61）。

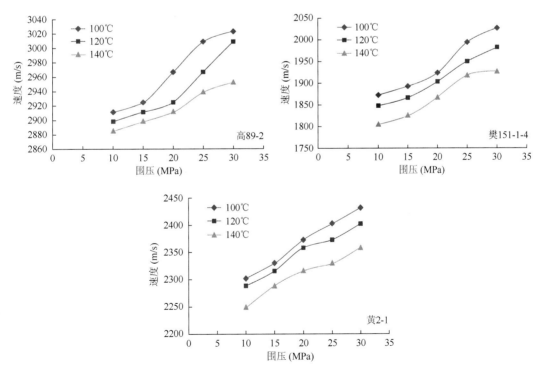

图 2-61　饱和油岩心在不同温度和压力下横波速度

饱和二氧化碳岩心纵波速度在围压 10～30MPa 增大 186.3～251.6m/s，在 100～140℃减小 51.5～140.5m/s（图 2-62）。

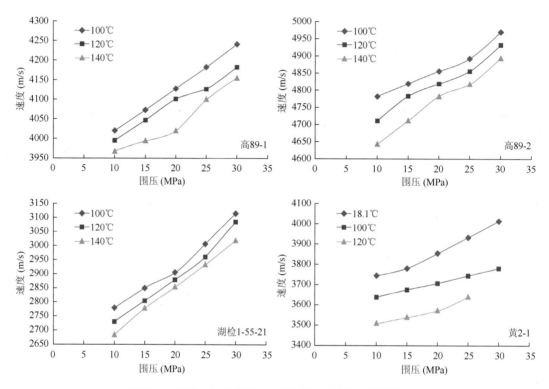

图 2-62　饱和二氧化碳岩心在不同温度和压力下纵波速度

饱和二氧化碳岩心横波速度在围压 10～30MPa 增大 65.8～119.1m/s，在 20～140℃减小 32.5～61.5m/s（图 2-63）。

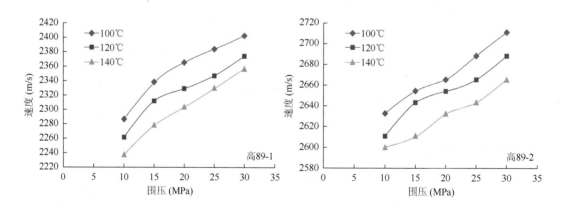

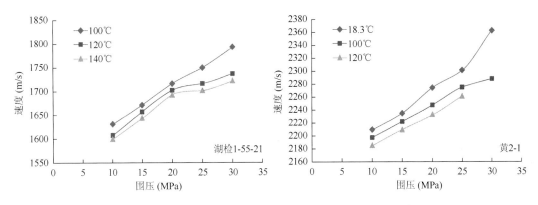

图 2-63　饱和二氧化碳岩心在不同温度和压力下横波速度

2. 流体因素对岩心速度影响

在岩石物理速度测试过程中，针对同一岩心，分别饱和油、饱和水、饱和二氧化碳在地层温度条件下进行了不同压力条件下的速度测试，测试发现，流体差异对岩心速度影响具有显著的规律性：饱和水岩心速度＞饱和油岩心速度＞饱和二氧化碳岩心速度，且流体变化对纵波影响显著，对横波影响较弱。测试结果如图 2-64 所示。

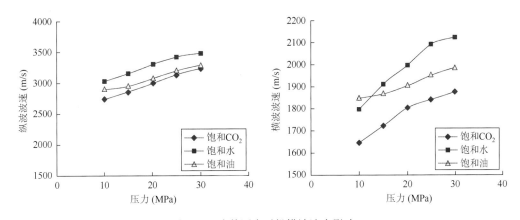

图 2-64　流体因素对纵横波速度影响

3. 流体饱和度对岩心速度影响

建立了溶解不同比例二氧化碳岩石在高温高压条件下的动态物理参数测试方法，完成了含气饱和度、温度和压力等参数对纵横波速度关系变化图版。纵横波速度随有效压力升高而增大；纵波速度随二氧化碳比例升高而减小，横波速度随二氧化碳比例升高变化不大。测试结果如图 2-65 和图 2-66 所示。

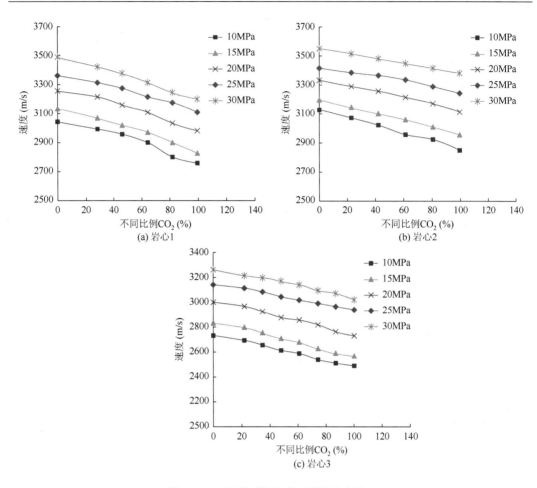

图 2-65　二氧化碳饱和度对纵波速度影响

　　如图 2-65 所示，随着二氧化碳比例升高，三块岩心纵波速度均明显减小；二氧化碳比例 64.25%，纵波速度减小 107.8～147.1m/s；二氧化碳比例 100%，纵波速度减小 253.6～310.3m/s。

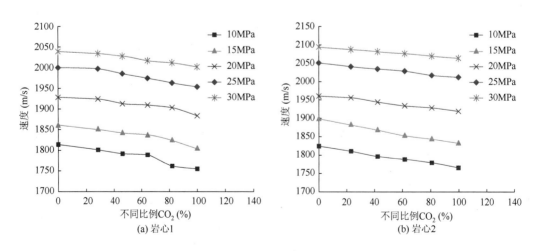

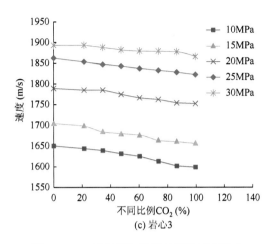

图 2-66　二氧化碳饱和度对横波速度影响

如图 2-66 所示，随着二氧化碳比例升高，三块岩心横波速度亦有所减小；二氧化碳比例 64.25%，横波速度减小 16.4～33.9m/s；二氧化碳比例 100%，横波速度减小 38.6～60.2m/s，二氧化碳饱和度对横波的影响低于纵波。

4. 基于测试规律的钻井速度分析

如图 2-67 所示，统计该区多口井目的层段的测井速度，统计得到泥岩速度约集中于 3250～3750m/s，储层速度约集中于 3750～4250m/s。

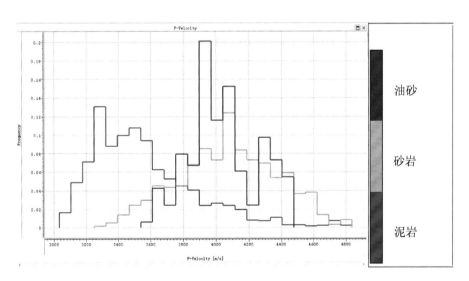

图 2-67　原始测井速度统计直方图

按照实验室测试数据进行估算，驱替后油层速度减小至 3450～3950m/s，储层 3750～4250m/s，驱替前后差异明显，二氧化碳驱油能够形成满足地震识别要求的速度差异，如图 2-68。

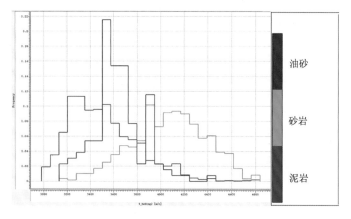

图 2-68　基于岩石物理测试估算的驱替后速度分析直方图

2.2.5.2　实际地层速度分析

1. 实际二氧化碳气藏的地层速度特征

花沟地区的天然气非常丰富，其含有气体的层位也非常多，目前确定含有气体的部位分别位于明化镇层系、馆陶组层系、东营组层系、沙一段层系、沙三段层系和沙四段层系 6 套含气层系，分别属于断鼻、披覆背斜、滚动背斜、地层、岩性等不同类型的圈闭气藏。位于这里的气藏种类庞大且复杂，目前已经发现了花沟西高 53 井区、花 17 井区两个二氧化碳气藏，同时还有花沟东井区的甲烷气藏以及花 501 井区的二氧化碳与甲烷的混合气藏。花沟西井区为二氧化碳气藏，花沟东井区是甲烷气藏，以青城凸起两个高点间的基岩河道划分为界边界清晰。主要含气地层系统在馆陶形成"泥包砂"型，砂岩为薄透镜状，东西走向之间连通不好，青城凸起在中部有一个南北走向构造鞍部，两个气藏为正常压力气藏，压力系数在 0.97～1.04，这些因素致使这两个气藏拥有明确的边界线。

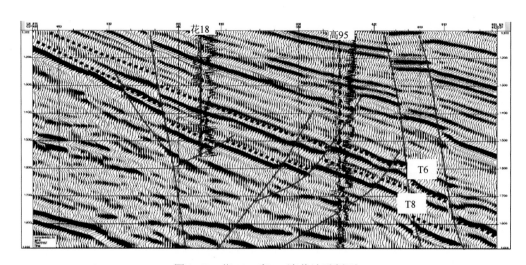

图 2-69　花 18—高 95 连井地震剖面

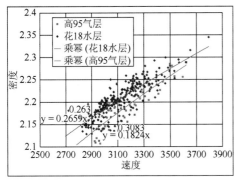

图 2-70　二氧化碳气层与水层速度密度交汇图

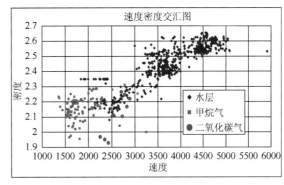

图 2-71　CH_4-二氧化碳-水层速度密度交汇图

如图 2-69 所示高 95 井与花 18 井邻近，沙三下砂岩储层为同稳定的厚层砂岩，为同一砂体，岩石骨架一致，而高 95 井为二氧化碳气藏，花 18 井则为水层，通过对比这两口典型探井，可以分析水层与二氧化碳气藏速度差异。

如图 2-70 所示，将高 95 气藏与花 18 层水层进行对比可以发现高 95 二氧化碳气藏地层速度显著低于花 18 水层，由此不难看出，在自然埋藏条件下二氧化碳气藏地层速度显著低于正常地层速度。扩大分析范围，将普通天然气藏、二氧化碳气藏与一般地层速度进行对比，结果如图 2-71 所示，二氧化碳气藏地层速度显著低于正常地层速度，略高于天然气藏地层速度，表现为气藏特征。

2. 二氧化碳驱油前后钻井速度分析

G89 井区滩坝砂岩共有开发井位 28 口，自 2007 年开始注气，共有 11 口井参与注气，注气前已钻开发井 14 口，注气开始后又陆续完钻开发井 14 口，其中 2010 年二次地震采集后又完钻开发井 11 口，通过分析注气前后邻近开发井的测井速度差异可以一定程度上了解注气前后地层速度的变化趋势。

如图 2-72 所示 G89-4 井于 2005 年 2 月完钻测井，2007 年底开始注气，注气 3 年累计

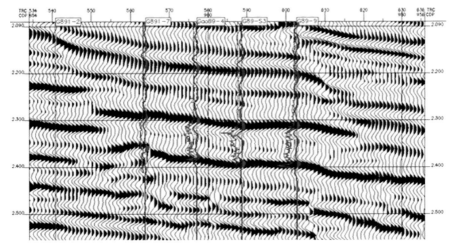

图 2-72　G891-7—G89-9 连井地震剖面

注入 27834.2t 二氧化碳后，于 2011 年 2 月钻探 G89-s3 井并测井，经测井对比，这两口井储层连通性好，具较高可对比性。如图 2-73 所示，注气前后 G89-4 和 G89-s3 井泥岩基线速度均稳定于 3400m/s，说明两口井间测井系统误差微小，结合 G89-4 井二氧化碳注入射孔井段可以发现注气前测井的 G89-4 井砂岩速度峰值 4600m/s，速度较高，而注气后测井的 G89-s3 井砂岩速度峰值 4200m/s，速度较低，两者差值达 400m/s，速度降低幅度达到 9%，说明二氧化碳气驱确能造成地层速度降低。

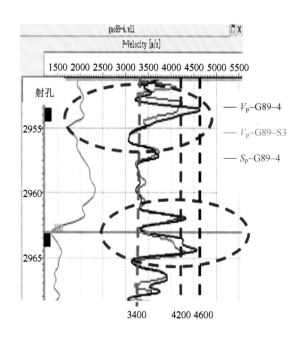

图 2-73　G89-4—G89-s3 纵波速度对比

第3章　二氧化碳驱油地震响应特征

3.1　二氧化碳流体特征

3.1.1　二氧化碳临界乳光可视化实验

当物质系统处于热力学平衡态时，作为统计平均值的宏观物理量，如压力、密度在其实测值附近有微小变动，这种现象被称为涨落。涨落产生的原因是分子不断地在某个地方较为集中，然后又散开，接着又在其他地方集中，是大量微观粒子的一种统计平均行为。光的折射率与流体的密度有关，在临界点附近，密度涨落大，如果不考虑空间位置的影响，这种密度涨落是没有规律的，使光的散射增强。概括地说，临界乳光现象产生的原因是多种物理性质的急剧变化引起的光的散射。

临界乳光揭示出在临界点附近二氧化碳的超临界区域内，一定温度压力条件下的超临界二氧化碳的物理性质仍表现出和临界点相近的剧烈的涨落关联。在二氧化碳的近临界区内，超临界二氧化碳所体现出的与普通气体和液体显著不同的物理性质是超临界二氧化碳的固有属性，和超临界二氧化碳的总量无直接关系。超临界二氧化碳在特定温度压力范围内物理性质突变（涨落）实际上是分子热运动打破临界点相变的长程关联的过程，即超临界二氧化碳体系对临界点相变时"气液两相"无差别的一种"持续"（图3-1）。

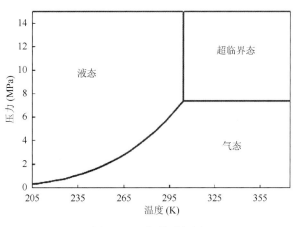

图 3-1　二氧化碳相图

这种"持续"在整个超临界区不是普遍的，温度升高，分子热运动加剧，长程关联被打破，这种"持续"同时被削弱甚至消失。这就使得在某些温度压力条件下，超临界二氧化碳"像气体"，而另一些条件下"像液体"，例如气体二氧化碳的密度一般低于$200kg/m^3$，属于气体密度的范畴；而液态二氧化碳的密度一般在 $600\sim1200kg/m^3$；但超临界二氧化碳的密度却具有很宽的分布区域，一般在 200～1000kg/m³，也就是一部分"像气体"，一部分"像液体"。对于深度在 800～1000m 的气藏埋存二氧化碳，气藏的温度压力已经高于二氧化碳和地层天然气的临界点，并可能刚好处于超临界二氧化碳的温度压力范围，因此在这类气藏埋存二氧化碳的同时回收一部分剩余天然气，即希望能在地层条件下实现超临界二氧化碳相和天然气相的分离，则需要超临界二氧化碳"像液体"，而天然气"像气体"，借由这样物质状态的显著差别，可保证在地层中超临界二氧化碳和天然气自然地比较稳定地聚集在不同的区域，从而实现相的"分离"。

因此，超临界二氧化碳在一定的温度压力条件下"像"液体的特征具有重要的物理意义，以相态实验测试为研究手段，以二氧化碳的临界乳光为标志，对二氧化碳近临界区温度压力范围内的超临界二氧化碳的物理性质以及天然气的物理性展开研究。

3.1.1.1　32℃条件降压二氧化碳临界乳光可视化实验

该实验以 32℃为系统温度，通过增加系统压力观察 6 个不同压力条件下二氧化碳在可视化装置中相态变化规律。

该实验研究在 32℃实验条件下，可视化装置中压力由 9MPa 逐步下降至 6.0MPa，二氧化碳由临界状态逐步转化为亚临界状态，由图 3-2 可知，7.5MPa 开始观察到临界乳光

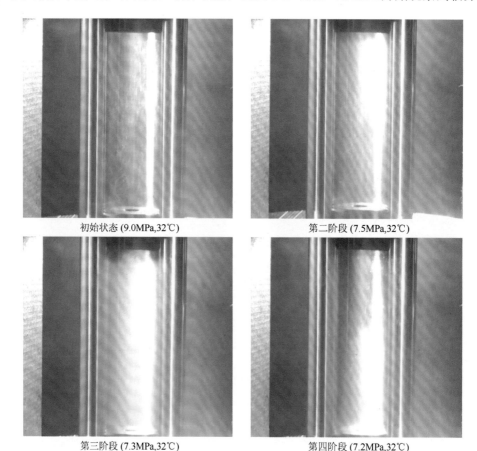

初始状态 (9.0MPa,32℃)　　　　　　　第二阶段 (7.5MPa,32℃)

第三阶段 (7.3MPa,32℃)　　　　　　　第四阶段 (7.2MPa,32℃)

第五阶段 (7.1MPa,32℃)　　　　　　　　　　　　　最终状态 (6.0MPa,32℃)

图 3-2　32℃条件降压二氧化碳临界乳光可视化实验

现象；随着压力下降至 9.6MPa 过程中，临界乳光范围逐步变宽；当压力逐步下降至 7.1MPa，临界乳光范围变窄。当压力降至 6.0MPa 后临界乳光现象消失。

3.1.1.2　50℃条件升压二氧化碳临界乳光可视化实验

该实验以 50℃ 为系统温度，通过增加系统压力观察 6 个不同压力条件下二氧化碳在可视化装置中相态变化规律。

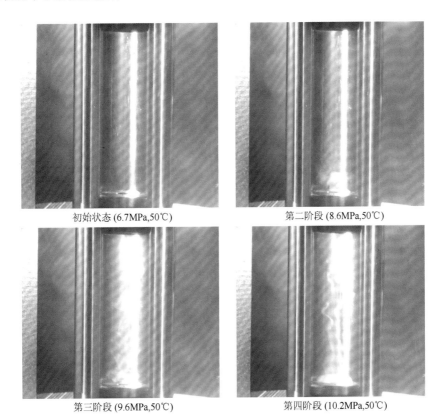

初始状态 (6.7MPa,50℃)　　　　　　　　　　　第二阶段 (8.6MPa,50℃)

第三阶段 (9.6MPa,50℃)　　　　　　　　　　　第四阶段 (10.2MPa,50℃)

第五阶段 (10.5MPa,50℃)　　　　　　　　　最终状态 (10.7MPa,50℃)

图 3-3　50℃条件升压二氧化碳临界乳光可视化实验

　　该实验研究在 50℃实验条件下，可视化装置中压力由 6.7MPa 逐步提高至 10.7MPa，二氧化碳由亚临界状态逐步转化为临界状态，由图 3-3 可知，8.6MPa 开始观察到临界乳光现象；随着压力升到 9.6MPa 过程中，临界乳光范围逐步变宽；当压力逐步上升至 10.7MPa，临界乳光范围变窄。当压力增至 10.7MPa 后临界乳光现象消失。

3.1.1.3　50℃条件降压二氧化碳临界乳光可视化实验

　　该实验以 50℃为系统温度，通过降低系统压力观察 6 个不同压力条件下二氧化碳在可视化装置中相态变化规律。

　　该实验研究在 50℃实验条件下，可视化装置中压力由 11.0MPa 逐步下降至 6.6MPa，二氧化碳由临界状态逐步转化为亚临界状态，由图 3-4 可知，10.4MPa 开始观察到临界乳光现象；随着压力下降到 9.6MPa 过程中，临界乳光范围逐步变宽；当压力逐步下降至 8.4MPa，临界乳光范围变窄。当压力降至 6.6MPa 后临界乳光现象消失。

初始状态 (11.0MPa,50℃)　　　　　　　　　第二阶段 (10.4MPa,50℃)

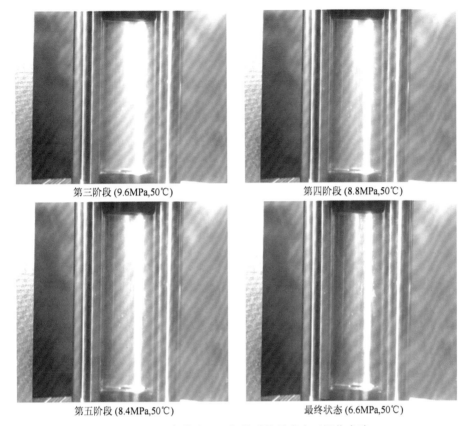

第三阶段 (9.6MPa,50℃)　　　　　　　　　第四阶段 (8.8MPa,50℃)

第五阶段 (8.4MPa,50℃)　　　　　　　　　最终状态 (6.6MPa,50℃)

图 3-4　50℃条件降压二氧化碳临界乳光可视化实验

3.1.1.4　二氧化碳常规相态变化实验

为表征二氧化碳超临界状态与气液相态变化的不同，进行了一组 15℃条件下的实验，该温度条件下二氧化碳临界压力为 5.2MPa 左右。压力由 5.36MPa 降至 4.93MPa 过程中二氧化碳相态变化可视化实验。

由图 3-5 表明，二氧化碳由液相向气相变化过程中液相二氧化碳在可视化装置管壁处

初始状态 (5.36MPa,15℃)　　　　　　　　　第二阶段 (5.18MPa,15℃)

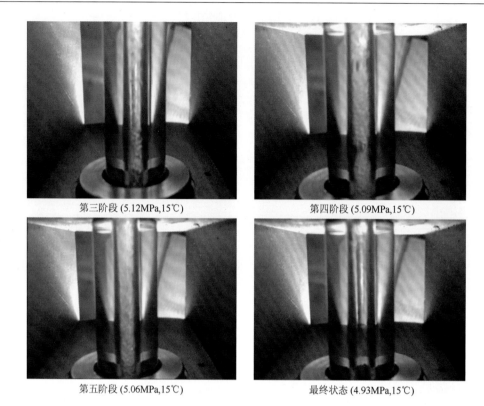

第三阶段 (5.12MPa,15℃)　　　　　　第四阶段 (5.09MPa,15℃)

第五阶段 (5.06MPa,15℃)　　　　　　最终状态 (4.93MPa,15℃)

图 3-5　二氧化碳常规相态变化实验

翻滚，在 5.06～5.18MPa 压力下观察到液体与气体剧烈搅拌现象，当压力降至 4.93MPa
时，现象消失；与二氧化碳临界乳光现象不同，整个实验过程中均未出现临界乳光现象，
因此，二氧化碳气液相态变化过程中未出现光漫射导致的临界乳光现象。

3.1.2　地层温压条件下二氧化碳体积密度变化规律

3.1.2.1　二氧化碳体积密度与 *P-T* 关系

　　二氧化碳在标准状态下的密度为 $0.00198g/cm^3$，受温度、压力影响，二氧化碳的
体积密度变化范围很大。周伦先等通过在阳 5 井奥陶系试气井段 2535～2546m 进行气
体取样分析，测得二氧化碳含量 99.3%，相对密度 0.1515。并对二氧化碳气样品进行
模拟物理参数试验，得出一组二氧化碳体积密度 ρ 二氧化碳随压力 P 变化的等温曲线
（图 3-6）。

　　图 3-6 所示为不同温度条件下二氧化碳的密度随压力变化曲线，临界压力为 7.38MPa，
临界温度为 304.15K。

　　由图 3-6 可分析得出：

　　（1）当压力小于 7.38MPa 时，二氧化碳处于气相区。随着压力的增加，二氧化碳的
密度缓慢增加，温度变化对二氧化碳的密度影响比较小。

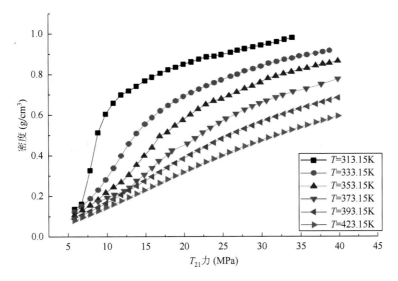

图 3-6　二氧化碳体积密度与 P-T 关系图（于忠，2011）

（2）随着压力的进一步增加，当压力达到 7.38～15MPa 时，相同压力不同温度下二氧化碳的密度变化比较明显。在温度为 313.15K（40℃）时，随着压力的增加达到临界点，二氧化碳进入超临界状态，密度迅速增大；随着温度的持续升高，这种密度急剧增大的趋势开始减缓，在温度达到 423.15K（150℃）时，远离临界点，二氧化碳偏向气相状态，密度随着压力的增大基本呈线性增加趋势。

（3）当压力进一步升高（＞15MPa）时，二氧化碳开始远离临界点。此时不同温度下，二氧化碳的密度随压力增大而增加，但趋势开始逐渐变缓。

3.1.2.2　不同类型天然气物性沿井深变化

图 3-7 所示分别为贫气、富气、二氧化碳富集气、H_2S 富集气的密度随井深变化曲线。不同类型的气体在沿井筒的上升过程中，随着温度压力的降低，密度逐渐减小，其中富气、H_2S 富集气以及二氧化碳富集气呈现出与贫气不同的变化趋势（于忠，2011）。

（1）贫气主要成分为甲烷（94.6%），其临界压力为 4.54MPa，临界温度为 203K。在整个沿井筒上升过程中基本处于气相区，密度减小幅度不大，也没有剧烈的减小趋势。

（2）富气中 C_{3+} 组分含量较高（＞5%），使得富气的临界温度相比于贫气要高许多，其临界压力为 4.38MPa，临界温度为 269.8K。在从 6000m 井底到 1000m 井深的这段井筒内，其密度基本不变。在 1000m 至井口的这段井筒中，富气由超临界态转为气态，密度急剧减小 80%左右。

（3）H_2S 富集气中的 H_2S 含量较高（27%），其临界温度相比于贫气高出许多，临界压力为 5.37MPa，临界温度为 271.6K。在从 6000m 井底到 1000m 井深的这段井筒内，其密度减小幅度不大，约为 10%，但在 1500m 至井口的这段井筒中，H_2S 富集气由超临界态转为气态，其密度急剧减小 80%以上。

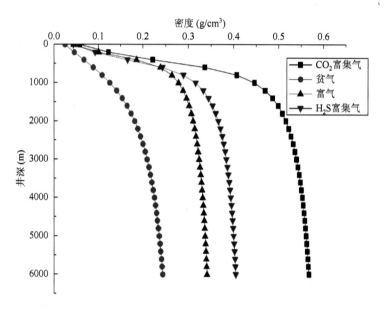

图 3-7　不同类型天然气密度随井深变化曲线（于忠，2011）

（4）二氧化碳富集气中的二氧化碳含量很高（65.79%），使得二氧化碳富集气的临界温度相比于贫气也高出许多，其临界压力为 5.77MPa，临界温度为 275.4K。在从 6000m 井底到 1000m 井深的这段井筒内，二氧化碳富集气的密度减小幅度不大，约为 10%，但在 1000m 至井口的这段井筒中，二氧化碳富集气由超临界态转为气态，其密度急剧减小，减小幅度在 80%左右。

按照理论模版推算，G89 井区地层埋深 2700～3000m，地层温度为 126℃，则区内二氧化碳实际埋藏密度应略低于 0.6g/cm^3。

3.1.3　流体性质计算

在二氧化碳注入提高采收率与地质封存中，随着二氧化碳的注入，混合流体饱和度、矿化度等变化会影响流体的体变模量以及密度。因此，在预测二氧化碳注入不同阶段的弹性参数过程中，流体性质计算是不可缺少的。这里采用 Archie 公式来计算油水饱和度，利用 Wood 方程来计算油、水和二氧化碳混合流体的体变模量。

分别利用 Xu 和 Batzle-Wang 的公式计算了二氧化碳的密度和体变模量随孔隙压力的变化，如下图 3-8 和图 3-9。目前的商业软件中，基本上以 Batzle-Wang 公式计算二氧化碳弹性特性，而 Xu 的公式对于二氧化碳的拟合更加精确，因此，后续的二氧化碳弹性特性以 Xu 的公式进行。利用 Wood 方程分别计算了不同压力下，不同油、水以及二氧化碳饱和度混合流体的密度和体变模量，如下图 3-10 和图 3-11。所用到的参数见表 3-1。

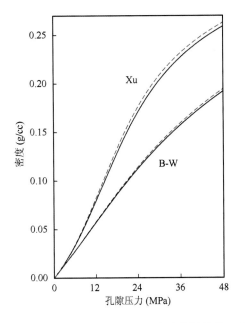

图 3-8　采用 Xu 与 Baltz-Wang 公式分别计算二氧
化碳密度随孔隙压力变化关系

（黑色实线储层温度为 129℃，红色虚线储层温度为 120℃）

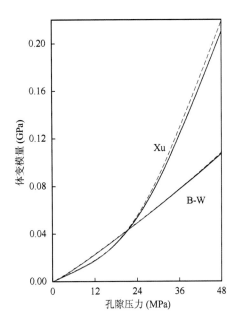

图 3-9　采用 Xu 与 Baltz-Wang 公式分别计算二氧
化碳体变模量随孔隙压力变化关系

（其中黑色实线储层温度为 129℃，红色虚线储层温度为 120℃）

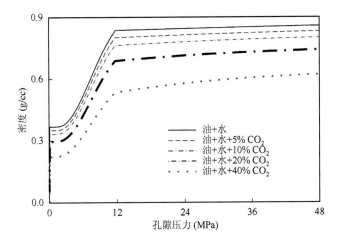

图 3-10　采用 Xu 公式计算的二氧化碳、油与盐水混合流体密度随孔隙压力变化关系

（其中储层温度为 120℃，油水饱和度比为 0.6）

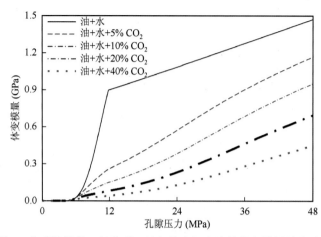

图 3-11 采用 Xu 公式计算的二氧化碳、油与盐水混合流体体变模量随孔隙压力变化关系

（其中储层温度为 120℃，油水饱和度比为 0.6）

表 3-1 二氧化碳注入不同阶段储层与流体参数

参数	Baseline（1992）	Monitor（2011）
温度	129℃ 校正后值为 120℃	未知 或者低于 129℃（120℃）
石油 API 值	31（根据密度估算）	不变
天然气比重	1.22（未知，因此采用 Weyburn 油田数据） 需要知道天然气成分和比例，方可获得准确值	不变
CO_2 比重	见图 3-10	见图 3-10
气油比 Gas/Oil	$57.4m^3/m^3=57.4L^3/L^3$	（1）溶入 CO_2 后值未知； （2）可以不变； （3）或者需要进行不同温度压力下的测试
矿化度	62428ppm $CaCl_2$ 高 40 和 G894 井都经过压裂改造，在累计产水中含有地面水，说明这两口井的水样受到了污染，不能真实地反映地层水的真实值。校正后结果为：61216ppm $CaCl_2$	（1）不变（没有注水） （2）开发后期改为水和 CO_2 交替注入后会改变
地层水电阻率	部分井经过压裂，校正后结果为 $0.035\Omega\cdot m$	因为工区没有注水，因此值不变
平均含油饱和度	62.50%	在没有注水的条件下，目前按照含油饱和度与含水饱和度等比例降低计算
储层内含油饱和度计算方法 阿尔奇公式	Archie 公式参数： $a=1$ $m=2.8967\varphi+1.2645$ $R=0.8984$ 式中：m—孔隙度指数； φ—地面孔隙度 $b=1.08$， $n=1.89$	注入 CO_2 后，假定油水等比率下降。即含水饱和度与含油饱和度比值为 37.5/62.5=3/5
孔隙压力	原始孔隙压力 42.6MPa	高 94：模型中用 38.6MPa，34.6MPa； G89-4：32.2MPa； G89-5：28.1MPa； G89-16：29.0MPa
上覆地层压力	G94：57.5MPa G89 区块：62.3MPa	不变
地面原油密度	区域内 $0.837\sim0.9039g/cm^3$ G89 区块为 $0.871\sim0.872$	不变

续表

参数	Baseline（1992）	Monitor（2011）
地面原油黏度	区域内 6.9～76.3mPa·s G89 区块： G89-1　　1.5mPa·s G891-1　1.5mPa·s G89　　　1.5mPa·s	（1）混相后应当降低； （2）不混相则不变
泡点压力	11.61MPa	生产井压力高于此值。因此可以假定生产井压力为 12～14MPa
平均孔隙度	G89-1：13% G891-1：13% G89：12.5%	不变
平均渗透率	G89-1：4.7 G891-1：3.8 G89：3.5	不变
矿物质体变模量	石英 37MPa 长石 37.5MPa 灰岩 72MPa 泥岩 21MPa	不变
矿物质切变模量	石英 44MPa 长石 15MPa 灰岩 33.5MPa 泥岩 7MPa	不变

如图 3-10、图 3-11 所示，随着孔隙压力的变化，流体的密度和体变模量也会发生变化。因此在实际的速度预测计算中，流体成分的变化对纵波速度的影响是极其重要的因素（图 3-12），而由于储层切变模量对流体不敏感，所以流体成分变化对于横波速度的影响很小。但是切变模量和横波速度对地层压力敏感。

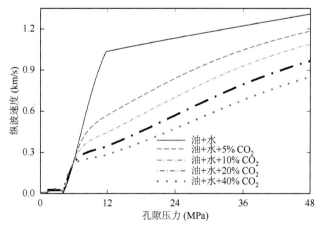

图 3-12　采用 Xu 公式计算的二氧化碳、油与盐水混合流体速度随孔隙压力变化关系

（其中储层温度为 120℃，油水饱和度比为 0.6）

3.1.4　随压力变化的横波速度预测

为计算两层介质弹性模型以及井模型中地震响应随二氧化碳注入过程中的变化规律，需要首

先建立储层弹性参数（纵、横波速度、密度）随注入二氧化碳压力、混合流体饱和度变化规律。

G89 区块的测井资料均为 2006 年采集的，二氧化碳注入始于 2007 年，并且二氧化碳注入区内没有横波速度测井资料，地震数据采集时间分别为 1992 年和 2011 年。随着二氧化碳的注入，储层的孔隙压力和流体饱和度会发生变化，而孔隙压力变化会引起有效压力变化，流体饱和度的变化使得混合流体的弹性模量发生变化，这些变化都会引起纵横波速度的变化，因此用老的测井资料来标定和解释新的地震资料显然是不合理的。要想对比注入二氧化碳前后和注入不同阶段地震响应的变化，必须知道注入二氧化碳不同阶段的弹性参数。因此我们需要通过原始测井资料预测 G89 区块在 2011 年地震资料采集时测井资料的纵、横波速度。

由于目前的横波速度预测方法，无论是经验公式方法还是基于岩石物理理论的方法，很少有考虑到压力变化的，而横波速度对流体是不敏感的。因此，如果用未考虑压力变化的方法来进行横波速度预测，无论方法如何变化，所预测得到的横波速度都不会是注入二氧化碳过程中的横波速度。因此，我们利用考虑了压力变化的 Digby 方程并且对其进行改进，得到了随压力变化的干岩石体变模量和切变模量，然后用 Gassmarnn 方程进行纵、横波度的计算。

距 G89 区块一公里处有一口全波列井（G94），G94 井的沉积特征、储层特征与 G89 区块相似。所以，可以利用高 94 井，来模拟 G89 井区块注入二氧化碳前、后及不同注入阶段的地震响应，然后将该预测的方法应用到 G89 区块。

3.1.4.1 横波速度计算方法

在进行二氧化碳-EOR 混相驱油的时候，随着二氧化碳的注入，储层发生流体替换，孔隙压力、流体饱和度以及岩石骨架都会发生变化。在驱替出油的同时部分二氧化碳会被封存在地下。通过对比注入二氧化碳前、后及注入不同阶段地震信息的差异，可以用来确定二氧化碳注入不同阶段在地下的分布情况。标定注入二氧化碳后不同阶段采集的地震监测数据，就需要对驱油后的纵横波速度进行估算。

目前，对于纵横波估算方法研究主要包括以下几种：经验公式法，利用研究区已测得横波的井，通过这些井不同曲线与横波曲线拟合得到预测横波的经验公式；理论公式法，根据不同的岩石物理模型，利用岩心测试数据、纵波和密度曲线、泥质百分含量及孔隙度测量得到岩石骨架的体积模量和剪切模量，然后计算不同流体及流体饱和度下岩石的有效弹性模量，进而计算出纵、横波速度；用经验公式和理论计算相结合的方法估算横波速度。

这些方法都是基于驱油前的预测，不适用于驱油后的动态的纵横波速度预测。

基于以上问题进而提出了从孔隙流体、岩石骨架驱替后变化的角度对二氧化碳驱油后的纵横波预测方法。

为计算两层介质弹性模型以及井模型中地震响应随二氧化碳注入过程中的变化规律，需要首先建立储层弹性参数（纵、横波速度、密度）随注入二氧化碳压力、混合流体饱和度变化规律。

G89-1 井区的测井资料均为 2006 年采集的，二氧化碳注入始于 2007 年，并且二氧化碳注入区内没有横波速度测井资料，地震数据采集时间分别为 1994 年和 2011 年。随着二氧化碳的注入，储层的孔隙压力和流体饱和度会发生变化，而孔隙压力变换会引起有效压力变换，流体饱和度的变化使得混合流体的弹性模量发生变化，这些变化都会引起纵横波速度的变化，因此用老的测井资料来标定和解释新的地震资料显然是不合理的。要想对比注入二氧化碳前后和注入不同阶段地震响应的变化，必须知道注入二氧化碳不同阶段的弹性参数。因此需要通过原始测井资料预测 G89-1 井区在 2011 年地震资料采集时测井资料的纵、横波速度。

由于目前的横波速度预测方法，无论是经验公式方法还是基于岩石物理理论的方法，很少有考虑到压力变化的，而横波速度对流体是不敏感的，因此如果用未考虑压力变化的方法来进行横波速度预测，无论方法如何变化，所预测得到的横波速度都不会是注入二氧化碳过程中的横波速度。因此，利用考虑了压力变化的 Digby（1981）方程并且对其进行改进，得到了随压力变化的干岩石体变模量和切变模量，然后用 Gassmarnn 方程进行纵横波度的计算。

利用考虑了压力变化的 Digby 方程并对该方程进行了改进，来进行干岩石体变模量和切变模量的计算，具体步骤如下：

第一步：根据该区的岩性，确定所使用的方法。由于需要考虑压力的变化，岩石物理手册中提到，如果岩石胶结物和骨架的弹性相似，可以胶结模型的结果和 Digby 公式的结果相似。胶结模型未考虑到压力的影响，而 Digby 公式考虑了压力的影响，因此采用 Digby 公式。

第二步：确定该区储层的孔隙压力以及上覆压力。整理好测井资料的纵、横波速度、孔隙度、密度、含水饱和度、泥质含量等。查资料，整理石英、长石、泥质和灰岩的体变模量和切变模量。该区砂岩骨架为石英和长石，胶结物为泥质和灰岩。确定各个岩石成分的含量，利用 Hill 平均值法来计算骨架和胶结物的模量，以及泊松比。

第三步：Digby 公式的假设条件是未固结孔隙度大的砂岩，具体体现在配位数 C 为常数。而该区砂岩为压实紧密的，是低孔低渗的储层。因此提出了一个配位数公式，使其更加符合实际情况。

Digby 于 1981 年提出了压实紧密的干岩石的体变模量的计算方法：

$$K_{\text{dry}} = \frac{C_p(1-\phi)\mu_{ma}b}{3\pi R(1-\nu)} \tag{3-1}$$

$$\mu_{\text{dry}} = \frac{C_p(1-\phi)}{20\pi R}\left(\frac{4\mu_{ma}b}{1-\nu} + \frac{12\mu_{ma}a}{2-\nu}\right) \tag{3-2}$$

其中 b 可以表示为

$$\frac{b}{R} = \left[d^2 + \left(\frac{a}{R}\right)^2\right]^{\frac{1}{2}} \tag{3-3}$$

而 d 满足公式（3-4）：

$$d^3 + \frac{3}{2}\left(\frac{a}{R}\right)^2 d - \frac{3\pi(1-\nu)p}{2C_p(1-\phi)\mu_{ma}} = 0 \tag{3-4}$$

介质的泊松比可以用如下公式计算：

$$v_x = \frac{3*K_x - 2*\mu_x}{2*(3*K_x + \mu_x)} \tag{3-5}$$

其中，K_{dry} 与 μ_{dry} 分别为干岩石的体变模量和切变模量；ν 与 μ_{ma} 分别为岩石颗粒的泊松比与切变模量；ϕ 为孔隙度；C_p 为配位数；p 为差异压力；α 为变形之前接触区域的半径，b 为变形之后接触区域的半径，R 为颗粒的半径。ν_x 为某种介质的泊松比，比如骨架的泊松比，干岩石的泊松比等，K_x 和 μ_x 为某种介质的体变模量和切变模量，如果求的是骨架的泊松比，那么 K_x 和 μ_x 则为骨架的体变模量和切变模量。

配位数公式如下：

$$C_p = W(11.759e^{1-\phi} - 12.748) \tag{3-6}$$

第四步：将配位数代入 Digby 公式，然后将 Digby 公式所表示的干岩石的体变模量和切变模量代入 Gassmarnn 方程得到纵波速度的表达式，作为预测纵波速度，减去实测纵波速度为 0，得到一个只有未知数 W 的方程，公式如下：

$$\left| Vp_{measured} - Vp_{predicted}(W) \right| \to \min \tag{3-7}$$

$$\left| Vp_{measured} - \sqrt{\left(W*(11.759*e^{1-\phi}-12.748)*(1-\phi)*\left(\frac{(1-\phi)*\mu_{ma}*b}{3*\pi*R*(1-\nu)} + \frac{\left(\frac{4*\mu_{ma}*b}{1-\nu}+\frac{12*\mu_{ma}*a}{2-\nu}\right)}{15*\pi*R*} \right) + \frac{1-\left(\frac{W*(11.759*e^{1-\phi}-12.748)*\mu_{ma}*b}{3*\pi*R*(-\nu)}\right)^2}{\frac{\phi}{Kf}+\frac{1-\phi}{K_{ma}}-\frac{W*(11.759*e^{1-\phi}-12.748)*\mu_{ma}*b}{3*\pi*R*(1-\nu)}} \right)/\rho} \right| = 0$$

$$\tag{3-8}$$

解方程得到 W，将 W 代入公式（3-6）得到配位数 C_p。

第五步：将配位数代入 Digby 公式，得到干岩石的切变模量。然后代入公式（式 3-9）得到横波速度。

$$V_s = \sqrt{\frac{\mu}{\rho}} \tag{3-9}$$

3.1.4.2　岩石物理测试结果的验证

胜利油田利用该区所取岩心进行了一系列的处理，进行了干岩石的岩石物理测试，在常温下对岩心进行声速测试，结果见图 3-13 和图 3-14。从图中可以看到，纵横波速度随着围压的增大而增大，由于所测对象为干岩心，所以此处的围压也是上述方法中提到的差异压力。针对 G94 井的储层中油层，利用上述 Digby 方法进行了不同压力下的干岩石体变模量和切变模量的计算（储层中的油层深度是不连续的，为了更直观，作图时将其做成连续的深度），然后计算了不同压力下干岩石的纵横波速度，见图 3-15、图 3-16，图中从下向上围压（差异压力）依次为 5MPa、10MPa、15MPa、20MPa、25MPa、30MPa、35MPa，从图中可以看到随着压力的增大，干岩石的纵横波速度也是增大的。这也证明了前述方法的可靠性，理论方法的结果和实验结果是吻合的。同时，选取一个固定的深度，分析纵横波速度随压力变化的关系（图 3-16），随差异压力增大，纵波速度和横波速度都是增大的，与岩石物理测试结果（图 3-13、图 3-14）一致，这也证明了前述方法的可靠性。

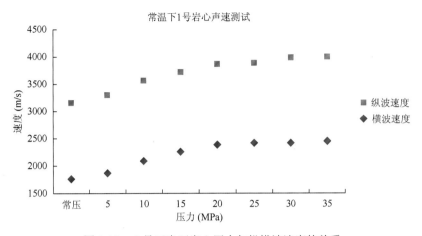

图 3-13 Ⅰ号干岩石岩心压力与纵横波速度的关系

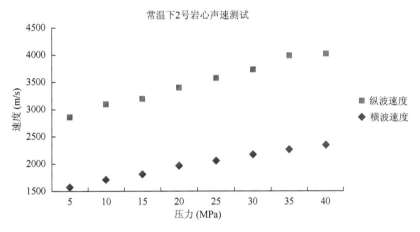

图 3-14 Ⅱ号干岩石岩心压力与纵横波速度的关系

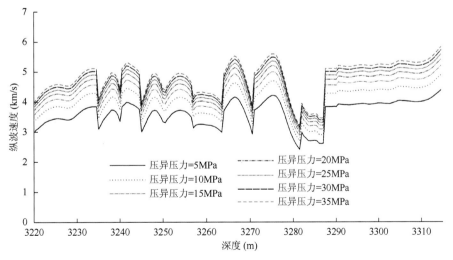

图 3-15 不同深度 Digby 方法预测的压力与纵波速度的关系

（其中不同颜色或符号代表不同的围压）

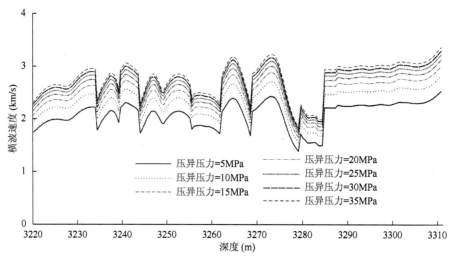

图 3-16　不同深度 Digby 方法预测的压力与横波速度的关系

（其中不同颜色或符号代表不同的围压）

3.1.4.3　G89 研究区块横波预测结果

　　G94 井为一口全波列井，根据该区块储层为砂泥岩互层的特点，根据详细的测井解释资料，将该区块的储层分为油层、干层以及泥岩层三种类型。由于预测横波速度的方法对于泥岩层是不适用的，所以这里只对油层进行横波速度的预测。本方法中用到的压力为有效压力，用差异压力来代替有效压力。而差异压力是上覆压力和孔隙压力的差，该区孔隙压力为 42.6MPa，上覆压力未知，由于 G94 井和 G89 井均有较完整的测井密度曲线，故通过以下方法来计算 G94 井和 G89 区块的上覆压力。

　　从 G94 井和 G89 井常规测井曲线中找到浅层的一个标志层，该标志层以上的部分计算平均密度和上覆压力 P_1，该标志层以下到储层的部分，计算累计压力 P_2，则该井的上覆压力 $P_{上覆} = P_1 + P_2$。采用的公式为

$$P_1 = \rho_{平均} g h_1 \tag{3-10}$$

$$P_2 = \sum_{h_1}^{h_2} \rho g h \tag{3-11}$$

其中，h_1 为浅层标志层的深度；h_2 为储层平均深度；h 为测井资料的采样间隔；g 为重力加速度 9.8m/s^2；$\rho_{平均}$ 为标志层以上测井密度的平均值；ρ 为密度。

　　与地震剖面相对应，此处没有给出 G94 井合成地震记录，是因为 G94 井浅部的声波测井曲线缺失，无法制作合成地震记录。所选标志层均为自然电位突变的位置，计算结果见表 3-2。

表 3-2　高 94 井和 G89 井上覆压力计算

井号	浅部标志层深度（m）	平均储层深度（m）	P_1（MPa）	P_2（MPa）	上覆压力（MPa）
G94	430	3300	8.2	49.3	57.5
G89	413	3000	7.5	54.8	62.3

对 G94 井油层进行横波速度预测时，按照孔隙介质理论，将储层看成纵向上孔隙变化导致的非均匀介质。利用实测的声波时差以及公式（3-8），分别逐点计算出油层的 W，即加权系数。得到 W 值之后，利用公式（3-6）计算得到不同深度下或不同孔隙度下的配位数 C_p，再利用上述式（3-1）～式（3-5）得到干岩石的体变模量和切变模量，然后利用 Gassmarnn 方程进行横波速度的预测。图 3-17 为油层的横波速度，油层的误差控制在 ± 0.3，平均误差小于 4.6%。

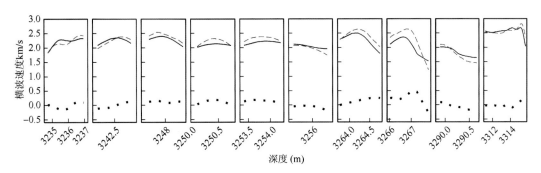

图 3-17　G94 井储层中油层的预测横波速度（红色）和实测横波速度（黑色）

对上覆压力不变、孔隙压力为 38.6MPa、二氧化碳饱和度为 10%（储层中油层以及孔隙压力为 34.6MPa，二氧化碳饱和度为 10%）的情况进行横波速度计算。图 3-18 中实线为孔隙压力为 42.6MPa（差异压力为 14.9MPa）、二氧化碳饱和度为 0 时的预测横波速度；红色虚线为孔隙压力为 38.6MPa（差异压力为 18.9MPa），二氧化碳饱和度为 10%的横波速度，该横波速度比原始横波速度平均增大 8%；蓝色点线为孔隙压力为 34.6MPa（差异压力为 22.9MPa），二氧化碳饱和度为 10%的横波速度。图中显示，随着孔隙压力降低，即差异压力增大，横波速度是增大的。

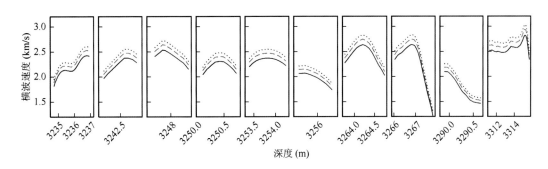

图 3-18　G94 井，孔隙压力为 42.6Mpa（实线）、38.6Mpa（红色虚线）34.6MPa（蓝色点线）
时横波速度的对比

将上述预测横波的方法应用于 G89 区块，不同孔隙压力条件下，对 G89-4，G89-5，井进行横波速度预测，见图 3-19。

上覆压力不变的前提下，虽然注入二氧化碳，但是经过几年的开采所以孔隙压力降低，有效压力升高。G89-4、G89-5 井不同孔隙压力下横波速度预测的结果显示（图 3-19），孔隙压力降低时，即有效压力升高时，横波速度是增大的。由于切变模量对流体变化不敏感，因而二氧化碳饱和度的变化仅仅使得体积密度发生了很小的变化，因此对横波速度的变化很小，小到可忽略。所以横波速度对压力变化更为敏感，随压力变化较明显。

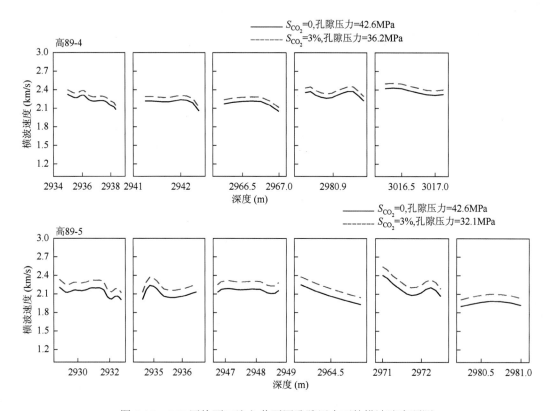

图 3-19　G89 区块两口注入井不同孔隙压力下的横波速度预测

3.2　二氧化碳驱油正演模拟

3.2.1　G94 井两层介质模型与井模型地震响应

3.2.1.1　两层介质模型地震响应

首先制作两层介质模型，也就是假设储层和盖层为各向同性介质。根据 G94 井的分层资料，我们拾取测井资料中 2800～3218m 为盖层，3219～3318m 为储层，分别对盖层和储层的纵波速度、横波速度以及密度进行方波化处理。然后，预测出不同压力下的两层介质模型的参数，如表 3-3。

表 3-3　储层参数及不同压力、二氧化碳饱和度下预测参数

参数	上覆岩层	注入前储层（孔隙压力42.6MPa；上覆压力57.5MPa；CO₂饱和度为0%）	注入后储层（孔隙压力42.6MPa；上覆压力57.5MPa；CO₂饱和度分别为0%，10%，20%，40%时的预测值，括号中为变化的百分比）	注入后储层（孔隙压力38.6MPa；上覆压力57.5MPa；CO₂饱和度分别为0%，10%，20%，40%时的预测值，括号中为变化的百分比）	注入后储层（孔隙压力34.6MPa；上覆压力57.5MPa；CO₂饱和度分别为0%，10%，20%，40%时的预测值，括号中为变化的百分比）
纵波速度（km/s）	3.667	4.034	4.054（0.5%） 4.031（0.07%） 4.022（0.3%） 4.014（0.5%）	4.208（4.3%） 4.185（3.7%） 4.178（3.6%） 4.172（3.4%）	4.344（7.7%） 4.317（7.1%） 4.310（6.8%） 4.305（6.7%）
横波速度（km/s）	1.998	2.253	2.310（2.5%） 2.310（2.5%） 2.309（2.4%） 2.309（2.4%）	2.403（6.7%） 2.403（6.7%） 2.404（6.7%） 2.404（6.7%）	2.481（10.1%） 2.481（10.1%） 2.482（10.2%） 2.482（10.2%）
密度（g/cc）	2.499	2.347	2.359（0.51%） 2.358（0.46%） 2.358（0.46%） 2.357（0.43%）	2.359（0.51%） 2.358（0.46%） 2.358（0.46%） 2.357（0.43%）	2.359（0.51%） 2.358（0.46%） 2.358（0.46%） 2.357（0.43%）

　　注入二氧化碳后储层孔隙压力应该升高，但因为本区域开采之后压力释放，压力下降到低于正常储层压力，即比原始储层压力 42.6MPa 低。因此，根据实测的注入二氧化碳后各井的孔隙压力，在此做 G94 井的模型时用孔隙压力降低来完成。

　　利用 Zoeppritz 精确公式分别计算孔隙压力为 42.6MPa，38.6MPa 以及 34.6MPa 下，平面波入射角度从 0° 到 50° 的反射系数。针对不同压力，计算不同饱和度的反射系数，（图 3-20），其中黑色实线为利用原始测井资料计算的反射系数，红色线为孔隙压力为

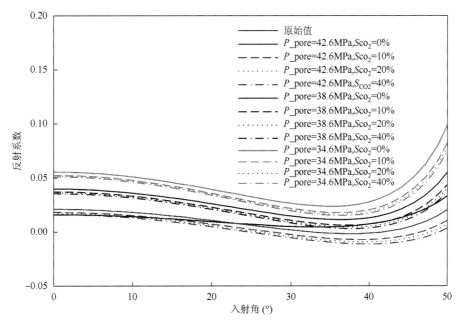

图 3-20　G94 井不同压力饱和度下的反射系数

42.6MPa 下的反射系数，依次向上，蓝色线为 38.6MPa，绿色线为 34.6MPa，在每个压力下，实线为二氧化碳饱和度 0%，虚线为 10%，点线为 20%，点线点为 40%。从图中我们可以看出，不同压力不同饱和度下，反射系数在入射角 0～30° 是缓慢降低的，在入射角 30° 以上是增大的。而对于不同的孔隙压力，随着孔隙压力的降低，也就是差异压力的增大，反射系数是整体增大的；在相同压力下，随着二氧化碳饱和度的增加，反射系数是整体减小的。

在此基础上，利用得到的不同压力饱和度下的反射系数制作两层介质的合成地震记录。本研究用井模型的方法来制作两层介质的合成地震记录，即测井数据中的单发单收声波时差根据算得波到达每个采样点层的时间，建立时间域，然后每 0.1ms 取一组对应的纵波速度、横波速度和密度值（这里取的是每 0.1ms 内最后一组数据），把每 0.1ms 对应的地层看作一层，但是对于盖层而言每一层的参数都是相同的，对于储层来说每一层的参数也是相同的，也就是说只有在储层和盖层的分界面才会发生反射。根据实际地震资料，该区的主频为 30Hz，因此我们利用频率为 30Hz 的 Ricker 子波与反射系数进行褶积得到两层介质的合成地震记录。我们分别得到孔隙压力为 42.6MPa、38.6MPa 以及 34.6MPa，二氧化碳饱和度分别为 0%、10% 以及 40% 时的合成地震记录，见图 3-21，图 3-22 以及图 3-23。

为了更加直观地看到二氧化碳的注入对于振幅的影响我们分别计算了注入二氧化碳之后最大振幅值减去未注入二氧化碳的最大振幅值，如表 3-4。从表 3-4 中可以更加直观地看到，随着孔隙压力的降低也就是差异压力的增大，振幅差异越来越大，而在相同的压力下，随着二氧化碳饱和度的增大振幅差异也越来越大，压力的影响大于饱和度的影响。

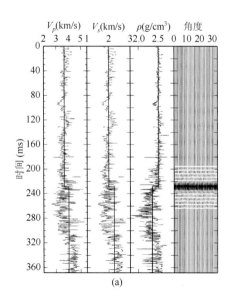

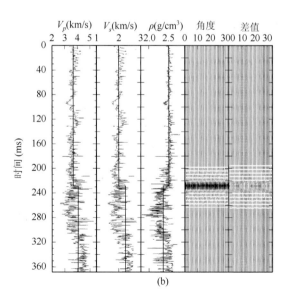

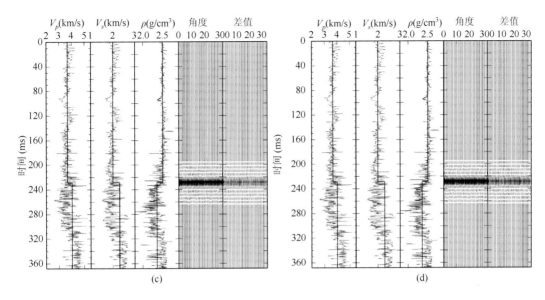

图 3-21　高 94 井孔隙压力为 42.6MPa 下的合成地震记录

图 3-21 中，每个图中从左至右依次为纵波速度、横波速度、密度、合成地震记录以及差值，测井曲线中的直线为方波化的纵、横波速度以及密度。其中（a）为利用实际测井资料即孔隙压力为 42.6MPa，二氧化碳饱和度为 0%的合成地震记录；（b）为利用预测横波速度计算的孔隙压力为 42.6MPa，二氧化碳饱和度为 0%的合成地震记录；（c）为利用预测纵横波速度计算的孔隙压力为 42.6MPa，二氧化碳饱和度为 10%的合成地震记录；（d）为利用预测纵横波速度计算的孔隙压力为 42.6MPa，二氧化碳饱和度为 40%的合成地震记录。

表 3-4　G94 井两层模型不同压力饱和度下的振幅差异

最大振幅差（%）	饱和度为 0%	饱和度为 10%	饱和度为 40%
孔隙压力 42.6MPa	2.4%	3.0%	3.9%
孔隙压力 38.6MPa	9.0%	10.3%	12.0%
孔隙压力 34.6MPa	15.5%	18.2%	20.7%

图 3-22 中，每个图中从左至右依次为纵波速度、横波速度、密度、合成地震记录以及差值，测井曲线中的直线为方波化的纵、横波速度以及密度。其中（a）为利用实际测井资料即孔隙压力为 42.6MPa，二氧化碳饱和度为 0%的合成地震记录；（b）为利用预测横波速度计算的孔隙压力为 38.6MPa，二氧化碳饱和度为 0%的合成地震记录；（c）为利用预测纵横波速度计算的孔隙压力为 38.6MPa，二氧化碳饱和度为 10%的合成地震记录；（d）为利用预测纵横波速度计算的孔隙压力为 38.6MPa，二氧化碳饱和度为 40%的合成地震记录。

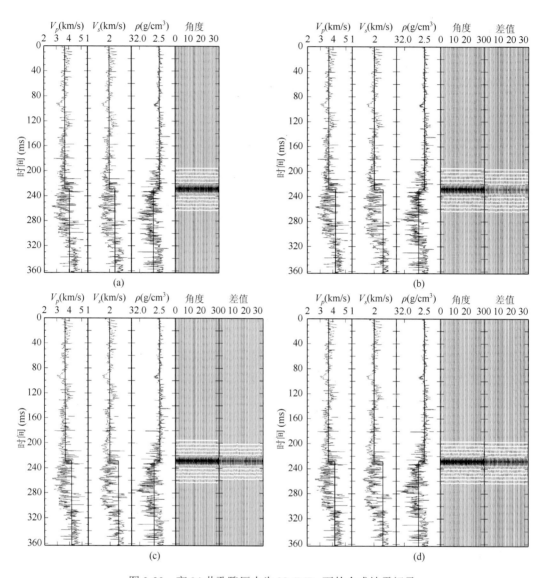

图 3-22　高 94 井孔隙压力为 38.6MPa 下的合成地震记录

　　图 3-23 中，每个图中从左至右依次为纵波速度、横波速度、密度、合成地震记录以及差值，测井曲线中的直线为方波化的纵、横波速度以及密度。其中（a）为利用实际测井资料即孔隙压力为 42.6MPa，二氧化碳饱和度为 0%的合成地震记录；（b）为利用预测横波速度计算的孔隙压力为 34.6MPa，二氧化碳饱和度为 0%的合成地震记录；（c）为利用预测纵横波速度计算的孔隙压力为 34.6MPa，二氧化碳饱和度为 10%的合成地震记录；（d）为利用预测纵横波速度计算的孔隙压力为 34.6MPa，二氧化碳饱和度为 40%的合成地震记录。

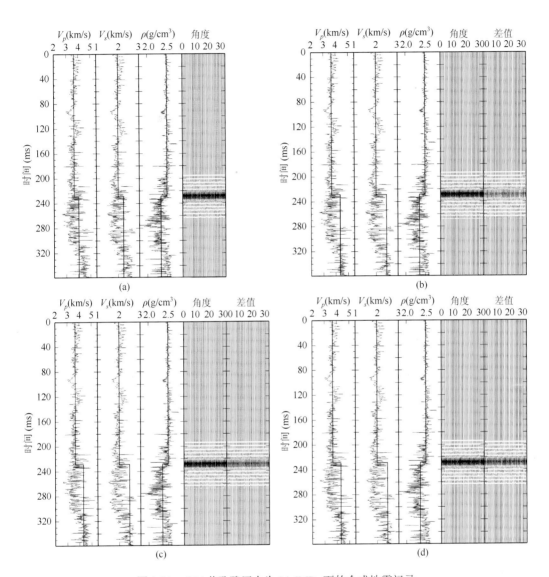

图 3-23　G94 井孔隙压力为 34.6MPa 下的合成地震记录

3.2.1.2　二氧化碳注入井模型地震响应

由于两层介质模型是将储层盖层的参数进行了方波化，这样做即假设介质为各向同性均匀介质，这个假设与实际情况显然是不符合的，G89 区块复杂的薄层、薄互层特征更是两层模型无法模拟的。所以，以实际测井资料为基础，制作 G94 井井模型的合成地震记录来模拟二氧化碳不同注入阶段的地震响应。

利用前已述及的井模型合成地震记录的方法，利用 30Hz 的 Ricker 子波与 Zoeppritz 精确方程计算的反射系数进行褶积。随着二氧化碳的注入，纵波速度、横波速度以及密度均发生了变化，因此反射系数也会发生变化。在计算反射系数的时候，利用高 94 井的测井资料来计算未注入二氧化碳时的反射系数。随着二氧化碳的注入，储层发生了流体替换，孔隙压力与饱和度均发生了变化，利用前述方法来预测不同压力饱和度下的纵波速度、横波速度以及密度，然后再进行反射系数的计算。为了更好地保留测井资料深时转换后的薄层及薄互层信息，不同于常规深时转换 1ms、2ms 的采样率，按照测井资料深时转换 0.1ms 的采样率进行深时转换。然后，将时深转换之后的每 0.1ms 的纵、横波速度以及密度当作一层与 Ricker 子波褶积得到合成地震记录，得到不同压力饱和度下的合成地震记录之后，将其与未注入二氧化碳时的合成地震记录做差，如图 3-24，图 3-25、图 3-26。从图中可以看到，随着孔隙压力的增大，振幅差异越来越明显，而在相同的压力下，随着饱和度的增大，振幅差异也越来越明显。

为了更加直观地看到二氧化碳的注入对于振幅的影响，分别计算了注入二氧化碳之后最大振幅值减去未注入二氧化碳的最大振幅值，如表 3-5，最大振幅值是读取入射角为 20° 时油层的最大振幅。从表 3-5 中可以更加直观地看到，随着孔隙压力的降低也就是差异压力的增大，振幅差异越来越大，而在相同的压力下，随着二氧化碳饱和度的增大振幅差异也越来越大，压力的影响大于饱和度的影响。

表 3-5　井模型不同压力饱和度下的最大振幅差异

最大振幅差（%）	饱和度为 0%	饱和度 10%	饱和度为 40%
孔隙压力 42.6MPa	9.1%	9.3%	9.7%
孔隙压力 38.6MPa	10.8%	11.4%	12.6%
孔隙压力 34.6MPa	14.2%	14.6%	14.7%

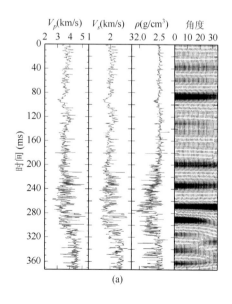

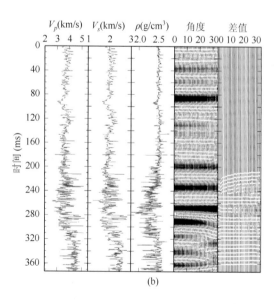

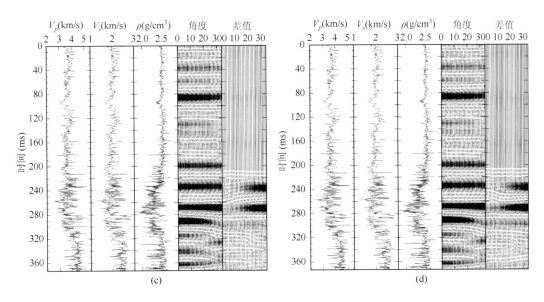

图 3-24　高 94 井孔隙压力为 42.6MPa 下的合成地震记录

图 3-24 中，每个图中从左至右依次为纵波速度、横波速度、密度、合成地震记录。（b）（c）（d）中最后一个图为该孔隙压力饱和度下的振幅值与（a）的差值。其中（a）为利用实际测井资料即孔隙压力为 42.6MPa，二氧化碳饱和度为 0%的合成地震记录；（b）为利用预测横波速度计算的孔隙压力为 42.6MPa，二氧化碳饱和度为 0%的合成地震记录；（c）为利用预测纵横波速度计算的孔隙压力为 42.6MPa，二氧化碳饱和度为 10%的合成地震记录；（d）为利用预测纵横波速度计算的孔隙压力为 42.6MPa，二氧化碳饱和度为 40%的合成地震记录。

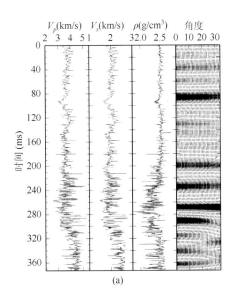

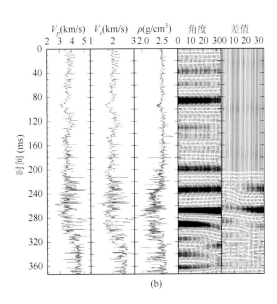

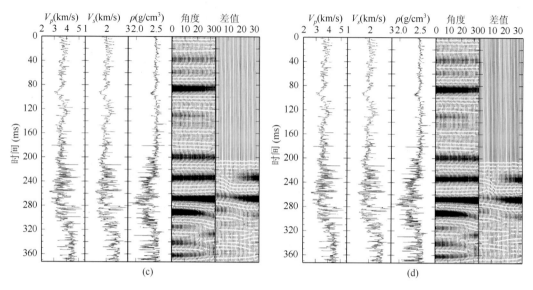

图 3-25　高 94 井孔隙压力为 38.6MPa 下的合成地震记录

图 3-25 中，每个图中从左至右依次为纵波速度、横波速度、密度以及合成地震记录，最后一个图为该孔隙压力饱和度下的振幅值与（a）的差值。其中（a）为利用实际测井资料即孔隙压力为 42.6MPa，二氧化碳饱和度为 0% 的合成地震记录；（b）为利用预测横波速度计算的孔隙压力为 38.6MPa，二氧化碳饱和度为 0% 的合成地震记录；（c）为利用预测纵横波速度计算的孔隙压力为 38.6MPa，二氧化碳饱和度为 10% 的合成地震记录；（d）为利用预测纵横波速度计算的孔隙压力为 38.6MPa，二氧化碳饱和度为 40% 的合成地震记录。

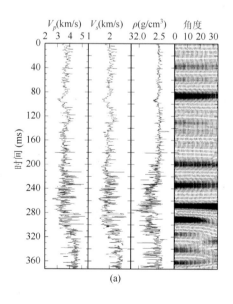

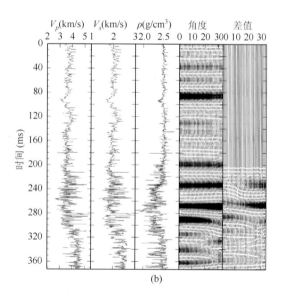

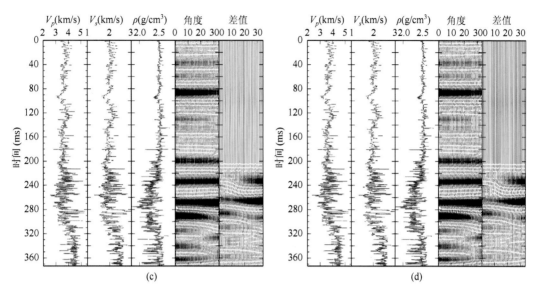

图 3-26　高 94 井孔隙压力为 34.6MPa 下的合成地震记录

图 3-26 中，每个图中从左至右依次为纵波速度、横波速度、密度以及合成地震记录，最后一个图为该孔隙压力饱和度下的振幅值与（a）的差值。其中（a）为利用实际测井资料即孔隙压力为 42.6MPa，二氧化碳饱和度为 0%的合成地震记录；（b）为利用预测横波速度计算的孔隙压力为 34.6MPa，二氧化碳饱和度为 0%的合成地震记录；（c）为利用预测纵横波速度计算的孔隙压力为 34.6MPa，二氧化碳饱和度为 10%的合成地震记录；（d）为利用预测纵横波速度计算的孔隙压力为 34.6MPa，二氧化碳饱和度为 40%的合成地震记录。

图 3-27 中井模型的梯度截距图与两层模型梯度截距图大致相似，均表现为孔隙压力

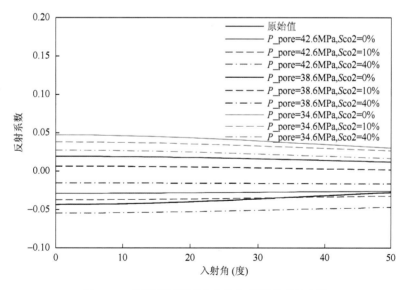

图 3-27　井模型不同压力和饱和度下的反射系数

（不同颜色代表不同压力，不同符号代表不同的二氧化碳饱和度）

的变化对梯度比较敏感,对截距不敏感,但仍存在一定的差异,在同一孔隙压力下,不同二氧化碳饱和度的梯度截距有一定差异。此外,从合成地震记录来看,两层模型只反映了储层,而井模型将储层附近的小层、薄互层及夹层信息,即储层垂向结构变化也反映出来,更加符合实际地震资料。因此,在条件允许的情况下,应尽量用井模型来进行合成地震记录制作。

3.2.1.3　子波主频变化的井模型地震响应

分析实际地震资料可得,该区的地震波主频为30Hz,因而前面做合成地震记录用的都是30Hz的Ricker子波与反射系数褶积。由于地震主频沿储层会有微小的变化,或者两次地震采集的地震主频不同,这种变化可能影响子波的调谐与反射振幅,进而影响时移地震振幅差异分析与流体识别。因此,考虑到Ricker子波主频的大小对制作合成地震记录的影响,因而本节对G94井孔隙压力为38.6MPa,二氧化碳饱和度为10%情况下,选择子波主频28Hz、30Hz、32Hz,研究合成地震记录变化。

将主频为28Hz、30Hz、32Hz的Ricker子波分别与反射系数进行褶积,得到高94井井模型合成地震记录,研究子波主频对地震响应的影响(图3-28),子波主频越大,合成地震记录越清晰,振幅越大,能更好地识别出小层,故实际模型中应合理选择子波主频,与实际地震剖面主频保持一致,避免解释时出现错误。

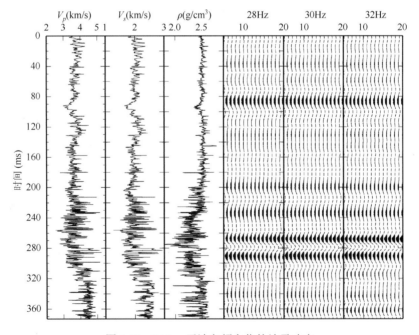

图3-28　Ricker子波主频变化的地震响应

(图中为G94井孔隙压力38.6MPa,二氧化碳饱和度10%的合成地震记录,从左往右依次为纵波速度、横波速度、密度、子波主频为28Hz的合成地震记录、子波主频为30Hz的合成地震记录、子波主频为32Hz的合成地震记录)

3.2.1.4　储层厚度变化的井模型地震响应

楔状砂体或透镜状砂体水平方向储层厚度是变化的，为模拟储层厚度横向上的变化，通过在深度域上拉伸或者压缩储层厚度，得到不同的地震响应。测井资料在深度域的采样率为 0.0762m，本节对高 94 井孔隙压力为 38.6MPa、二氧化碳饱和度为 10%情况下，将原始的储层厚度压缩到 0.8 倍（采样率为 0.0762×0.8）和拉伸到 1.2 倍（采样率为 0.0762×1.2），得到对应的合成地震记录（图 3-29）。压缩或拉伸储层厚度，表现出储层厚度由薄到厚的变化，图中标出合成地震记录中储层对应的深度（3310～3320m）。

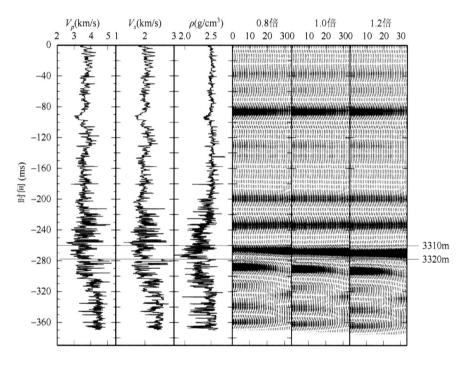

图 3-29　不同储层厚度下井模型合成地震记录

（图中为 G94 井孔隙压力 38.6MPa，二氧化碳饱和度 10%的合成地震记录，从左往右依次为纵波速度、横波速度、密度、压缩到原始 0.8 倍的合成地震记录、原始合成地震记录、拉伸到原始 1.2 倍的合成地震记录）

同时，分析了压缩和拉伸储层厚度后的 AVO 曲线（图 3-30）和对应的 AVO-梯度截距图（图 3-31）。AVO 是拾取盖层和储层分界面处强反射轴的反射系数，研究其随入射角度变化的趋势。储层厚度被压缩后，反射系数增大，储层厚度被拉伸后，反射系数减小，即储层厚度越大，反射系数越小。分析考虑储层厚度变化的 AVO-梯度截距图，储层厚度被压缩后，梯度和截距都增大，储层厚度被拉伸后，梯度减小、截距增大，即储层厚度越大，梯度变化较明显，截距变化较小。

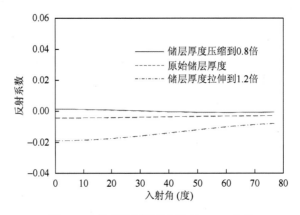

图 3-30　考虑储层厚度变化的 AVO 曲线

（图为高 94 井孔隙压力 38.6MPa，二氧化碳饱和度 10%情况下的井模型 AVO 曲线；不同符号代表不同的储层厚度）

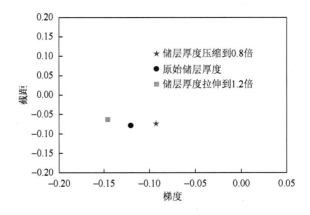

图 3-31　考虑储层厚度变化的 AVO-梯度截距图

（图为 G94 井孔隙压力 38.6MPa，二氧化碳饱和度 10%情况下的井模型 AVO-梯度截距图；不同符号代表不同的储层厚度）

3.2.1.5　上覆盖层变化的 AVO 曲线变化

　　前面的模型是在盖层不变的情况下进行的，实际情况下盖层也随孔隙压力的变化而变化，本节研究不同孔隙压力下考虑盖层纵、横波速度变化的 AVO 曲线变化。Douglas（2013）对 Weyburn 地区盖层样品的岩石物理实验测试，得到盖层的纵、横波速度随储层孔隙压力变化而变化的关系式，校正后应用到的两层介质模型 AVO 曲线中。

　　考虑盖层纵、横波速度随孔隙压力变化、密度不变，得到二氧化碳饱和度分别为 0%、10%、20%、40%，孔隙压力分别为 42.6MPa、38.6MPa、34.6MPa 下的 AVO 曲线（图 3-32）和 AVO-梯度截距图（图 3-33），其中盖层孔隙压力与储层孔隙压力变化一致。AVO 曲线图中可得孔隙压力减小，反射系数整体增大，与前面不考虑盖层变化的 AVO 曲线变化相似，且不同二氧化碳饱和度下的 AVO 曲线相似。AVO-梯度截距图可得梯度对压力变化较敏感，对二氧化碳饱和度变化不敏感，同样截距也是对压力变化较敏感，其变化趋势与前面不考虑盖层变化的 AVO-梯度截距图相似。

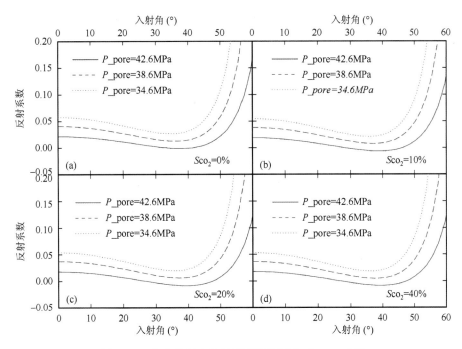

图 3-32　考虑盖层变化的不同孔隙压力下 AVO 曲线

（图（a）为二氧化碳饱和度为 0%，孔隙压力分别为 42.6MPa、38.6MPa、34.6MPa 的 AVO 曲线；图（b）为二氧化碳饱和
度为 10%，孔隙压力分别为 42.6MPa、38.6MPa、34.6MPa 的 AVO 曲线；图（c）为二氧化碳饱和度为 20%，孔隙压力分别
为 42.6MPa、38.6MPa、34.6MPa 的 AVO 曲线；图（d）为二氧化碳饱和度为 40%，孔隙压力分别为 42.6MPa、38.6MPa、
34.6MPa 的 AVO 曲线。）

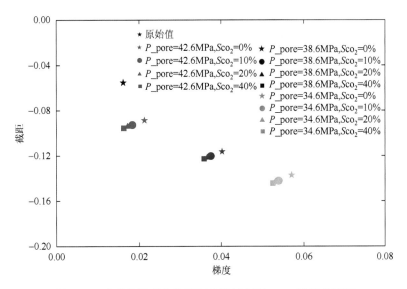

图 3-33　考虑盖层变化的不同孔隙压力下 AVO-梯度截距图

　　考虑盖层纵、横波速度随孔隙压力变化，与不考虑盖层变化的 AVO 曲线进行对比
（图 3-34），图 3-34（a）为孔隙压力为 38.6MPa，二氧化碳饱和度分别为 0%、10%、40%
情况下考虑盖层变化（虚线）与不考虑盖层变化（实线）的 AVO 曲线；图 3-34（b）为

孔隙压力 34.6MPa，二氧化碳饱和度分别为 0%、10%、40%情况下考虑盖层变化（虚线）与不考虑盖层变化（实线）的 AVO 曲线。入射角增大，反射系数先降低再升高，并在大约同一入射角下达到最小值；孔隙压力一定时，二氧化碳饱和度越大，反射系数越小；考虑盖层变化的反射系数整体高于不考虑盖层变化的反射系数。同样，分别做了孔隙压力为 38.6MPa 和 34.6MPa 下考虑盖层变化与不考虑盖层变化的 AVO-梯度截距图（图 3-35），图 3-35（a）为孔隙压力 38.6MPa，二氧化碳饱和度分别为 0%，10%，40%情况下考虑盖层变化（五角星）与不考虑盖层变化（实心圆）的 AVO-梯度截距图，图 3-35（b）为孔隙压力 34.6MPa，二氧化碳饱和度分别为 0%，10%，40%情况下考虑盖层变化（五角星）与不考虑盖层变化（实心圆）的 AVO-梯度截距图，图中显示盖层速度随孔隙压力变化时，会导致梯度-截距交汇点有所差异。

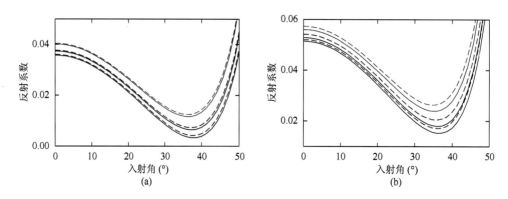

图 3-34 考虑盖层变化（虚线）与不考虑盖层变化（实线）的 AVO 曲线

（图（a）孔隙压力为 38.6MPa，红实线为二氧化碳饱和度为 0%，不考虑盖层变化的 AVO 曲线，红虚线为二氧化碳饱和度为 0%，考虑盖层变化的 AVO 曲线；蓝实线为二氧化碳饱和度为 10%，不考虑盖层变化的 AVO 曲线，蓝虚线为二氧化碳饱和度为 10%，考虑盖层变化的 AVO 曲线；紫实线为二氧化碳饱和度为 40%，不考虑盖层变化的 AVO 曲线，紫虚线为二氧化碳饱和度为 40%，考虑盖层变化的 AVO 曲线；图（b）孔隙压力为 34.6MPa，红实线为二氧化碳饱和度为 0%，不考虑盖层变化的 AVO 曲线，红虚线为二氧化碳饱和度为 0%，考虑盖层变化的 AVO 曲线；蓝实线为二氧化碳饱和度为 10%，不考虑盖层变化的 AVO 曲线，蓝虚线为二氧化碳饱和度为 10%，考虑盖层变化的 AVO 曲线；紫实线为二氧化碳饱和度为 40%，不考虑盖层变化的 AVO 曲线，紫虚线为二氧化碳饱和度为 40%，考虑盖层变化的 AVO 曲线。）

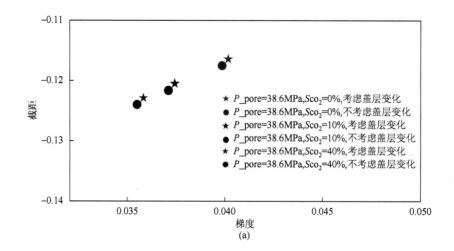

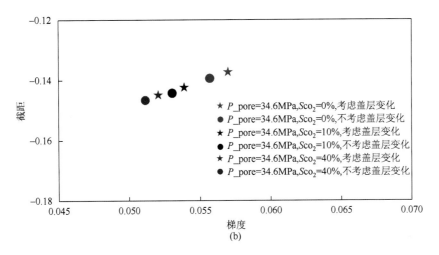

图 3-35 考虑盖层变化（五角星）与不考虑盖层变化（实心圆）的 AVO-截距图

（不同颜色代表不同的二氧化碳饱和度，不同符号代表是否考虑盖层变化）

同时，对考虑盖层速度随压力变化的 AVO 曲线（孔隙压力为 38.6MPa，二氧化碳饱和度为 0%），与注入前不考虑盖层变化的 AVO 曲线（孔隙压力为 42.6MPa，二氧化碳饱和度为 0%）作差，研究盖层速度随孔隙压力变化对 AVO 曲线的影响，见图 3-36、图 3-37。图 3-36 为孔隙压力 38.6MPa，二氧化碳饱和度为 0%的考虑盖层变化的 AVO 曲线（蓝色虚线）与孔隙压力 42.6MPa，二氧化碳饱和度为 0%的不考虑盖层变化的 AVO 曲线（蓝色实线）直接作差的 AVO 曲线（红色点线）；图 3-37 为孔隙压力 38.6MPa，二氧化碳饱和度为 0%的考虑盖层变化的 AVO 曲线（蓝色虚线）与孔隙压力 42.6MPa，二氧化碳饱和度为 0%的不考虑盖层变化的 AVO 曲线（蓝色实线）绝对值作差的 AVO 曲线（红色点线）。

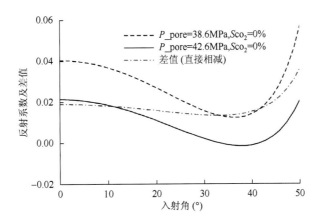

图 3-36 盖层速度随孔隙压力变化与原始状态直接作差的 AVO 曲线

（直接作差为孔隙压力 38.6MPa，二氧化碳饱和度为 0%的 AVO 曲线减去孔隙压力 42.6MPa，
二氧化碳饱和度为 0%的 AVO 曲线）

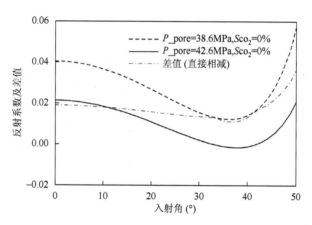

图 3-37　盖层速度随孔隙压力变化与原始状态绝对值作差的 AVO 曲线

（绝对值作差为孔隙压力 38.6MPa，二氧化碳饱和度为 0% 的 AVO 曲线的绝对值减去孔隙压力 42.6MPa，
二氧化碳饱和度为 0% 的 AVO 曲线的绝对值）

3.2.2　G89 区块实际注入井两层模型和井模型地震响应

在建立了横波速度预测模型、流体性质计算模型以及井模型之后，针对注入二氧化碳区块内的注入井 G89-4、G89-5、G89-16 井进行横波速度的预测以及合成地震记录的制作。由于注入井普遍缺少密度测井和横波速度测井，因此将 Gardner 经验公式进行改善，得到密度计算的公式。

Gardner 密度与纵波速度的关系：$\rho = 1.741 V_p^{0.25}$，其中 ρ 为密度，单位为 g/cm^3，V_p 为纵波速度，单位为 km/s。

利用有密度测井的 G94 井对上述公式进行验证，通过改变 Gardner 公式的系数，找到适合该区的系数（见表 3-6），其中误差是指公式计算的密度值与 G94 井测井得到的密度值的误差，表中可得改善后盖层和储层的密度计算公式。

盖层密度计算公式：$\rho = 1.81 V_p^{0.25}$。

储层密度计算公式：$\rho = 1.67 V_p^{0.25}$。

表 3-6　适合本区块的密度计算公式

公式（盖层）	$\rho = 1.741 V_p^{0.25}$（Gardner 公式）	$\rho = 1.8 V_p^{0.25}$	$\rho = 1.81 V_p^{0.25}$（最佳）	$\rho = 1.82 V_p^{0.25}$
误差	4.164%	1.777%	1.625%	1.634%
公式（储层）	$\rho = 1.741 V_p^{0.25}$（Gardner 公式）	$\rho = 1.66 V_p^{0.25}$	$\rho = 1.67 V_p^{0.25}$（最佳）	$\rho = 1.68 V_p^{0.25}$
误差	5.698%	4.576%	4.536%	4.556%

同样，对于缺失横波测井的非油层，我们将 Castagna（1985）提出的泥岩线公式进行

改善，利用有横波测井的 G94 井对其进行验证，得到适合本区块的计算横波速度的公式，见表 3-2，其中误差是指公式计算的横波速度与 G94 井测井得到的横波速度的误差。

Castagna（1985）提出的泥岩线公式为：$V_S = 0.862V_P - 1.172$，V_S 和 V_P 的单位均为 km/s。

通过改变泥岩线公式的系数（表 3-7），得到本区块计算盖层和储层中干层横波速度的公式。

盖层横波速度计算公式：$V_S = 0.862V_P - 1.15$。

储层中干层横波速度计算公式：$V_S = 0.862V_E - 1.12$。

表 3-7　适合本区块盖层和储层中干层的横波速度计算公式

公式（盖层）	$V_S = 0.862V_P - 1.172$（泥岩线公式）	$V_S = 0.862V_P - 1.14$	$V_S = 0.862V_P - 1.15$（最佳）	$V_S = 0.862V_P - 1.16$
误差	4.017%	3.860%	3.858%	3.900%
公式（储层干层）	$V_S = 0.862V_P - 1.172$（泥岩线公式）	$V_S = 0.862V_P - 1.11$	$V_S = 0.862V_P - 1.12$（最佳）	$V_S = 0.862V_P - 1.13$
误差	8.375%	8.140%	8.126%	8.130%

对于储层中油层横波速度的预测，首先利用 Digby 方程进行二氧化碳注入前随压力变化的纵、横波速度预测，然后油层按照 Gassmann 理论发生流体替换，同理用第一章提出的方法预测流体替换后不同孔隙压力与不同二氧化碳饱和度的纵、横波速度，最终得到替换前后的纵、横波速度和密度，分别做两层介质模型和井模型的合成地震记录并且做差。

流体替换时二氧化碳饱和度和孔隙压力变化情况，见表 3-8。

表 3-8　G89 区块三口注入井流体替换参数

井号	上覆压力	原始孔隙压力	替换后孔隙压力	替换后二氧化碳饱和度	CO_2 注入量
G89-4	62.3MPa	42.6MPa	32.2MPa	20.4%	3.4×10^4t
G89-5	62.3MPa	42.6MPa	28.1MPa	3%	0.5×10^4t
G89-16	62.3MPa	42.6MPa	29.0MPa	5.4%	0.9×10^4t

经实验测试，孔隙压力达到 28.9MPa 时储层中二氧化碳达到混相压力，本模型中 G89-4 和 G89-16 的孔隙压力大于 28.9MPa，达到混相压力，与预期状态相符，而 G89-5 的孔隙压力小于 28.9MPa，没有达到混相压力。三口井二氧化碳饱和度的选择，与其注入二氧化碳的量成正比。流体替换前二氧化碳饱和度为 0，孔隙压力为 42.6MPa，流体替换后二氧化碳饱和度增大，孔隙压力降低，即有效压力升高。

3.2.2.1　两层介质模型的 AVO 响应

利用 Zoeppritz 精确公式分别计算 G89-4、G89-5、G89-16 三口注入井平面波入射角度从 0°到 50°的反射系数，同时做了梯度-截距交会图，分别见图 3-38、图 3-39、图 3-40。其中黑色线为利用原始测井资料计算的反射系数，红色线为流体替换后孔隙压力降低，二氧化碳饱和度增大的反射系数。从图中我们可以看出，不同压力不同饱和度下，随着入射角度的增大，反射系数变化趋势是一致的，随孔隙压力降低和二氧化碳饱和度的升高，反射系数是整体增大的。从梯度截距图可以更清楚的看到，孔隙压力和二氧化碳饱和度变化后对流体梯度和截距的影响，并且三口注入井的变化趋势是一样的。

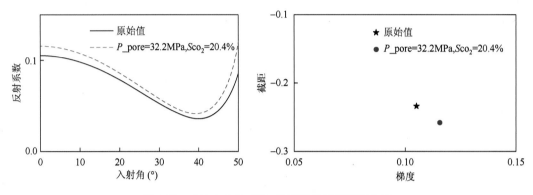

图 3-38　G89-4 井的 AVO 曲线和梯度截距交会图

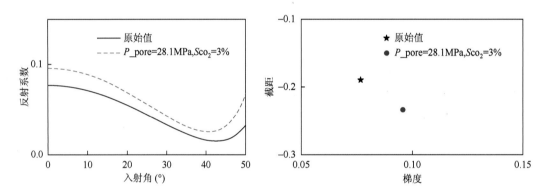

图 3-39　G89-5 井的 AVO 曲线和梯度截距交会图

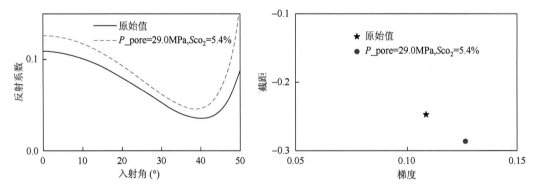

图 3-40　G89-16 井的 AVO 曲线和梯度截距交会图

制作三口注入井的两层介质模型，也就是假设储层和盖层为各向同性介质，根据三口井的分层资料，从测井资料中拾取出盖层和储层，分别对盖层和储层的纵波速度、横波速度以及密度进行方波化处理，然后，预测出不同压力下的两层介质模型的参数，如表 3-9，替换后孔隙压力降低，差异压力升高，纵、横波速度增大。制作流体替换前后的两层介质模型见图 3-41、图 3-42、图 3-43，可得替换后（孔隙压力降低，二氧化碳饱和度增大），储层的振幅差异更大更明显，直观起见，在表 3-9 中列出注入二氧化碳前后储层中最大振幅差值。

表 3-9　三口注入井两层介质模型的参数

井号	G89-4	G89-5	G89-16
盖层范围（m）	2745～2927	2743～2922	2744～2890
储层范围（m）	2928～3022	2923～3016	2890～3010
上覆盖层纵横波速度（km/s）、密度（g/cm³）	V_p: 3.364 V_s: 1.728 ρ: 2.356	V_p: 3.357 V_s: 1.722 ρ: 2.355	V_p: 3.258 V_s: 1.637 ρ: 2.337
替换前的纵横波速度（km/s）、密度（g/cm³）	V_p: 3.982 V_s: 2.256 ρ: 2.459	V_p: 3.794 V_s: 2.130 ρ: 2.430	V_p: 3.878 V_s: 2.187 ρ: 2.443
替换后的纵横波速度（km/s）、密度（g/cm³）（括号中为变化的百分比）	V_p: 4.072 (2.26%) V_s: 2.326 (3.10%) ρ: 2.456 (0.12%)	V_p: 3.950 (4.11%) V_s: 2.250 (5.63%) ρ: 2.426 (0.16%)	V_p: 4.025 (3.79%) V_s: 2.299 (5.12%) ρ: 2.440 (0.12%)
最大振幅差（%）	36.5%	18.0%	23.6%

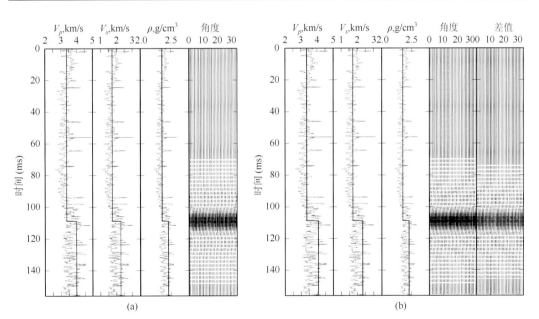

图 3-41　G89-4 井两层介质模型

（每个图从左至右依次为纵波速度、横波速度、密度以及合成地震记录，最后一个图为该孔隙压力饱和度下的振幅值与（a）的差值。图（a）为原始状态，孔隙压力为 42.6MPa，二氧化碳饱和度为 0；图（b）为替换后，孔隙压力为 32.2MPa，二氧化碳饱和度为 20.4%）

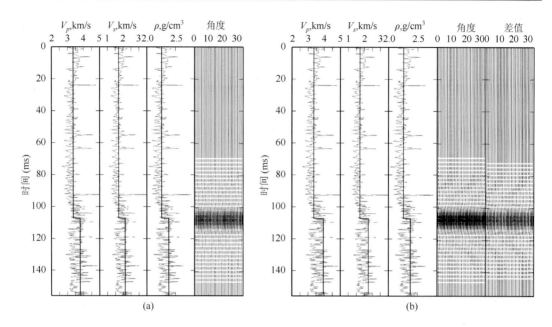

图 3-42　G89-5 井两层介质模型

（每个图从左至右依次为纵波速度、横波速度、密度以及合成地震记录，最后一个图为该孔隙压力饱和度下的振幅值与（a）的差值。图（a）为原始状态，孔隙压力为 42.6MPa，二氧化碳饱和度为 0；图（b）为替换后，孔隙压力为 28.1MPa，二氧化碳饱和度为 3%）

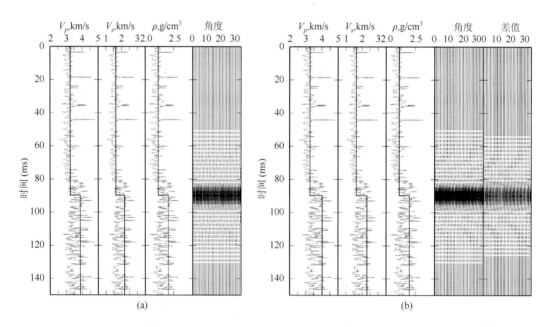

图 3-43　G89-16 井两层介质模型

（每个图从左至右依次为纵波速度、横波速度、密度以及合成地震记录，最后一个图为该孔隙压力饱和度下的振幅值与（a）的差值。图（a）为原始状态，孔隙压力为 42.6MPa，二氧化碳饱和度为 0；图（b）为替换后，孔隙压力为 29.0MPa，二氧化碳饱和度为 5.4%）

3.2.2.2　井模型地震响应

制作了三口注入井的井模型合成地震记录，见图 3-44、图 3-45、图 3-46。从图中可看出：流体替换后，储层位置合成地震记录出现差异，用替换后的减去替换前的得到正的差异，即储层发生流体替换后，振幅值变大。此处的差异值用于校正后面的实际地震资料。

为了更加直观地看到二氧化碳的注入对于振幅的影响，计算了注入二氧化碳之后最大振幅值减去未注入二氧化碳的最大振幅值，如表 3-10，最大振幅值是读取入射角为 20° 时油层的最大振幅。从表 3-10 中可以更加直观地看到，注入二氧化碳后最大振幅值变化的幅度。

表 3-10　注入二氧化碳前后井模型最大振幅差

井号	G89-4	G89-5	G89-16
最大振幅差（%）	31%	16%	26%

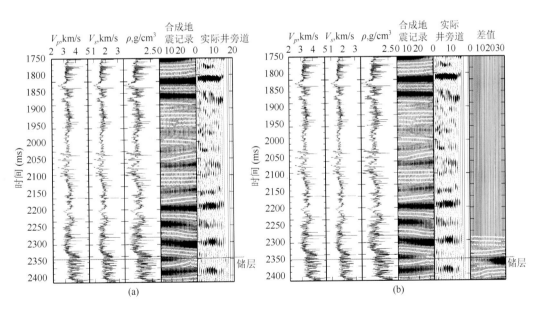

图 3-44　G89-4 井的合成地震记录

（每个图从左至右依次为纵波速度、横波速度、密度、人工合成地震记录、实际地震井旁道，最后一个图为该孔隙压力饱和度下的合成地震记录振幅值与（a）中合成地震记录振幅值的差值。图（a）为孔隙压力 42.6MPa，二氧化碳饱和度 0% 的合成地震记录。图（b）为孔隙压力 32.2MPa，二氧化碳饱和度 20.4% 的合成地震记录。）

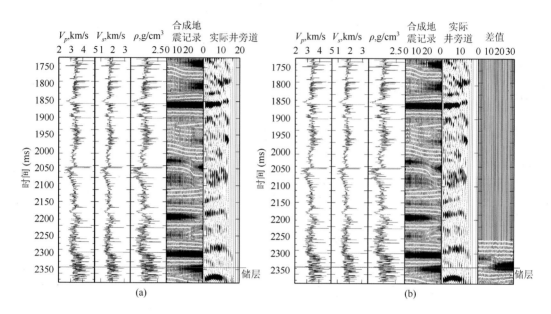

图 3-45　G89-5 井的合成地震记录

（每个图从左至右依次为纵波速度、横波速度、密度、人工合成地震记录、实际地震井旁道，最后一个图为该孔隙压力饱和度下的合成地震记录振幅值与（a）中合成地震记录振幅值的差值。图（a）为孔隙压力 42.6MPa，二氧化碳饱和度 0% 的合成地震记录。图（b）为孔隙压力 28.1MPa，二氧化碳饱和度 3% 的合成地震记录。）

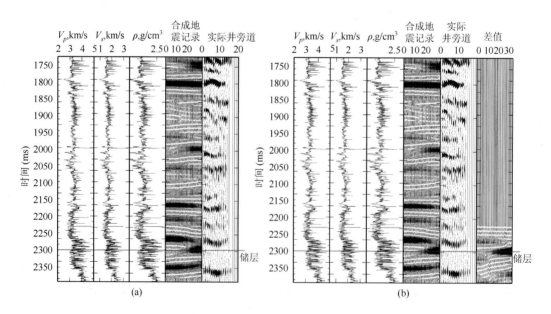

图 3-46　G89-16 井的合成地震记录

（每个图从左至右依次为纵波速度、横波速度、密度、人工合成地震记录、实际井旁道，最后一个图为该孔隙压力饱和度下的合成地震记录振幅值与（a）中合成地震记录振幅值的差值。图（a）为孔隙压力 42.6MPa，二氧化碳饱和度 0% 的合成地震记录。图（b）为孔隙压力 29.0MPa，二氧化碳饱和度 5.4% 的合成地震记录。）

以上井模型合成地震记录和井旁地震道都是抽道集显示，对比 G89-4、G89-5、G89-16 三口注入井人工合成地震记录与实际井旁道，通过计算二者的相关性，我们得到 G89-4 井替换之前合成地震记录与井旁道的相关系数为 82.3%，替换之后合成地震记录与井旁道相关系数为 89.0%（时窗 2300～2386ms）；G89-5 井替换之前合成地震记录与井旁道的相关系数为 83.7%，替换之后合成地震记录与井旁道相关系数为 89.7%（时窗 2300～2400ms）；G89-16 井替换之前合成地震记录与井旁道的相关系数为 82.2%，替换之后合成地震记录与井旁道相关系数为 89.2%（时窗 2250～2398ms）。观察到流体替换后的相关性大于替换前，是因为流体替换后的合成地震记录与实际情况更符合。

此外，对三口注入井流体替换前后垂直入射合成地震记录与井旁道进行对比，分析其相关系数，如图 3-47、图 3-48、图 3-49。G89-4 时窗范围 2300～2389ms 的流体替换前合成地震记录与井旁道的最大相关系数为 77%，流体替换后的最大相关系数为 80%；G89-5 时窗范围 2300～2364ms 的流体替换前合成地震记录与井旁道的最大相关系数为 75%，流体替换后的最大相关系数为 80%；G89-16 时窗范围 2250～2398ms 的流体替换前合成地震记录与井旁道的最大相关系数为 72%，流体替换后的最大相关系数为 85%。

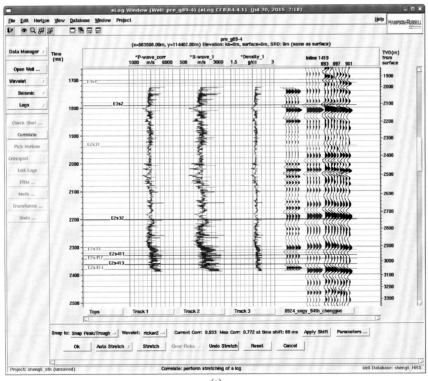

(a)

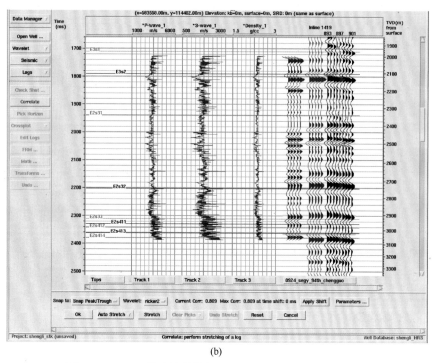

(b)

图 3-47　G89-4 井流体替换前后合成地震记录与井旁道对比

（图（a）为流体替换前合成地震与井旁道对比，图（b）为流体替换后合成地震与井旁道对比；图中蓝色地震道为合成地震记录，红色地震道为井旁道）

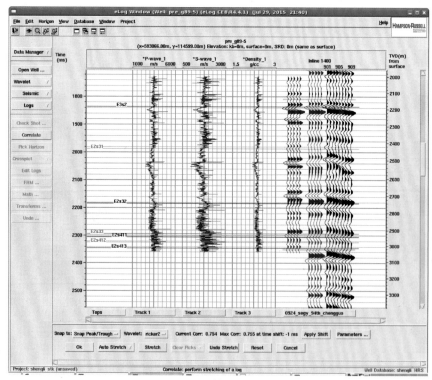

(a)

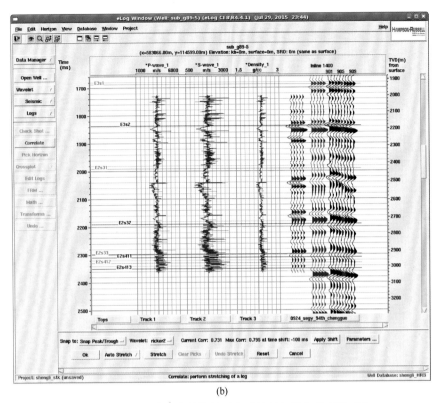

(b)

图 3-48　G89-5 井流体替换前后合成地震记录与井旁道对比

（图 (a) 为流体替换前合成地震与井旁道对比，图 (b) 为流体替换后合成地震与井旁道对比；图中蓝色地震道为合成地震记录，红色地震道为井旁道）

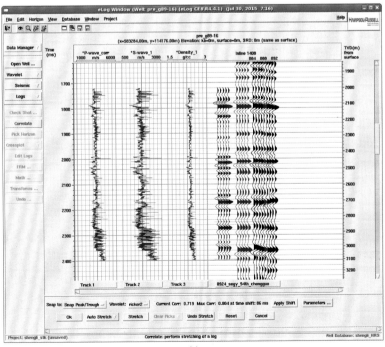

(a)

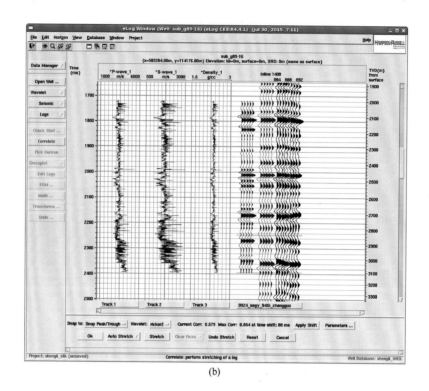

(b)

图 3-49 G89-16 井流体替换前后合成地震记录与井旁道对比

（图（a）为流体替换前合成地震与井旁道对比，图（b）为流体替换后合成地震与井旁道对比；图中蓝色地震道为合成地震记录，红色地震道为井旁道）

3.3 二氧化碳驱油地质模型正演

二氧化碳驱油的正演模拟研究对于认识二氧化碳驱的地球物理响应有着重要的作用。基于二维交错网格有限差分的方法正演模拟，利用 Kirchhoff 积分偏移方法进行偏移，着重对二氧化碳驱的注气剖面下拉现象进行正演模拟。

3.3.1 注气后时间剖面下拉现象与速度的关系研究

模型大小为 1001×351，空间网格大小为 5m×5m，时间采样间隔为 2ms，子波采用雷克子波，主频 21Hz，放 151 炮，炮间隔 20m，每炮 401 道双边接收。

图 3-50、图 3-51 表示原始地层模型，表 3-11、表 3-12 表示从上到下地层所对应的速度密度，这是正演过程中使用的参数。

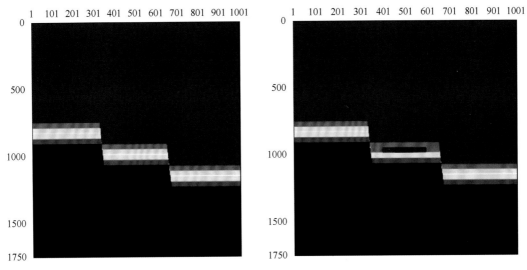

图 3-50 原始地层模型　　　　　　　　图 3-51 加气后地层模型

表 3-11 对应速度、密度表

地层	速度（m/s）	密度（kg/m³）	厚度（m）
1	3300	2300	
2	3500	2250	40
3	3600	2390	40
4	3700	2509	40
5	3800	2429	40
6	4000	2429	

表 3-12 加气后对应速度、密度表

地层	速度（m/s）	密度（kg/m³）	厚度（m）
1	3300	2300	
2	3500	2250	
3	3600	2390	20
3-1	3000	2352	20
3-2	3200	2358	20
3-3	3400	2363	20
4	3700	2509	40
5	3800	2429	40
6	4000	2429	

　　3-1 段、3-2 段、3-3 段速度依次增大 50m/s，即 3-1 段比 3-3 段速度低 100m/s。

　　采用声波方程的逆时偏移后，得到深度偏移剖面，为了更明显的观察下拉现象，进行了拉普拉斯滤波，消除了震源波场的低频干扰，提高了成像同相轴的频率成分，但在一定程度上也减弱了因强阻抗界面而产生的强成像振幅，改变了剖面的能量分布特点；然后再进行深时转换，得到时间偏移剖面（图 3-52）；再取第 480 道（经过 3-3 块）和第 610

道（经过 3-1 块）进行细致分析，即速度相差 100m/s 时看是否有下拉现象（图 3-53）。

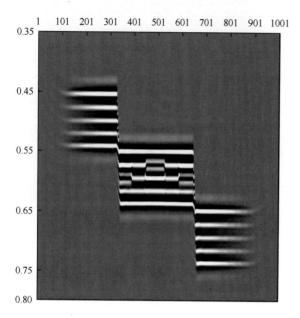

图 3-52　偏移剖面

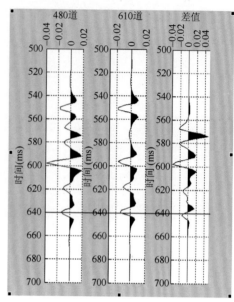

图 3-53　对比分析

　　其他条件不变，3-1 段、3-2 段、3-3 段速度依次增大 100m/s，即 3-1 段比 3-3 段速度低 200m/s。再进行细致分析，取第 480 道和 610 道进行比较。还是没有下拉现象。从剖面上观察到的下拉现象是放大后的结果，差值太小不足以分辨。如图 3-54 和图 3-55 所示。

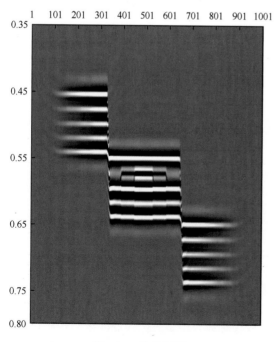

图 3-54　偏移剖面

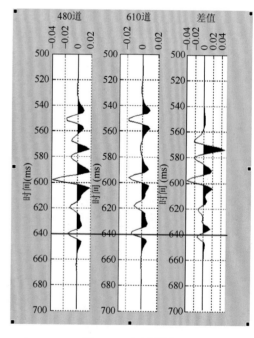

图 3-55　记录对比

其他条件不变，3-1 段、3-2 段、3-3 段速度依次增大 200m/s，即 3-1 段比 3-3 段速度低 400m/s。再进行细致分析，取第 480 道和 610 道进行比较。实际读取数据，发现有 3ms 的下拉现象。如图 3-56、图 3-57 所示。

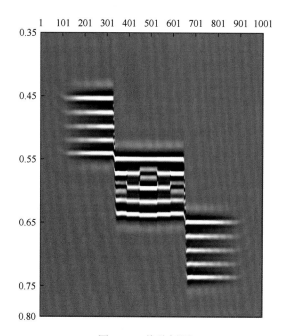

图 3-56 偏移剖面

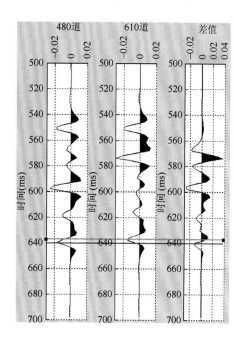

图 3-57 记录对比

层厚为 40m 时，速度差异为 400m/s 时，仅有 3ms 的下拉现象。可见在层厚相对较薄时，速度变化对下拉现象的影响有限。

表 3-13 展示了上面所做 3 个模型的目的层同向轴下拉时差。

表 3-13 同向轴下拉时差

	层厚 20m	层厚 40m	层厚 80m
速度差 100m/s		无明显下拉	
速度差 200m/s		无明显下拉	
速度差 400m/s	2ms 下拉	3ms 下拉	8ms 下拉

3.3.2 注气后时间剖面下拉现象与层厚的关系研究

3-1 段、3-2 段、3-3 段速度依次增大 200m/s，即 3-1 段比 3-3 段速度低 400m/s 始终不变，其他条件也不变，只考虑层厚度变化对时间剖面下拉现象的影响。

当厚度为 20m 时，偏移后的时间剖面处理后如图 3-58 所示。取第 480 道和第 610 道进行细致研究，求取其差值，观察现象。读取准确时间，发现有 2ms 下拉现象（图 3-59）。

此时，地层厚度已经小于了调谐厚度，难以分辨出各地层成像同相轴了。

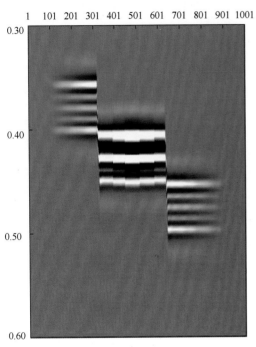

图 3-58　偏移剖面

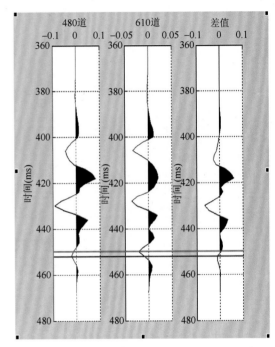

图 3-59　记录对比

当厚度为 40m 时，偏移后的时间剖面如图 3-60，取第 480 道和第 610 道进行细致研究，求取其差值，观察现象。准确读取时间，发现有 3ms 的下拉现象。如图 3-61 所示。

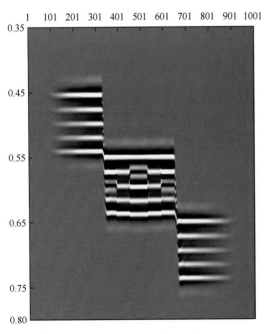

图 3-60　偏移剖面

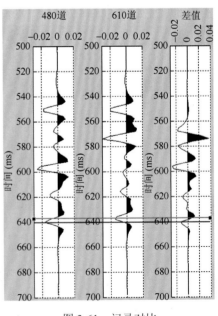

图 3-61　记录对比

当厚度为 80m 时，偏移后的时间剖面如图 3-62，取第 480 道和第 610 道进行细致研究，求取其差值，观察现象。准确读取时间，发现有 8ms 的下拉现象。如图 3-63。

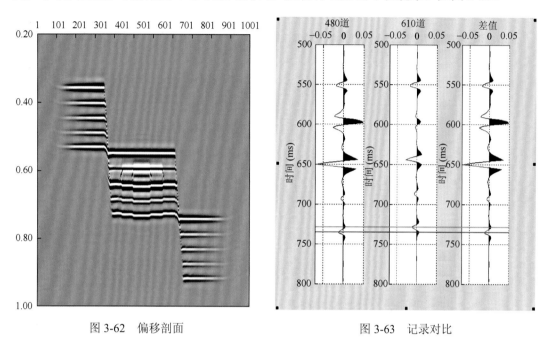

图 3-62　偏移剖面　　　　　　　　　　　　图 3-63　记录对比

3.3.3　不同偏移方法比较研究

前期设计模型速度差异明显，层比较厚，模型简单，正演跑出炮集，用软件进行常规的叠后偏移还有一定的效果，但是随着研究不断精细，这种方法很难适应要求。尤其是点速度谱不准会造成绕射波不收敛，断层无法归位等问题。图 3-64 是一个原始简单模型，正演参数同上，图 3-65 是用 Promax 软件进行 Kirchhoff 叠后时间偏移后的效果图。

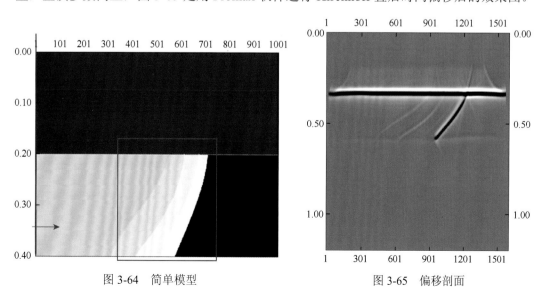

图 3-64　简单模型　　　　　　　　　　　　图 3-65　偏移剖面

　　然后，再用逆时偏移去偏移得到一个复杂剖面（正演参数设置同上），比较一下两种方法的偏移效果（图 3-66，图 3-67）。

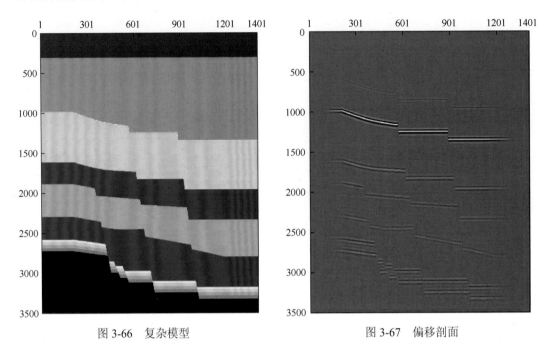

图 3-66　复杂模型　　　　　　　　　　　　　图 3-67　偏移剖面

　　可以看到，逆时偏移后绕射波得到了很好的收敛，断层都偏移的比较准确清晰，对于模型正演和精确分析会有比较好的效果。

3.3.4　实际连井剖面正演模拟

　　参照实际油藏剖面（图 3-68）设计模型，只对储层部分进行设计，设计的模型大小

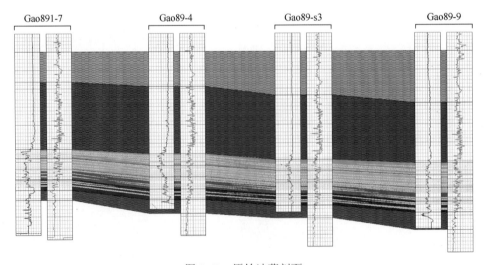

图 3-68　原始油藏剖面

为 1001×401，空间网格大小为 1m×1m，时间采样间隔为 2ms，子波采用雷克子波，主频 25Hz，放 151 炮，炮间隔 20m，每炮 401 道双边接收。

图 3-69、图 3-70 表示原始地层模型和加气后地层模型，表 3-14、表 3-15 表示从上到下地层所对应的速度密度，这是正演过程中使用的参数。

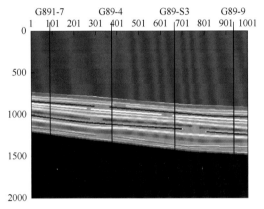

图 3-69 原始地层模型

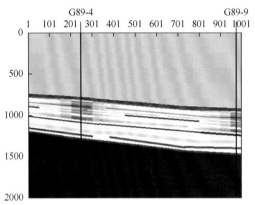

图 3-70 加气后地层模型

表 3-14 对应速度、密度表

层位	速度（m/s）	密度（g/cm³）
S1 上	3278	2.35
S1-1	4113	2.48
S1-2	4038	2.47
S1-7	3594	2.40
S2-2	3142	2.32
S2-4	3732	2.42
S2-6	3629	2.40
S2-9	3607	2.40
S3-1	3324	2.35
S3-4	4213	2.49
S3-7	3622	2.40
S4-1	3362	2.36
S4-2	4091	2.47
S4-3	4405	2.52
S4-下	4128	2.48

表 3-15 加气后对应速度、密度表

层位	速度（m/s）	密度（g/cm³）
S1 上	3278	2.35
S1-1	4113	2.48

层位	速度（m/s）	密度（g/cm³）
S1-2	4038	2.47
S1-7	3594	2.40
S2-2	3142	2.32
S2-4	3732	2.42
S2-6	3629	2.40
S2-9	3607	2.40
S3-1	3324	2.35
S3-4	4213	2.49
S3-7	3622	2.40
S4-1	3362	2.36
S4-2	4091	2.47
S4-3	4405	2.52
S4 下	4128	2.48

　　加气部位从中间到两边依次减小 400m/s、200m/s、100m/s、50m/s，首先进行正演模拟跑出炮集，切去直达波，进行动校正，叠加，偏移最终得到叠后时间偏移剖面（图 3-71 和图 3-72），最后比较注气前后有无时间下拉现象以及不同速度变化处时间下拉现象的程度。

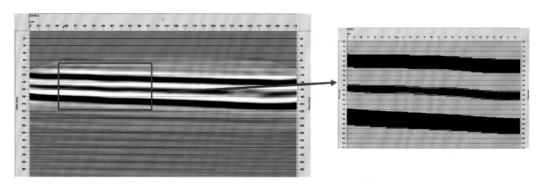

图 3-71　注气前模型偏移剖面及局部放大图

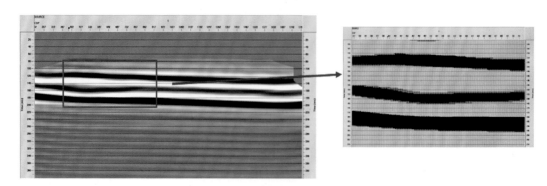

图 3-72　注气后模型偏移剖面及局部放大图

可以观察到，在注入二氧化碳地层及以下出现了明显的同相轴下拉现象，并且同相轴能量相较于注气前有些许增强，下面统计在速度变化不同的部位同相轴下拉现象的程度。抽取加气前后偏移剖面的第 250、175、125、75、25 道（即二氧化碳含量由高到低，注气部分速度变化由高到低）进行对比分析，观察时差现象（如图 3-73 所示），精确统计时差情况（如表 3-16 所示）。

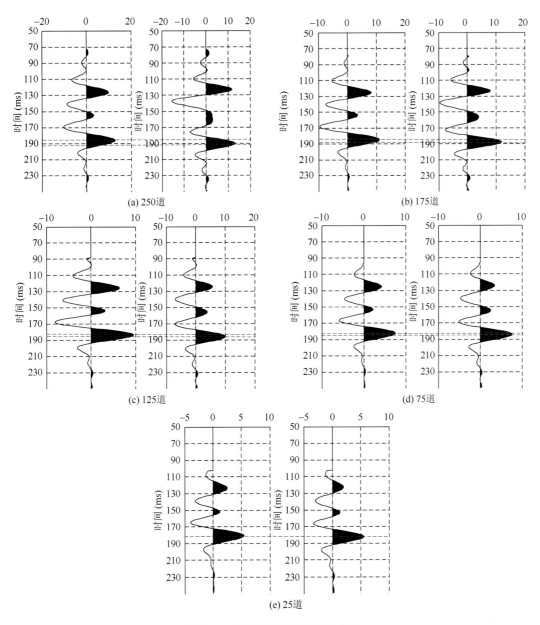

图 3-73 抽取注气前后各道对比图

表 3-16　注气前后时差表

注气前后速度差（m/s）	注气前后时差（ms）
400	5
200	3
100	2
50	1
0	0

3.4　二氧化碳驱油地震响应特征

3.4.1　二氧化碳驱油产生的时差变化

通过对邻近工区钻遇二氧化碳气藏井与注气区井测井数据的对比分析，发现二氧化碳驱油能够造成地层速度的显著降低。地层速度减少后，波在目的层传播旅行时将会增加。通过正演模拟来分析二氧化碳驱油前后地震波旅行时的增加量，即二氧化碳驱油所产生的地震波时差。

3.4.1.1　二氧化碳驱油前连井正演模拟

为了充分考虑上覆构造、岩性对目的层段旅行时产生的影响，使正演结果与实际地震资料有更好的可比性。采用实际测井曲线建立一个从地面开始的 G891-7、G89-4、G89-S 3 及 G89-9 连井模型，如图 3-74 所示。将炮点及激发点均设置于地面，进行正演模拟。

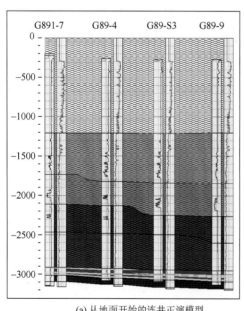
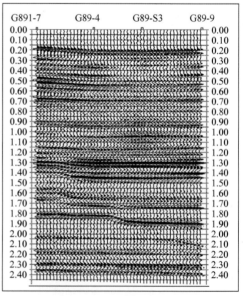

(a) 从地面开始的连井正演模型　　　　　　(b) 正演模拟结果

图 3-74　从地面开始得连井正演模拟

将正演模拟结果［图 3-75（a）］局部放大与实际地震资料［图 3-75（b）］进行对比发现，形态相似度较高，大的构造、层位形态及旅行时对比都较好（图 3-75）。

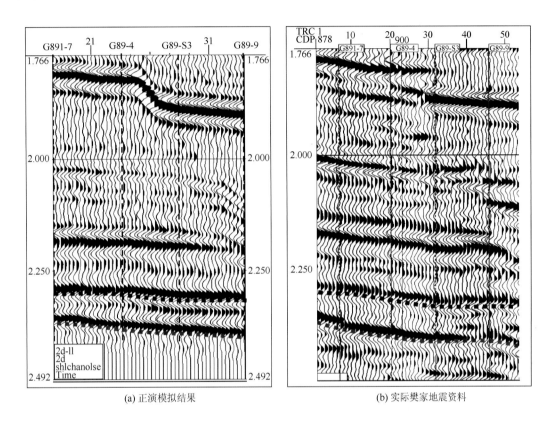

（a）正演模拟结果　　　　　　　　　　　　（b）实际樊家地震资料

图 3-75　正演模拟结果与实际地震资料比对

3.4.1.2　注二氧化碳后测井曲线重构

得到了二氧化碳驱油前的正演模拟结果之后，再通过曲线重构得到二氧化碳驱油后的测井曲线，即可利用此曲线建立驱油后的连井模型。继而进行正演模拟得到二氧化碳驱油后的地震响应结果来分析注二氧化碳气引起的旅行时变化。

根据西南石油大学岩心二氧化碳驱油岩石物理测试结果，发现二氧化碳驱油的确能引起岩心纵波速度显著降低，速度变化量约为 10%。

分别将井曲线中砂岩发育段的纵波速度降为 95%、90% 和 85% 来代表注气量的不同。得到的曲线重构结果如图 3-76 所示。

3.4.1.3　注二氧化碳后二维正演模拟

利用重构曲线分别建立从地面开始的连井正演模型，模拟注气量不同时的地震响应。对得到的正演结果截取目标层段如图 3-77 所示。

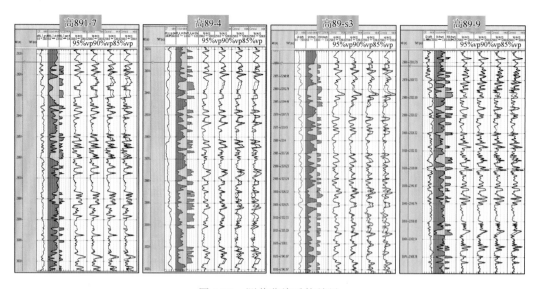

图 3-76　测井曲线重构结果

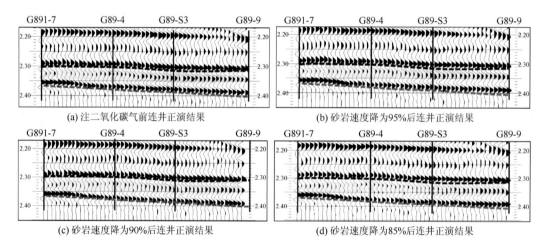

(a) 注二氧化碳气前连井正演结果

(b) 砂岩速度降为95%后连井正演结果

(c) 砂岩速度降为90%后连井正演结果

(d) 砂岩速度降为85%后连井正演结果

图 3-77　注二氧化碳气前后正演模拟结果

　　根据图 3-77 的二氧化碳气前后正演模拟结果，统计各标准层注气前后的旅行时，分析注气前后产生的时差（表 3-17）。

表 3-17　二维正演得到的红层顶旅行时及注气前后时差统计表

	G891-7		G89-4		G89-S3		G89-9	
	旅行时（ms）	时差（ms）	旅行时（ms）	时差（ms）	旅行时（ms）	时差（ms）	旅行时（ms）	时差（ms）
未注气	2355	0	2370	0	2380	0	2390	0
速度将为95%	2357	2	2372	2	2382	2	2391	1
速度将为90%	2358	3	2373	3	2384	4	2392	2
速度将为85%	2360	5	2376	6	2389	9	2394	4

通过统计，注气后红层顶的旅行时皆随着注气量的增加（即纵波速度的减小）而不断增加，但是时差总体控制在 10ms 以内。统计四口井的砂岩厚度得到表 3-18，通过与表 3-17 对比可以发现，储层越发育，时差变化越明显（图 3-78）。

表 3-18　砂岩百分含量图

	7 井	4 井	s3 井	9 井
砂岩厚度（m）	22	33	33	21
地层厚度（m）	113	127	120	129
砂岩百分比（%）	19.5	26	27.5	16.3

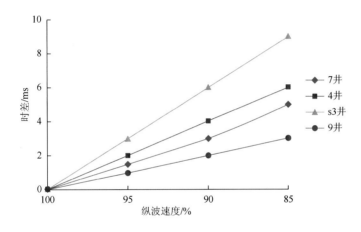

图 3-78　二维正演得到的红层顶注气前后时差变化图

3.4.1.4　实际地震资料时差分析

正演结果明确了注二氧化碳气产生的时差规律后，利用注气前采集的樊家地震资料及注气后采集的高 94 地震资料来分析实际地震注气前后的旅行时变化情况。

选取与正演一致的 G891-7、G89-4、G89-S3 及 G89-9 连井剖面为例进行分析。拾取 T_7 轴及红层顶的旅行时，通过相减计算出穿越目的储层所用时间，如图 3-79 所示。其中红色为注气前樊家地震资料穿越目的层所用时间，蓝色为注气后高 94 地震资料穿越目的层所用时间。

然后将注气后与注气前的目的层旅行时相减［图 3-79（a）中的蓝色线与红色线相减］，得到的即为注气前后储层旅行时差［图 3-79（b）］。

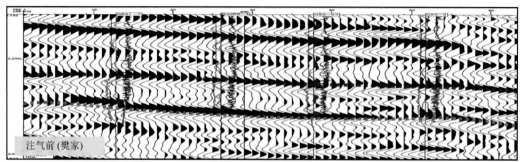

(a) 注气前樊家地震资料

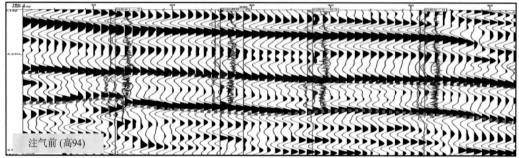

(b) 注气后高94地震资料

图 3-79　实际地震资料

　　通过图 3-79 及图 3-80 可以看出，实际地震资料注气后穿越目的层所需时间变大，即红层顶旅行时出现下拉现象，下拉幅度集中 1～5ms。其中 G89-4 及 G89-S3 井附近变化相对比较明显。

　　对应正演结果分析，注气前后速度变化范围约集中于 5%～10%。

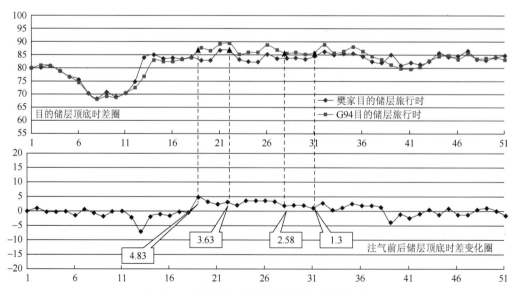

图 3-80　注气前后穿越目的层旅行时变化图

3.4.2   二氧化碳驱油属性分析

从正演的角度入手，分析二氧化碳驱油产生的属性变化，明确二氧化碳驱油的敏感属性。

1. 精细储层模型正演模拟

为了更准确地分析二氧化碳驱油产生的属性变化，建立了一个精细储层正演模型。首先结合测录井信息及地质认识，建立一个 G891-7、G89-4、G89-S3 及 G89-9 井的小层对比剖面（图 3-81）。然后参照分层信息及此剖面的小层层控信息，利用实测测井曲线建立了一个注气前精细储层连井正演模型（图 3-82）。

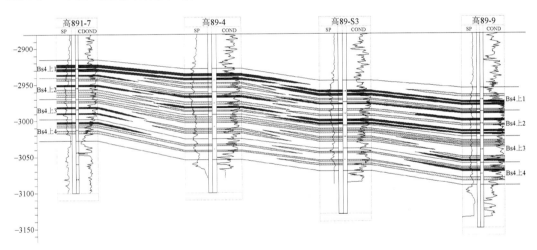

图 3-81   连井小层对比剖面图

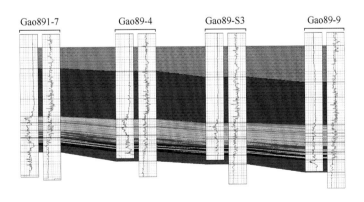

图 3-82   精细储层连井正演模型

分别利用速度降为 95%、90% 及 85% 的重构曲线建立与图 3-82 同样构造的注气后精细储层模型，并分别进行了正演模拟，得到图 3-83 所示结果。

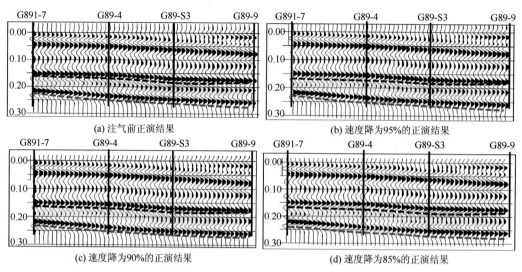

(a) 注气前正演结果　　　　　　　　　(b) 速度降为95%的正演结果

(c) 速度降为90%的正演结果　　　　　　(d) 速度降为85%的正演结果

图 3-83　精细储层模型正演模拟结果

　　从结果看，与实际地震资料比较，整体形态相似度较高。但储层内部反射形态有所差别，分析认为是受到测井曲线建模方法的限制。

　　注气前后储层顶底 T_7 轴及红层顶变化不是太明显，储层内部反射轴有所变化。

2. 属性分析

　　分别提取各正演结果的 T_7 轴、储层反射及红层顶的振幅信息，分析注气前后振幅属性变化规律，如图 3-84 所示。

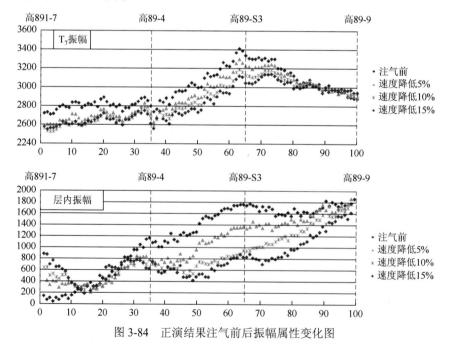

图 3-84　正演结果注气前后振幅属性变化图

从振幅属性提取结果中可以看到，二氧化碳驱油后，T_7 反射轴振幅明显减小，层内振幅明显增大。分析认为，二氧化碳驱油后砂岩速度减少，导致与围岩波阻抗差变小，所以储层振幅减小。

分析了储层振幅变化规律后，提取了正演结果目的层段的频谱信息来分析注气前后频率变化规律。

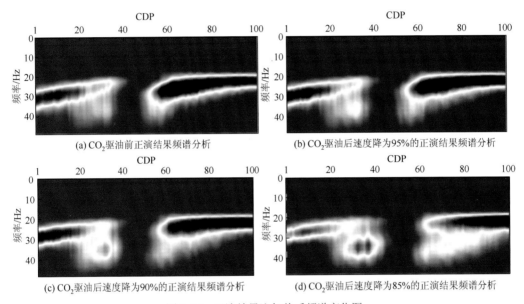

(a) CO_2 驱油前正演结果频谱分析　　(b) CO_2 驱油后速度降为95%的正演结果频谱分析

(c) CO_2 驱油后速度降为90%的正演结果频谱分析　　(d) CO_2 驱油后速度降为85%的正演结果频谱分析

图 3-85　正演结果注气前后频谱变化图

通过图 3-85、图 3-86 可以看到，二氧化碳驱油后高频信息（30~45Hz）被吸收衰减。这也与实际地震资料提取的频率变化规律吻合（图 3-86）。

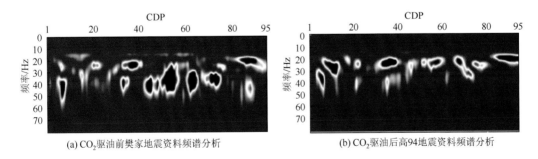

(a) CO_2 驱油前樊家地震资料频谱分析　　(b) CO_2 驱油后高94地震资料频谱分析

图 3-86　实际地震资料频谱分析

3.4.3　二氧化碳驱油波形特征

针对滩坝砂岩薄互层结构，干涉效应突出，含油储层的局部砂组注气改变发射波干涉效应，引起波形变化的可能，建立了薄互层结构模型，分析薄互层结构储层气驱的波形变化特点。

一维模型设计了与泥岩呈互层分布的三个砂组（图 3-87），得到地震响应如图 3-88 所示：当二氧化碳驱油只发生在一二砂组时，从地震响应上看，上覆界面反射轴减弱，砂组内部反射轴反而出现增强。

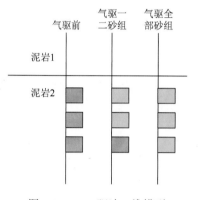

图 3-87　CO_2 驱油一维模型

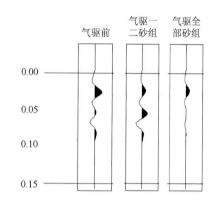

图 3-88　CO_2 驱油一维模型地震响应特征

二维正演模型设计了泥岩背景下多套均匀分布的砂岩，模型砂岩左端为驱油前，右端为驱油后。速度参数上来看，即左侧砂岩为含油高速；右侧顶部四套砂岩为驱油后低速，底部砂岩未驱油仍为高速；从左到右，速度渐变，模拟驱油过程。

分析得到的地震响应特征（图 3-89），当只有顶部砂岩被驱油时，随着驱油的进行，上覆界面反射轴逐渐减弱，砂岩内部反射轴逐渐增强。

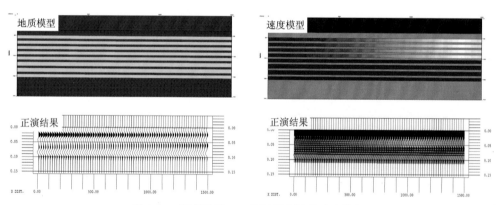

图 3-89　顶部砂岩 CO_2 驱油模型地震响应特征

分析认为，当砂岩被部分注二氧化碳气后，上部砂岩速度减少，导致与围岩波阻抗差变小，该部分砂岩的反射振幅得到压制，而底部砂岩的反射振幅并没有变化，目的层砂岩总体反射波由于波的干涉作用可能会出现振幅增强的现象。

3.4.4　二氧化碳驱油产生的地震响应特征

综合旅行时、属性及波形变化的分析结果，结合试验区内部分砂岩驱油的实际情况，试验区内驱油后上覆地层、目的层与下伏地层波形上呈现出"上弱、中强、下凹"的特征（图 3-90）。

二氧化碳驱油模型地震响应特征见表 3-19。

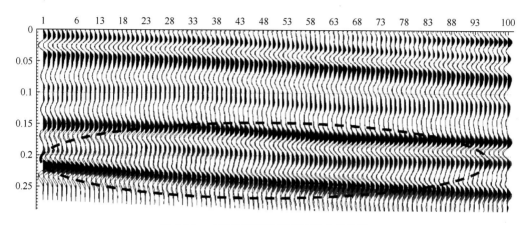

图 3-90　二氧化碳驱油模型地震响应特征

表 3-19　二氧化碳驱油模型地震响应特征

属性类别	响应特征	形成机理
旅行时	旅行时增加	驱替地层速度降低
振幅	上覆 T_7 界面减小砂岩反射振幅增强	驱替层速度降低干涉效应
频率	高频吸收	吸收效应
波形	"上弱、中强、下凹"	速度结构变化
AVO	Ⅰ 类 AVO 远道能量随气驱增强	流体变化

第 4 章　地震资料一致性匹配处理

4.1　非一致性采集地震资料品质分析

4.1.1　两期资料采集参数对比

研究区现有 1992 年采集的樊家地震资料和 2011 年采集的高 94 高精度三维地震资料，两期资料采集时间跨度近 20 年。樊家地震资料为经济三维采集，高 94 地震资料为高精度施工采集，两期地震资料采集因素和观测系统设计存在明显的差异。

两期采集的观测系统设计如表 4-1 所示，分别对覆盖次数、偏移距、方位角分布进行了分析对比。在定义相同网格、相同面元 25m×25m 情况下，樊家地震资料满覆盖为 20 次，高 94 高精度三维资料满覆盖为 225 次（图 4-1），二者差异 10 倍以上。

表 4-1　樊家地震资料与高 94 地震资料观测系统参数对比表

	1992 年樊家地震资料	2011 年高 94 地震资料
观测系统	4 线 6 炮	18 线 12 炮
放炮方式	单边放炮	中间放炮
道距/线距	50m/200m	25m/200m
炮点/线距	150m/200m	25m/25m
束线距	1200m	1200m
最大炮检距	3150m	5500m
最大非纵距	1150m	1950m
每线道数	240	3600
面元	25m×100m	25m×25m
覆盖次数	20	225

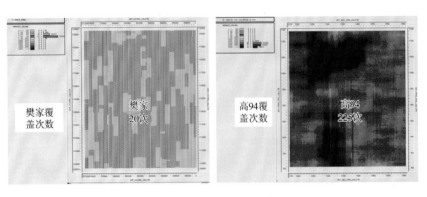

图 4-1　两期资料覆盖次数图

两期资料观测系不同（图 4-2），接收道数差异大，樊家地震资料仅为 240 道，高 94 高精度三维资料为 3600 道。樊家地震资料炮点检波点分布稀疏，高 94 高精度三维资料的炮点和检波点分布较密集。

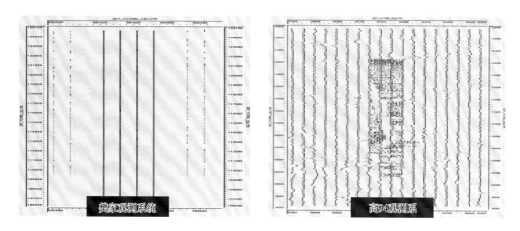

图 4-2　两期资料观测系统图

两期资料偏移距分布差异较大，从图 4-3、图 4-4 可知，樊家地震资料偏移距信息不全，近偏移距缺失情况普遍，高 94 地震资料偏移距信息较全；樊家地震资料主要偏移距范围分布在 1000～3000m 的范围内（图 4-5），高 94 地震资料主要偏移距范围均分布在 1000～5000m 的范围内。偏移距 1000～3000m 的范围的成像满足研究的目标区的成像条件，因此偏移距的展布不是影响一致性处理的关键因素。由两期资料面元内偏移距分布属性图（图 4-3）可知，两期资料面元内偏移距密度差异较大，樊家面元内偏移距个数为 20 个左右，而高 94 高精度三维面元内偏移距个数多达 200 个，这与覆盖次数差异是一致的，因此单位面元偏移距密度也是影响一致性处理的关键因素之一。

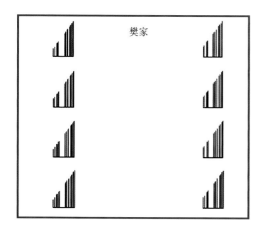
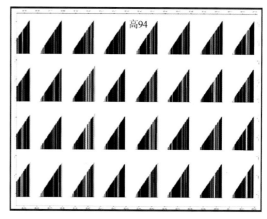

图 4-3　两期资料面元内偏移距分布图

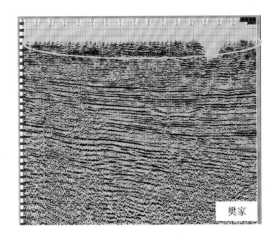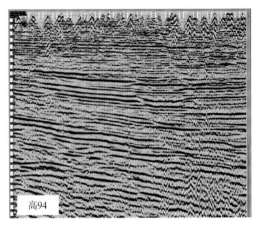

图 4-4　两期资料过高 94 井剖面对比图

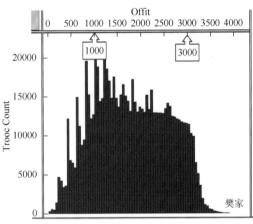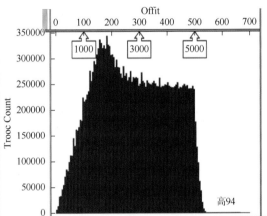

图 4-5　两期资料偏移距展布对比图（樊家地震资料近偏移距缺失）

　　两期资料方位角展布差异大，樊家地震资料方位角较窄，高 94 方位角较宽，信息全。两期资料覆盖次数差异较大，对于资料的信噪比具有明显的影响。方位角引起的变化，对倾斜层位有较大影响，而研究目标区构造较平，时移处理可以尽量选取方位角基本相似的数据。通过分析图 4-6 和图 4-7 可见，两期资料数据的方位角展布范围基本相似，都在 −30°～30°，但分布密度差异较大。

　　总之，通过对两期资料的野外观测系统属性的定量分析，方位角和偏移距的展布基本不影响地震资料的一致性处理，只需保持原有关系基本不变即可，而数据体单位面元偏移距密度与数据的覆盖次数是影响一致性处理的关键因素，且二者紧密相关，如果能使高 94 地震资料单位面元偏移距密度对应退化到樊家地震资料的水平，也就可以降低高 94 地震资料的覆盖次数。高 94 地震资料退化处理的关键问题就是退化偏移距密度，同时要保持方位角和偏移距分布属性基本不变。

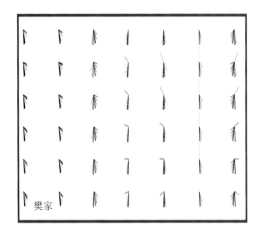

图 4-6　两期资料方位角分布对比图

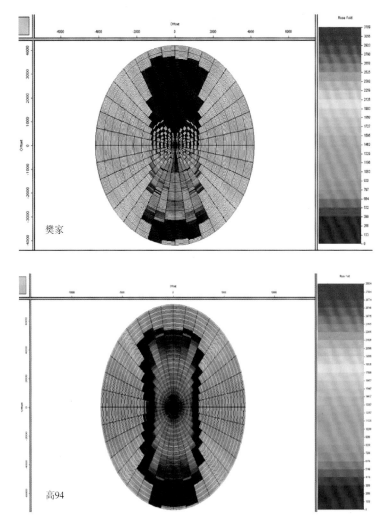

图 4-7　两期资料方位角玫瑰图对比图

4.1.2　两期资料品质定量分析

两期资料采集因素和观测系统设计的差异,不可避免带来了采集资料属性的变化,给两期资料的一致性处理带来影响,因而需要对两期资料品质进行定量分析研究。通过定量分析研究两期资料在能量、信噪比、频率、子波、速度等方面的资料品质特征,优选基础资料,为一致性处理技术的研究提供依据。

4.1.2.1　能量分析

地震资料的能量不同主要是由于激发、接收因素的不一致造成的。能量分析方法有:相同时间窗口的能量曲线分析法、相同时间窗口的均方根振幅属性分析法等。

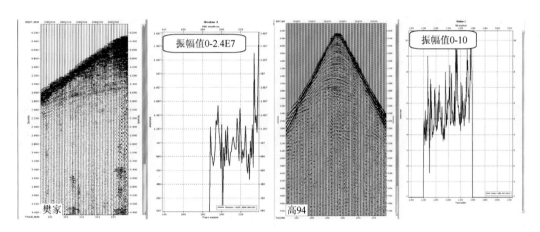

图 4-8　两期资料相同物理点单炮

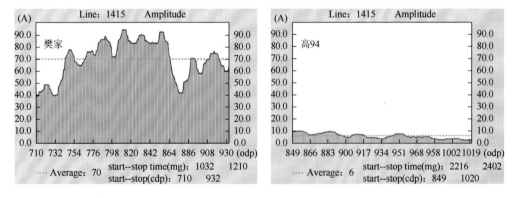

图 4-9　两期资料相同物理点单炮能量分析

从两期资料在相同物理点单炮振幅对比(图 4-8)、相同物理点单炮的能量分析(图 4-9)

看出：樊家地震资料明显比高 94 地震资料高。

　　针对非一致性重复采集资料的炮间和道间能量不均匀现象，由于油藏变化引起的振幅变化较弱，所以对于炮间或道间能量不一致引起的能量变化，在针对二氧化碳驱油时移地震处理中应尽可能采用地表一致性处理方法。

4.1.2.2　信噪比分析

　　信噪比的定量计算有能量叠加法、频谱估算法、功率谱估算法、相关法和特征值法等方法。模型试算结果表明，用频谱法估算信噪比，计算值受时空变影响较小。

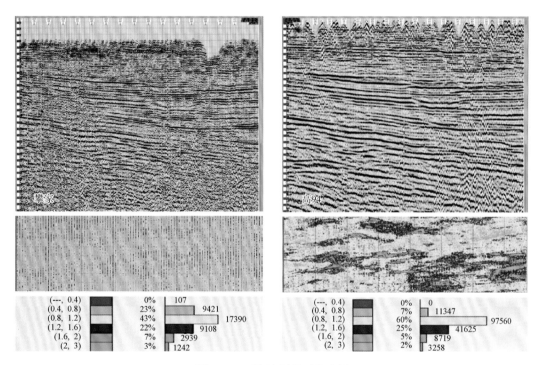

图 4-10　两期资料信噪比分析

　　从两期资料信噪比分析（图 4-10）看出：两期资料的信噪比差异较大，樊家地震资料的信噪比在 0.8～1.6 的占 65%，高 94 信噪比在 0.8～1.6 的占 85%，高于 0.8 信噪比的比例樊家占 72%，而高 94 地震资料高达 90%。

　　针对非一致性重复采集资料的信噪比的差异，在二氧化碳驱油的时移地震处理中需通过保幅的去噪处理技术，来尽可能消除两期资料信噪比的差异。

4.1.2.3　频率分析

　　由于激发接收因素的变化，往往会造成两期资料频率的差异，对二氧化碳驱油的时移地震研究造成一定的影响。需要对频率进行分析，主要分析方法有：通过频谱分析有效频带和优势频带、通过频率扫描确定有效波的频率范围等。

从新老资料的单炮记录和叠前剖面的频率分析（图 4-11、图 4-12）看出：两期资料频率存在一定的差异，总体上樊家地震资料的频率比高 94 地震资料频率高 5～20Hz，且频带较宽，且存在 50Hz 的限波。针对非一致性重复采集资料的频率差异，在时移地震处理中主要采用不同的反褶积及组合方法，一般通过不同预测步长试验使得两期资料的频率趋向一致。

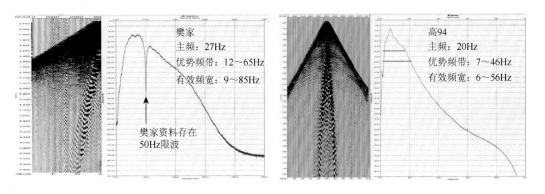

图 4-11　两期资料相同物理点单炮频谱分析

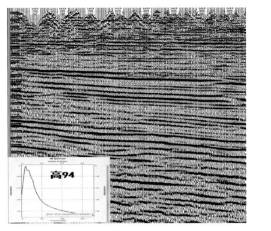
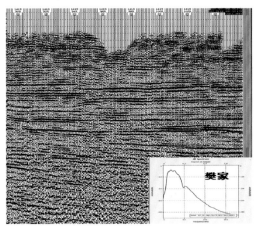

图 4-12　两期资料过 G89-4 井初始叠加剖面对比

4.1.2.4　子波分析

非一致性重复采集资料的频率差异，不可避免引起两期资料的子波差异，在地震资料处理中常常通过分析两期资料的子波自相关的一致性。从两期资料子波分析（图 4-13）可以看出：两期资料的子波存在较大差异，高 94 地震资料的子波一致性要好于樊家地震资料的子波一致性。在时移地震处理中应采用不同的反褶积方法及匹配滤波技术来消除子波的影响，提高两期资料子波的一致性。

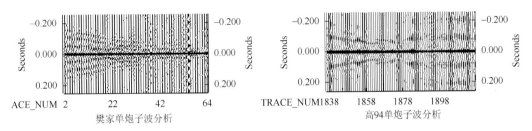

图 4-13　两期资料相同物理点单炮子波分析图

4.1.2.5　时差相位

相位差异造成的剖面差异是非常明显的，即使只有较小的相位差，差异剖面也表现非常明显；同时，两期地震数据之间存在的时差越大，残差也越大。

从两期资料相位分析图 4-14 可以看出：两期资料均为正常极性。

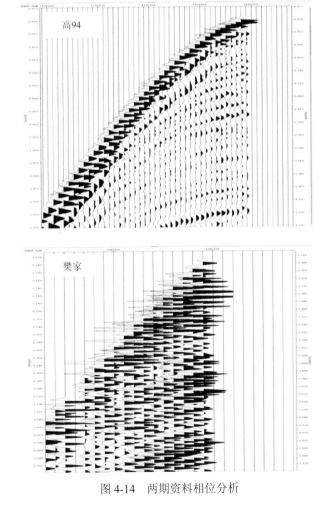

图 4-14　两期资料相位分析

从两期资料时差分析图 4-15 可以看出：两期资料叠加剖面的同相轴存在错动，两期资料存在最大 4ms 的时差，无相位差异。针对非一致性重复采集造成资料的时差，在时移地震处理中需通过时差调整技术及静校正技术来解决。

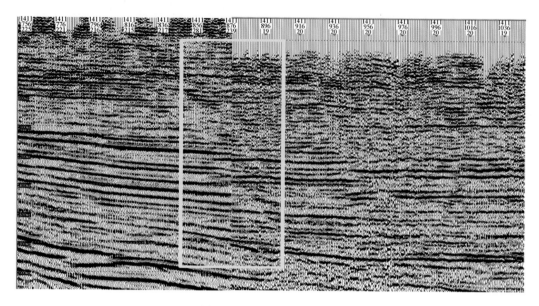

图 4-15　两期资料时差分析

4.1.2.6　速度差异分析

从过井地震剖面及速度谱分析（图 4-16），两期资料过不同井位的二氧化碳驱油层顶底界面速度有差异，二氧化碳驱油前后速度有微弱变化。

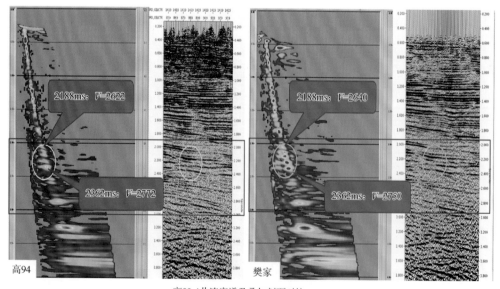

高89-4井速度谱及叠加剖面对比

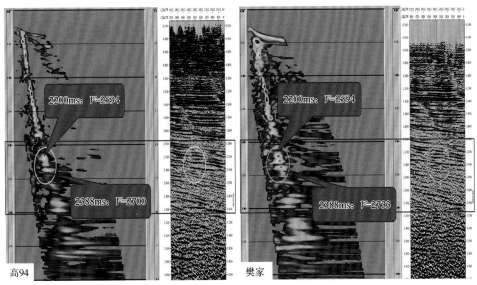

高89-17井速度谱及叠加剖面对比

图 4-16　两期资料不同井位二氧化碳驱油层目的层顶底界面速度及成像对比

4.1.3　非一致性重复采集地震资料品质分析结论

通过对两期资料的定量分析，两期采集资料在能量、信噪比、时差以及频率、偏移距、覆盖次数、方位角、速度等方面存在一定的差异，这些差异对时移地震的处理都会带来较大的影响。根据影响非一致性重复采集资料品质的因素分析，针对每一种不同的影响因素应采取相应的针对性处理技术。油藏变化引起的地震信号较弱，这些变化往往被其他非油藏变化引起的不一致所掩盖，因而需做好叠前一致性处理，这也成为进行非一致性重复采集资料时移地震的关键。

（1）从非一致性重复采集时移地震的理论基础出发，通过对影响时移地震的因素分析，认为非一致性重复采集数据的不规则对时移地震研究影响较大，包括覆盖次数、偏移距、信噪比、方位角、能量、频率、相位以及时差等，是一致性处理中研究的重点。

（2）通过对两期资料的定量分析，两期采集资料在能量、信噪比、时差以及频率、偏移距、覆盖次数、方位角等方面也存在一定的差异，这些差异对时移地震的处理都会带来较大的影响。根据非一致性重复采集资料的影响因素分析，针对每一种不同的影响因素应采取相应的针对性处理技术。

（3）通过初步分析和试验性处理分析，在两期资料相同覆盖次数情况下（图 4-17），高 94 地震资料的信噪比和成像都优于樊家地震资料，同时，在二氧化碳注采油层段有一定的速度差异，这为开展地震监测奠定了基础。

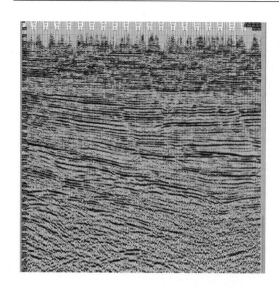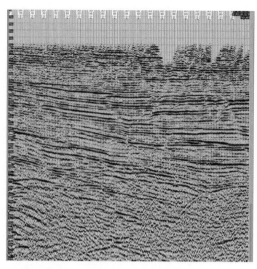

图 4-17　两期资料相同覆盖次数叠加剖面

（左：2010 年高 94 三维资料，右：1992 年樊家地震资料）

4.2　二氧化碳驱油地震资料本底信息匹配处理技术

　　地震本底信息。除了二氧化碳驱油层以外，经地震资料处理，其他上下岩层的两期地震反射特征背景应趋于一致，该一致的背景地震信息即本底信息。求取本底信息的过程即是一致性处理的过程，亦是突出二氧化碳驱油层反射特征的有效途径。

　　在二氧化碳驱油过程中，由于储层中流体的改变，储层性质或储层参数必然会发生一系列的变化。时移地震处理的目的是通过对同一区块不同时间采集的地震资料的处理，消除各种因素的影响，使两期资料有合理的同一性和差异性，保证不同时期地震响应的差异大部分是来自于二氧化碳驱油前后油气储层的流体变化。但是在实际地震处理过程中，由于不同时期资料采集过程中，非一致性观测系统及各种外部因素的影响，使时移地震剖面上非油藏部分带有不应该有的差异。前面章节已经分析并认为非一致性观测系统采集因素及时差、相位、频率和振幅能量的差异是这些非油藏变化差异产生的主要来源。

　　两期地震资料的数据互均化处理技术研究，是非一致性重复采集时移地震技术的关键研究内容之一，重点是针对能量、频率、相位的叠前互约束及叠后互均化处理技术进行研究，消除由于地表变化和采集的非时间因素的影响，为时移地震的敏感属性研究提供可靠的数据基础。

　　野外采集地震资料对比分析表明由于地表因素的影响，激发接收因素造成地震资料差异大，往往需要采用多种震源和仪器及接收设备联合进行地震数据采集，进而造成了地震子波的较大差异，从而使采集到的地震资料在能量、相位、频率、子波等方面存在差异，影响同期资料的成像效果，带来两期资料非油藏因素的差异，无法得到准确的时移地震信息。因此，消除资料在观测系统、信噪比、能量、时差、频率和相位的差异是一致性处理的关键。本书在地表一致性振幅补偿、能量匹配补偿、子波及频率一致性处理、噪声剔除的一致性分析技术的基础上，通过叠前能量、频率、速度互约束及叠后互均化等方法，最大限度消除非一致性重复采集所带来的影响。

4.2.1　非一致性重复采集时移地震叠前互约束处理技术

4.2.1.1　非一致性两期资料近地表时差校正及吸收补偿技术

面向二氧化碳驱油监测的研究目标不仅是油藏及流体的变化，也要对小断层、微幅度构造进行有效识别，对井间砂体的展布特征进行合理描述。因此，对时移地震资料处理过程中分辨率的提高提出了更高的要求。由于不同时期近地表条件及吸收因素的变化，会对时移地震带来一定的影响，有效消除两期资料间时差及吸收因素的影响，是时移地震处理的一个重要技术环节。

由于工区地表条件复杂，低降速带变化较快，对于资料的整体品质产生了一定的影响。为消除由于地表高程引起的影响，利用微测井和小折射解释成果及获得表层速度信息，建立近地表模型。解决由近地表变化引起的长波长静校正量问题。从而提高资料信噪比和保护资料的高频成分。

1. 叠前互约束静校正技术

为了进一步消除剩余静校正量对资料的影响，采用地表一致性分频静校正技术的多次迭代解决激发和地表变化造成的短波长静校正问题。

研究区浅、中、深频率差异大，因此在建立精确速度模型基础上进行反射波分频剩余静校正。通过反射波剩余静校正的不同频带范围多次迭代处理，使剩余静校正量都小于一个采样，改善资料品质，增强资料连续性。

反射波剩余静校正建立在速度模型准确的基础上，反射波剩余静校正量的估算采用的是经动校正（NMO）以后的道集；而速度的估算与分析又要求在道集上的数据不存在静校正量，当存在静校正量时，速度分析的质量和精度会大大降低。因此，处理过程中，始终遵循着校正、压噪、速度分析循环迭代，逐次逼近的处理思路。

在对炮点、检波点进行长波长静校正后，由于近地表层速度在横向上的变化，使得炮点、检波点仍存在剩余静校正量（或称残余静校正量）。

地表一致性剩余静校正方法是利用地震记录的反射波来进行剩余静校正的。假定炮点、检波点的剩余时差只与地表结构有关，而与波的传播路径无关，并假设构造的起伏和剩余动校正量只与地下结构有关。因此，经过初步静校正（高程校正等）之后，NMO 动校后的地震道的剩余时差，可以由五个分量的和来表示：

$$T_{ijh} = S_i + R_j + G_{kh}(t) + M_{kh}X_{2ij} + D_{kh}Y_{ij} \tag{4-1}$$

其中，T_{ijh} 为第 i 个炮点放炮，第 j 个检波点接收，反射层为 h 的地震道的剩余时差；S_i，R_j 为分别为第 i 个炮点，第 j 个检波点的炮点项，检波点项静校正分量，这两个分量只与其在地面的位置有关；G_{kh} 为构造项，代表反射层 h 的第 k 个道集相对于第一个炮集，因地层起伏所导致的双程垂直时差；M_{kh} 为剩余动校正因子，第 h 层在第 k 个道集中，i 点放炮，j 点接收的剩余动校正量=$M_{kh}X_{2ij}$；D_{kh} 为横向倾角因子，在第 h 层，第 k 个集的反射点垂直偏离测线单位距离所引起的时差。

根据最小平方准则，将公式（4-1）中的五项从地震道的剩余时差中分解出来，便可应用 S_i，R_j 对炮点、检波点进行剩余静校正。

由于地震波的高频、低频所含有的校正量不同，不同的频率段内分别计算校正量，故采用分频剩余静校正技术来对该三维进行处理。在处理过程中检查静校正时移，生成静校正量平面图，全面监控静校正效果。

在建立精确速度模型的基础上进行地表一致性剩余静校正，在处理过程中进行三次迭代运算，具体步骤（图4-18）：

第 1 次，用小时窗、低频带（8～50Hz）剩余静校正模型，重点解决浅层低频信号资料的静校正问题；

第 2 次，用小时窗、高频带（20～80Hz）剩余静校正模型，解决中浅层低、高频信号的静校正问题；

第 3 次，用大时窗、全频带（8～80Hz）剩余静校正模型，解决浅中深层全频信号的静校正问题。

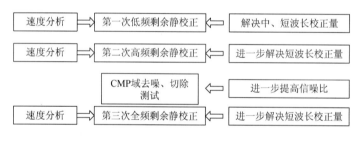

图 4-18　静校正实现过程

由于速度和品质因子空间分布的不均匀性，近地表对地震波能量和频率的吸收是非一致的。因此，解决近地表吸收的非一致性，补偿地震波被低、降速带吸收的能量，是有效提高地震资料分辨率和保真处理的基础。通过以上处理，特别是两期资料互约束静校正后（图4-19）、分频静校正（图4-20）以及参差分析等（图4-21），资料品质大有改善。

2. 能量一致性处理技术

从资料分析可知，两期资料能量差异很大，因此做好能量补偿和一致性处理，是改善目标成像的关键。为了消除地震波在传播过程中波前扩散和吸收因素的影响，以及地表条

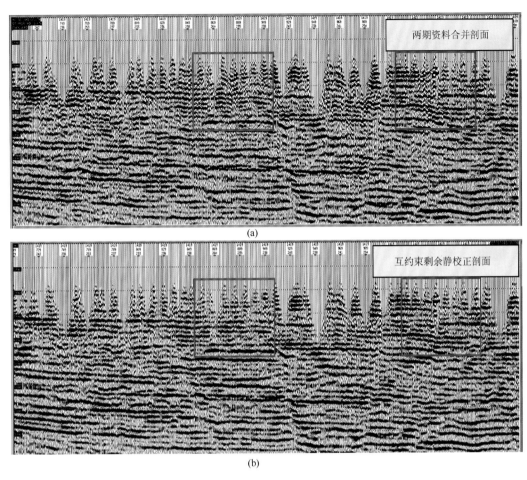

图 4-19　静校正前（a）后（b）剖面对比图

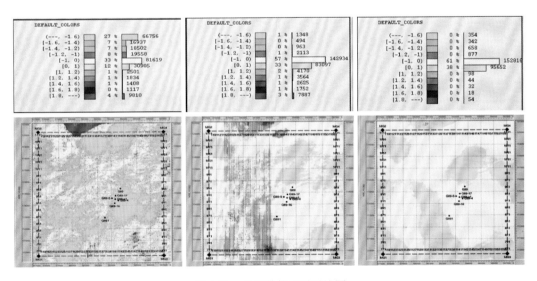

图 4-20　分频静校正量对比图

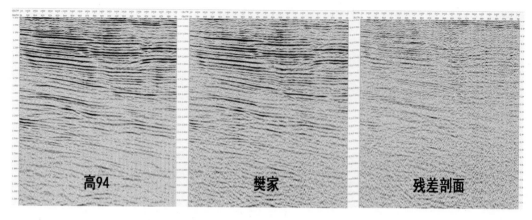

图 4-21　两期资料静校正残差剖面

件、激发接收因素的差异引起的振幅能量变化，在处理过程中采用球面扩散补偿、地表一致性振幅补偿及能量统计匹配补偿相结合的方法，消除振幅差异对资料成像的影响，使地震波振幅的变化能够较真实地反映地下岩性、流体等变化。

1）球面扩散补偿技术

球面扩散补偿计算时考虑了时间与速度的关系等，体现了岩性、物性等不同速度和球面扩散引起的振幅差异，因此球面扩散补偿的保幅程度较高。

地震波在地下均匀介质中传播时，可以假设波前面是一个以震源为中心的球面，随着传播距离的增大，波前面的不断扩张，使由震源发出的总弹性能量逐渐分散在一个表面积不断扩大的球面上，单位面积上能量密度逐渐减小，使振幅不断减弱。球面扩散补偿主要就是针对受球面扩散因素造成的纵向上的能量差异进行补偿，使其保持仅与地下反射界面反射系数有关的振幅值。

其基本理论模型如下：

$$D(t) = \frac{V_{rms}^2}{V_1} \sum_{i=1}^{n} t_i \qquad (4-2)$$

式中，$D(t)$ 为补偿因子；V_{rms} 为均方根速度；V_1 为地表速度。

从式（4-2）可以看出，影响补偿因子的关键因素是均方根速度的获取，通常情况下，均方根速度是直接通过速度谱的分析运算得到，对补偿因子的计算精度有限。

应用球面扩散补偿技术校正波前（球面）扩散和大地吸收引起的浅、中、深层振幅的衰减效果如图 4-22 所示。

2）全区地表一致性能量补偿技术

从两期资料的分析中可知，由于激发、接收条件的变化，资料在能量上存在差异，采用全区地表一致性振幅补偿的方法，能够较好的解决能量不一致问题，使地震波振幅的变化能够较真实地反映地下岩性、流体等变化。

其基本原理采用了与地表一致性反褶积相同的数学模型，同样是通过对其频率域表示取对数，然后加上地表一致性的约束，求得各个分量成分。

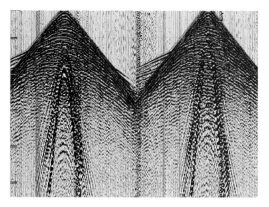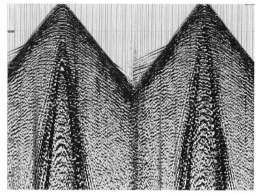

图 4-22　球面扩散补偿前（左）、后（右）单炮对比图

数学模型：

$$x_{ij}(t) = s_j(t) * g_i(t) * m_{(i+j)/2}(t) * p_{(i-j)/2}(t) \tag{4-3}$$

式中，$x_{ij}(t)$ 为第 j 炮激发时该炮中第 i 道记录；$s_j(t)$ 为与第 j 炮炮点位置（在一个工区中是唯一的）上激发因素有关的成分；$g_i(t)$ 为与在第 j 炮记录中第 i 道位置上接收因素有关的成分；$m_{(i+j)/2}(t)$ 是与第 j 炮中第 i 道记录的炮—检中心点位置有关的成分；$p_{(i-j)/2}(t)$ 是与第 j 炮中第 i 道记录的炮检距大小有关的成分。

基本思路：首先计算每个炮点、检波点、偏移距和共中心点的均方根振幅，计算各自的平均振幅，然后计算使其达到平均振幅能量所需的补偿量，重复这个过程，不断迭代运算，使得计算精度达到要求为止。

主要包括三个步骤：

步骤 1：通过公式（4-1）和（4-2）计算单炮选定时窗范围内的均方根振幅和平均绝对振幅。

$$P = \left[\frac{1}{N} \sum_{j=t}^{t+N} a^2(j) \right]^{1/2} \tag{4-4}$$

$$P = \frac{1}{N} \sum_{j=t}^{t+n} |a(j)| \tag{4-5}$$

其中，t 代表时窗起始时间；N 代表时窗长度；j 代表样点指示值（从 t 到 $t+N$）；代表采样点 j 处的振幅。

步骤 2：将得到的振幅分解到地表一致性炮点域、检波点域和偏移距域、CMP 域。假定有一道来自炮点 i，检波点 j，那么该道的振幅由下式表示：

$$A_{ij} = S_i * R_i * G_k * M_l \tag{4-6}$$

其中，S_i 为与第 i 个炮点有关的振幅项；R_j 为与第 j 个检波点有关的振幅项；G_k 为与第 k 个 CMP 点有关的振幅项；$k=_{(i+j)/2}$ 为炮点 i 与检波点 j 的中点；M_l 为与偏移距有关的振幅项。

步骤 3：通过在道中应用校正比来均衡道振幅。此处，S、R、M 分别代表炮点、检波点、偏移距的几何平均值。计算如下：

$$\overline{S} = N_s\sqrt{S_i * S_{i+1} * \cdots * S_{N_s}}\ (i = 1, 2, \cdots, N_s) \tag{4-7}$$

$$\overline{R} = N_r\sqrt{R_j * R_{j+1} * \cdots * R_{N_r}}\ (j = 1, 2, \cdots, N_r) \tag{4-8}$$

$$\overline{M} = N_m\sqrt{M_n * M_{n+1} * \cdots * M_{N_m}}\ (n = 1, 2, \cdots, N_m) \tag{4-9}$$

在对实际资料进行地表一致性振幅补偿时，通常由于单炮存在面波干扰，而面波能量太强，因此补偿结束后，中间带面波的道补偿不够，因此采用将面波去掉后求取算子，应用时加上面波的方法，有效消除了炮道之间的能量差异。

经过地表一致性振幅补偿，能够基本消除地表条件、激发接收条件的空间变化对地震波振幅的影响，使得地震波振幅的空间变化，能够真实反映地下岩性、流体等空间变化情况，是储层横向预测、油藏精细描述等需要利用振幅空间变化信息的技术方法的基础。应用效果见图 4-23，道间、炮间能量差异得到了较好补偿，使得能量趋向一致。

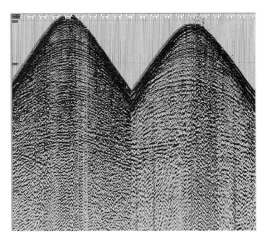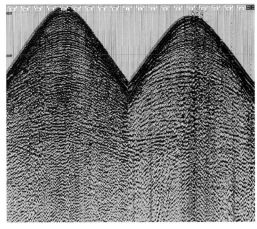

图 4-23　地表一致性振幅补偿前（左）、后（右）单炮对比图

3）非一致性重复采集两期资料能量互约束处理技术

在对两期资料分别进行了球面扩散补偿和全区地表一致性能量补偿后，两期资料在振幅能量上仍存在差异，应用基于均方根能量的振幅均衡方法对两期资料做振幅能量互约束处理，方法原理如下：

设：

$$D_{\text{base}} = d_{\text{base}} / |d_{\text{base}}| = (s + n_{\text{base}}) / |s + n_{\text{base}}| \tag{4-10}$$

$$\begin{aligned} D_{\text{monitor}} &= d_{\text{monitor}} / |d_{\text{monitor}}| \\ &= (s + n_{\text{monitor}}) / |s + n_{\text{monitor}}| \end{aligned} \tag{4-11}$$

式中，D_{base} 和 D_{monitor} 分别为基础数据和监测数据；s 为每次数据采集中不发生信号变化的有效信号能量；n 为包括反映油气藏物性变化的地震响应异常的"噪音"能量。

设计一个振幅标定算子 p，令 p 作用于基础数据之上，则其表达式为

$$p = | s + n_{\text{base}} | / | s + n_{\text{monitor}} | \tag{4-12}$$

$$p \approx (s^2 + n_{\text{base}}^2)^{1/2} / (s^2 + n_{\text{monitor}}^2)^{1/2} \tag{4-13}$$

$$= [(1 + 1 / R_1^2) / (1 + 1 / R_2^2)]^{1/2}$$

其中，$R_1 = s / n_{\text{base}}$；$R_2 = s / n_{\text{monitor}}$。

R_1 和 R_2 分别为基础数据和监测数据的信噪比。当数据体信噪比较高（$R_1 \gg 1$ 和 $R_2 \gg 1$），或信噪比近似相等（$R_1 \approx R_2$）时，振幅标定算子就退化为一单位量，则仅对基础数据和监测数据作振幅归一化处理即可完成振幅校正。通过两期资料衰减补偿处理前对比（图 4-24）、两期资料衰减补偿处理后对比（图 4-25）以及两期资料衰减补偿处理前后残差剖面对比（图 4-26），其能量差异得到明显的改善。

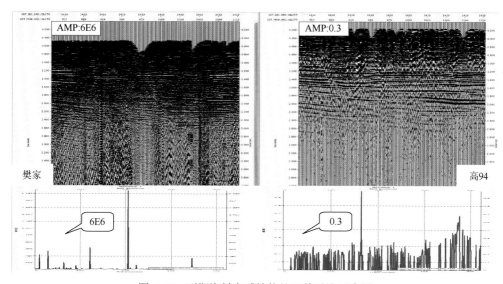

图 4-24　两期资料衰减补偿处理前对比示意图

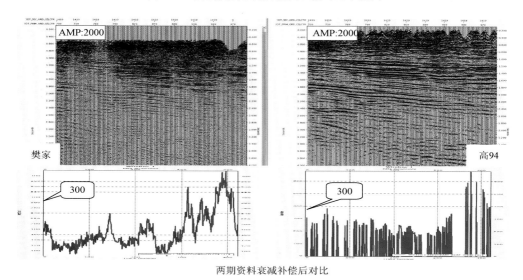

两期资料衰减补偿后对比

图 4-25　两期资料衰减补偿处理后对比示意图

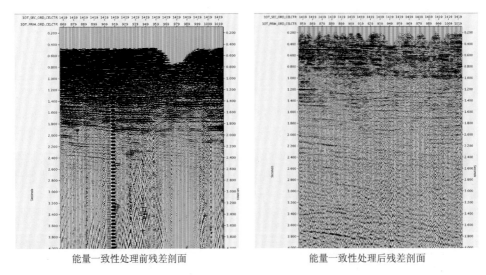

能量一致性处理前残差剖面　　　　　能量一致性处理后残差剖面

图 4-26　两期资料衰减补偿处理前后残差剖面对比

对于振幅补偿类处理技术，通过分析振幅补偿前后浅、中、深层的振幅曲线及振幅平面属性变化图（图 4-27），对振幅补偿类处理技术的保幅性进行有效鉴别。

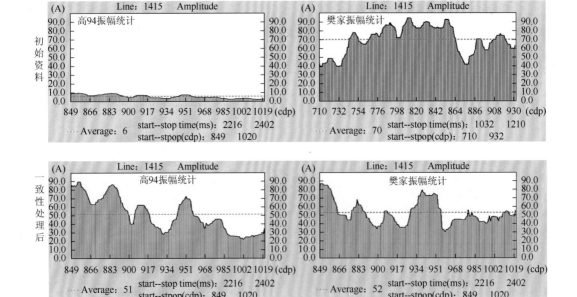

图 4-27　两期资料衰减补偿处理前后振幅统计

4.2.1.2　子波、频率一致性处理技术

由于采集时间、采集技术、采集方法的不同，使得两期地震资料的频率特征存在很大差异，必须进行频率一致性处理。根据资料频率特征和大量的试验分析结果，对两期资料

采取不同参数的反褶积处理。在各区块资料的频率得到比较理想的提高的基础上，再通过子波匹配处理技术，求取子波进行频率或相位匹配处理，彻底消除两期资料及资料内部在频率和相位上的差异。

两期资料存在一定的子波、频率差异，子波、频率一致性处理是在噪音衰减、相位校正以后，利用匹配滤波技术消除子波的差异，再利用炮域、共中心点域反褶积技术压缩子波，提高资料分辨率的同时，消除同期资料不同激发接收的频率差异。

1. 匹配滤波技术

基本原理：在不同震源、检波器地震资料的衔接段，选取信噪比较高的两组地震道。第一组用 $x_i(t)$ 表示，第二组用 $z_i(t)$ 表示，其中 i 为道号，N 为组内的道数，（i=1, 2, $\cdots$, N）。设计一个匹配滤波算子 $m_i(t)$ 与地震道 $x_i(t)$ 褶积，使 $x_i(t)$ 经匹配滤波后逼近地震道 $z_i(t)$，实际输出与期望输出的误差：

$$e_i(t) = x_i(t) * m_i(t) - z_i(t) \tag{4-14}$$

二者的总误差能量 E 可以表示为

$$E = \sum e_i^2(t) = \sum [x_i(t) * m_i(t) - z_i(t)]^2 \tag{4-15}$$

应用最小二乘法原理，令总误差能量 E 对 $m_i(t)$ 的偏导数等于零，可以得到含匹配滤波算子向量的公式为

$$\boldsymbol{R}_{xx} \cdot \boldsymbol{M} = \boldsymbol{R}_{zx} \tag{4-16}$$

式中，$\boldsymbol{R}_{xx}$ 为输入道 $x_i(t)$ 的自相关函数矩阵；$\boldsymbol{R}_{zx}$ 为期望输出道 $z_i(t)$ 与输入道 $x_i(t)$ 的互相关函数向量；$\boldsymbol{M}$ 为匹配滤波算子向量。

匹配滤波方法的实质可以这样来解释：由于樊家地震资料信噪比低，匹配时要向高94 地震资料靠近，通过褶积方法，求取同一个位置的两期资料的匹配滤波算子，再把匹配滤波算子作用于樊家地震资料，使樊家地震资料子波经匹配滤波后接近高94 地震资料子波（图4-28）。

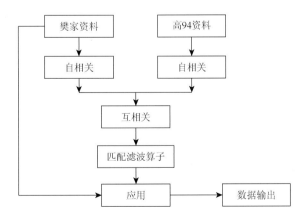

图 4-28　匹配滤波实现步骤

2. 频率一致性处理技术

两期资料的频率差异较大，樊家地震资料频率较高，高 94 地震资料频率较低。对频率处理的原则是：保持原有高频成分，提高低频资料的分辨率，保证全区资料频率的一致性。

由于两期原始资料存在频率不一致的现象且高 94 频率相对较低，而目的层成像需要相对较高的频率成分，所以反褶积技术对于本次处理是关键之一。采用多域反褶积技术，进行逐级、渐次提高分地震资料分辨率，消除子波、频率差异，达到一致性处理的目的。主要方法如下：

1）空变反褶积处理技术

由于激发、接收因素影响，资料间存在频率差异处理中，首先采用空变反褶积的处理方法消除资料频率间差异。空变反褶积则是充分考虑了炮点、检波点、偏移距三方面因素的变化，来提取反褶积算子，不仅使反褶积算子稳定，更重要的是校正了地表因素的不一致性，在提高资料分辨率的同时，解决资料频率间差异。从处理效果来看，经过频率一致性处理后，频率差异消失，剖面频率基本一致，低频炮现象也得到较好的解决（图 4-29～图 4-31）。

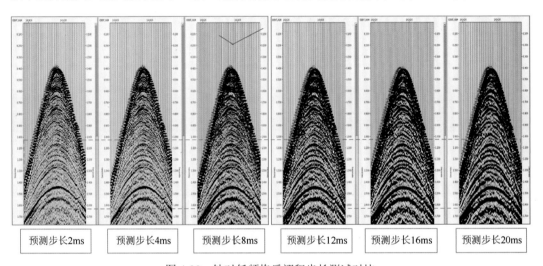

| 预测步长2ms | 预测步长4ms | 预测步长8ms | 预测步长12ms | 预测步长16ms | 预测步长20ms |

图 4-29　针对低频炮反褶积步长测试对比

低频炮

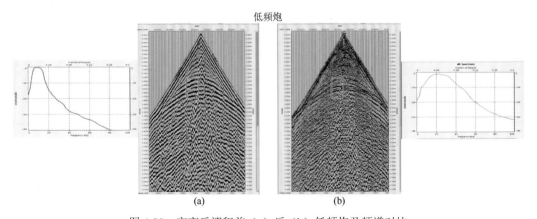

(a)　　　　　　　　　(b)

图 4-30　空变反褶积前（a）后（b）低频炮及频谱对比

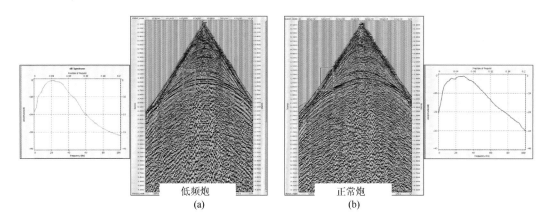

图 4-31　反褶积后（a）低频炮与正常单炮（b）炮及频谱对比

2）地表一致性反褶积处理技术

常规反褶积方法大多是逐道进行的，并且是从单一道提取反褶积算子后用于其他道，只有在地表条件完全一致时才适应。多道炮域地表一致性反褶积则是充分考虑了炮点、检波点、偏移距三方面因素的变化，来提取反褶积算子，不仅使反褶积算子稳定，更重要的是校正了地表因素的不一致性，使振幅保真度提高。

基本地震记录褶积模型：

$$x(t) = w(t) * e(t) + n(t) \qquad (4-17)$$

式中，$x(t)$ 是地震记录；$w(t)$ 是的地震的综合子波；$e(t)$ 是地层脉冲响应，是所需要估计的；$n(t)$ 是噪声分量。

对上述基本地震记录褶积模型，进一步深化，分解为地表一致性的形式，可得到一个地表一致性反褶积的模型，在这种形式中，地震道分解为震源、检波器、偏移距及地层脉冲响应的褶积影响，这样就可以清楚地估计由于震源及检波器条件以及震源检波器间隔对子波形态带来的变化，地表一致性反褶积模型：

$$x_{ij}(t) = s_j(t) * h_{(i-j)/2}(t) * e_{(i+j)/2} * q_i(t) + n(t) \qquad (4-18)$$

式中，$x_{ij}(t)$ 是地震记录；$s_j(t)$ 是震源位置为 j 时的波形分量；$q_i(t)$ 是检波器位置为 i 时的分量；$h(t)$ 是依赖于波形的偏移距分量；$e(t)$ 代表震检中心点位置为 $(i+j)/2$ 时的地层脉冲响应。

具体实现过程：首先对炮域道集数据进行谱分析，然后选取提取反褶积算子的时窗长度及预测步长，最后根据炮点、检波点、偏移距三方面因素的变化，来提取反褶积算子，并进行反褶积运算。

针对两期资料的差异，对影响反褶积效果的关键参数进行了全面测试分析。对不同反褶积方法的组合对两期资料成像的影响做了大量的实验。

通过大量的反褶积参数实验（图 4-32），进行了针对性的实验分析，在保证资料信噪比的前提下，选取了预测步长 12ms 的反褶积参数。

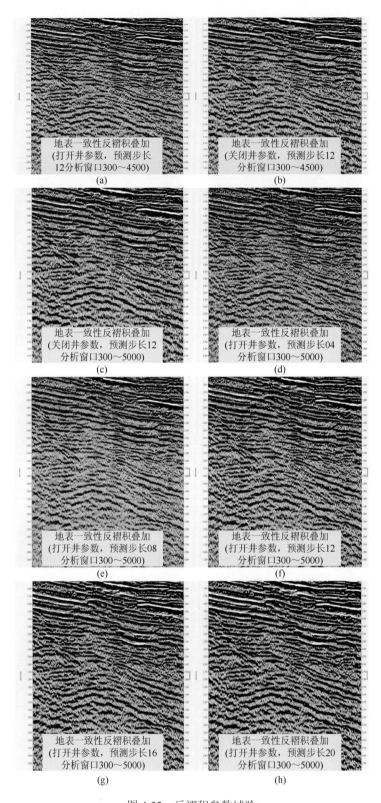

图 4-32　反褶积参数试验

通过炮域地表一致性反褶积压缩子波提高分辨率，从单炮及频谱、沿层振幅等分析来看，高 94 三维及樊家三维趋于一致（图 4-33～图 4-36）。

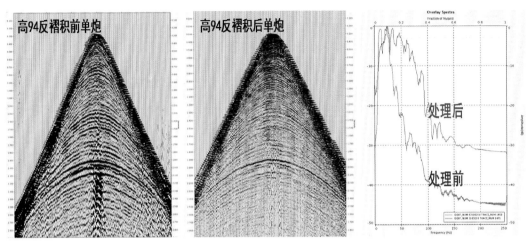

图 4-33　高 94 地震资料地表一致性反褶积前后单炮及频谱对比

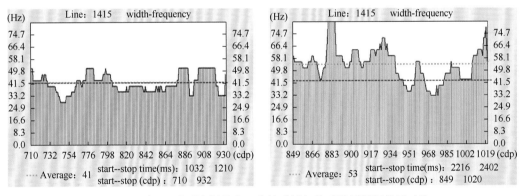

图 4-34　高 94 地震资料地表一致性反褶积前后沿层振幅能量对比

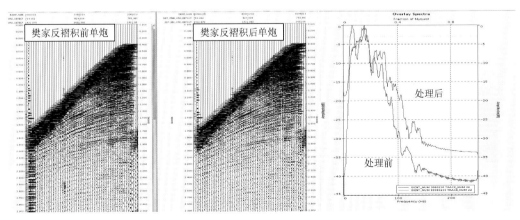

图 4-35　樊家地震资料地表一致性反褶积前后单炮及频谱对比

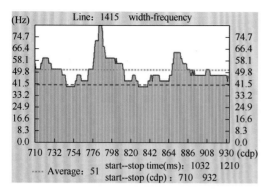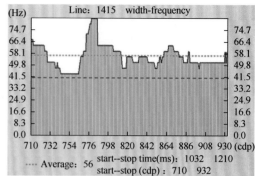

图 4-36　樊家地震资料地表一致性反褶积前后沿层振幅能量对比

3）非一致性重复采集两期资料频率互约束处理技术

考虑到地震资料的信噪比问题，在应用地表一致性反褶积处理时，参数的选择既要考虑到提高分辨率，同时要保证一定的信噪比。更为重要的是反褶积处理不同于单次资料的常规反褶积处理，必须考虑两期资料的一致性。为此采用共约束频率一致性反褶积处理方法。

分别对两期资料做反褶积参数的测试，对两期资料分别进行了地表一致性反褶积不同预测步长 8ms、12ms、16ms、20ms、24ms、32ms 试验，完成了不同预测步长记录、叠加剖面的对比分析，首先选出高 94 年资料，选择 10ms、12ms、16ms 的预测步长效果是比较好的，而樊家的资料在应用 12ms、16ms、20ms 的预测步长时反褶积效果较好，通过对两次资料剖面、频率及频带的对比分析，得知高 94 地震资料采用 12ms 预测步长与樊家采用 20ms 预测步长时频率一致性较好，实现了两者频率共约束的处理，既提高分辨率，也保证了地震资料的信噪比。

图 4-37 为频率互约束流程，图 4-38、图 4-39 为两期资料互约束前后的效果对比图，通过效果对比可以看到，互约束频率一致性反褶积处理，使地震子波得到压缩，提高了分辨率，同时地震资料的主频得到有效拓宽，从频谱分析可看出，经过处理后的两年度资料的优势频带都主要集中在 10~60Hz，可见通过互约束频率一致性反褶积处理，既提高了分辨率，又保证了两期资料有效频带的一致性。

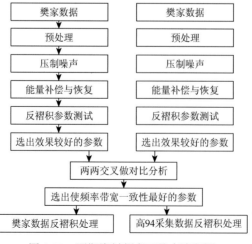

图 4-37　两期资料频率互约束流程图

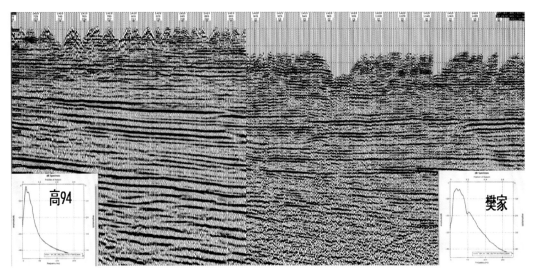

图 4-38　两期资料频率互约束前叠加剖面及频谱

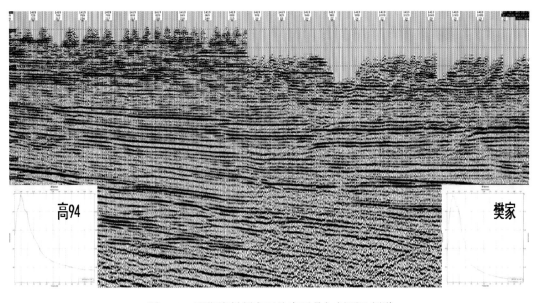

图 4-39　两期资料频率互约束后叠加剖面及频谱

4.2.1.3　噪声剔除的一致性处理技术

通过采用面波衰减、区域异常噪声衰减、线性干扰去除等针对性的保幅去噪处理技术，消除地震资料非重复性噪声的影响，进一步提高资料的一致性。

1. F-X 域区域约束面波分离技术

本工区面波干扰严重，主要分布在偏移距 0～2000m 范围，单炮资料目的层段受影响范围在偏移距 1000～3000m；面波的频率范围在 3～10Hz，在 6Hz 处能量最强；

经测量工区面波平均速度为 230～310m/s，平均振幅是有效信号的 15～20 倍。

根据面波等低频噪声表现出的低速、能量强的特性及其在频率、空间上的分布特征，研究区域约束频率空间域噪声分离处理方法。

F-X 域区域约束面波分离技术是在频率-偏移距域，运用扇形滤波器，使用最小平方估算特定视速度范围内的噪声，以消除噪声的频率-波数分量。首先对每道作傅氏变换后，变换到频率-偏移距域，变换后的炮记录数据集可以表示为

$$d(\omega,x) = S(\omega,x) + C(\omega,x) + r(\omega,x) \tag{4-19}$$

其中 $S(w,x)$ 为有效信号；$C(w,x)$ 为相干噪声；$r(w,x)$ 为随机噪声。

以最小误差准则法，估算频率域中的相干噪声，用最小误差估算公式：

$$\varphi(\omega) = \sum_n [d(\omega,x_n) - f(\omega,x_n)a(\omega,x_n)]^2 \tag{4-20}$$

相干噪声项 $\varphi(w,x)$ 是由 $f(w,x)$，$a(w,x)$ 决定的，$f(w,x)$ 是时间延迟和超前算子，$a(w,x)$ 是加权函数：

$$a(\omega,x) = \sum_n b_m(\omega)x^m \tag{4-21}$$

将炮点道按频率范围分组，并按炮检距排列，这样每个方位面元代表一个二维径向测线，可以独立的进行处理。由于相干噪音的估算是在频率-偏移距范围内进行，因此范围面元内的不规则取样就不再是问题了。将噪音从数据中减去之后，通过对各道做傅氏逆变换，将数据转换回时间-偏移距域中，它既能有效消除面波等线性噪声，同时也能消除一些散射噪声。该技术取得了很好的效果，使区域内低频噪音得到有效去除，而且保证有效信号中的低频成分不受影响（图 4-40）。

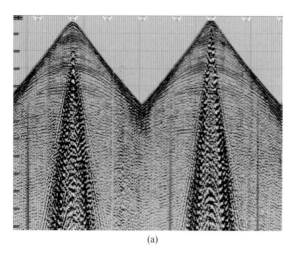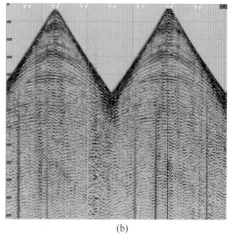

| (a) | (b) |

图 4-40　面波分离前（a）后（b）单炮

2. 区域异常噪声衰减处理技术

区域异常噪声衰减是基于能量统计的地表一致性的去噪手段，可以在共炮点、共检波点、共偏移距和共深度点四个方面对信号能量进行统计，通过设计均方根振幅、平均绝对振幅、最大绝对振幅或方差极大振幅的能量计算方法，设计分析时窗、门槛值等参数，拾取振幅能量对能量分析、计算和分解，对不同的噪声类型来进行压制、平滑、冲零等处理，达到消除脉冲噪声、衰减强振幅的目的。

均方根振幅（RMS-A）：

$$p(i) = \left[\frac{1}{n} \sum_{j=t}^{t+n} a^2(j) \right]^{1/2} \tag{4-22}$$

平均绝对振幅（MABS-A）：

$$p(i) = \frac{1}{n} \sum_{j=t}^{t+n} |a(j)| \tag{4-23}$$

最大绝对振幅（MAX-ABS-A）：

$$p(i) = MAX \, |a(j)| \quad t \leqslant j \leqslant t+n \tag{4-24}$$

方差极大振幅（VMAX-A）：

$$p(i) = \frac{\sum_{j=t}^{t+n} a^4(j)}{\left[\sum_{j=t}^{t+n} a^2(j) \right]^2} \tag{4-25}$$

这四种振幅计算方法适应不同的噪声类型，通常情况下采用均方根振幅计算方法，对强脉冲噪声使用平均绝对振幅，当噪声振幅与有效信号差值小时使用均方根振幅，当数据含有间隔脉冲大振幅时，可使用最大绝对振幅与方差极大振幅计算法。通过以上方法的应用，在研究区对区域异常噪声进行衰减（图 4-41），其成果剖面中深层质量有所提高（图 4-42）。

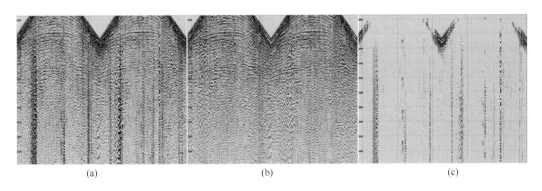

(a)　　　　　　　　　　(b)　　　　　　　　　　(c)

图 4-41　区域异常噪声衰减前（a）后（b）单炮及分离噪声（c）

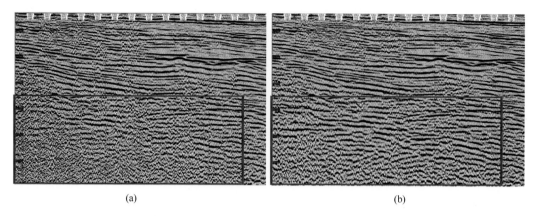

(a)   (b)

图 4-42　区域异常噪声衰减前（a）后（b）剖面

3. 3A 去噪技术

3A 技术即自动对焦（AF）、自动曝光（AE）和自动白平衡（AWB），是目前新研究开发的一种去噪技术。它可以在炮域内实现，也可以在共中心点域实现，尤其对高精度二次采集资料，在共中心点域采用该技术去除异常振幅噪声效果更好。

它是通过将地震数据转换到频率域，并且应用空间中值滤波器，可以去除异常振幅特征的噪声。通过定义一个门槛值可以对噪声进行衰减，或者使用相邻道的平均值进行内插替换。

异常振幅衰减是在给予定义的频带范围内的一种识别振幅能量的噪声衰减方法。当一个频带范围内的振幅超过一个计算的门槛值被认为是异常振幅。门槛值的计算是通过频带范围内相邻道频率能量进行计算，大的异常振幅被衰减或者使用相邻道进行插值或替换，一个窗口的能量通过公式（4-26）进行计算：

$$E_{ftk} = \frac{1}{n_{ftk}} \sum_{i=1}^{n_{ftk}} A_{iftk}^2 \tag{4-26}$$

式中，E_{ftk} 为频带 f 范围内窗口 t 里面道 k 的振幅；A_{iftk} 为频带 f 范围内窗口 t 里面道 k 第 i 个采样的振幅；n_{ftk} 为频带 f 范围内的窗口 t 里面道 k 的振幅采样个数。

该方法能去除任何信号与噪声的振幅，只要这个振幅在定义的道数内比其他的振幅要大，可以在炮域或 CMP 域去除异常振幅、海浪噪声等，在 CMP 域或检波点域，去除检波点噪声或钻井平台噪声等，该方法可以根据噪声的频率、振幅设计不同频率段窗口及门槛值来进行去噪，较其他去噪方法相对保幅。不足之处是：如果信号的同相轴只存在于一个处理窗口的一部分当中，当噪声的振幅与信号能量等级一样的时候，在不影响信号的情况下不能去除噪声。应用效果见图 4-43。

4.2.1.4　非一致性重复采集共反射点道集空间近似技术

其主要目的是消除非一致性重复采集地震数据由于采集、处理引起的差异性，使得地震数据在油藏外部的变化最小化，而保留油藏动态变化所引起的差异性。

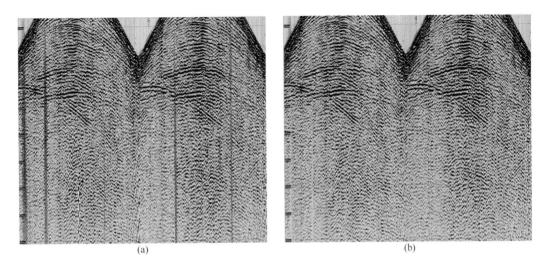

图 4-43　噪声衰减前（a）后（b）单炮记录

1. 处理网格一致性

为了使新老资料具有可对比性，并结合两期资料的施工因素，在处理时采用相同的坐标原点，网格统一定义为 25m×25m。

2. 观测系统差异的互约束处理

当两次采集数据的观测系统相差很大时，在共中心点（CMP）叠加基础上的叠后偏移剖面就不能适应时移地震研究的要求。由于两次采集的地震数据的覆盖次数相差很大，因此必须从叠前抽取共同反射点道集，以使两次地震数据的地下反射点能够一致，提高地震数据的一致性，才能在进行时移地震的处理中更加准确地反映出地下油藏属性的变化，为剩余油位置的确定打好基础。

以前期樊家地震资料作为本底信息，将后期高 94 地震资料的观测系统进行退化到与樊家地震资料观测系统接近。针对两期资料在野外观测系统设计上存在的主要差异（覆盖次数 1992 年樊家地震资料 20 次，2012 年高 94 高精度三维资料 225 次），第一步是先进行观测系统的互约束。这包括观测系统抽稀（均衡覆盖次数）、方位角、偏移距互均化等。选择了三种方法进行比较：观测系统对应抽稀法；炮点均匀抽稀法；面元分选法。以下是对这三种方法进行的详细分析。

1）观测系统对应抽稀法

该方法用高 94 高精度三维资料按照樊家观测系统的分布规律，将炮线、检波线相对位置抽成完全一致（图 4-44）。这样抽稀后的观测系统看上去完全一致，但从抽取的任意一点 CMP 道集偏移距分布曲线可以看到，实际面元的均一性遭到了一定程度的破坏，偏移距无法完全一致（图 4-45，图 4-46），所以该方法还存在一定的缺陷。一期资料的数据网格是 25m×100m，二期资料的数据网格 25m×25m，通过退化观测系统（抽稀炮线）实现两期资料的数据网格一致。由于两期资料的非纵距差异很大（一、二期资料最大非纵距分别是 1150m、1950m），通过退化观测系统（甩掉远排列）减小它们的差异。

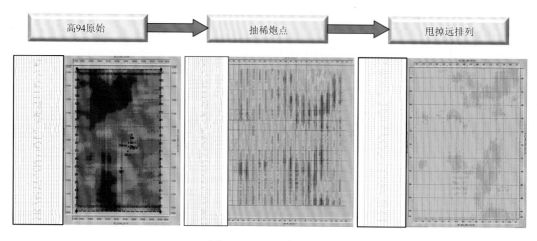

图 4-44　观测系统抽稀

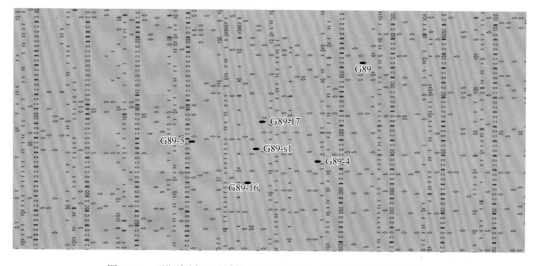

图 4-45　两期资料观测系统叠加图（G89-4 井附近局部放大图）

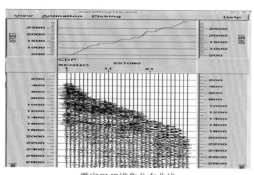

樊家CMP道集分布曲线

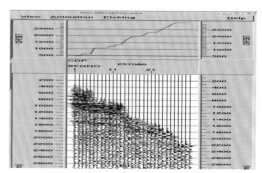

高94对应观测系统抽稀法CMP道集分布曲线

图 4-46　两期资料观测系统抽稀后偏移距分布

覆盖次数分布不均匀覆盖次数较均匀，但偏移距、方位角存在一定差异。从高 94-樊家炮检位置叠加图可以看出，两期资料炮点重合非常少（图 4-45），检波点大线位置相差 25m，不适用于观测系统的退化。

2）炮点均匀抽稀法

由于高 94 地震资料炮密度远大于樊家地震资料，该方法将高 94 地震资料直接按一定间隔抽稀炮排和炮点，通过该方法来降低高 94 地震资料覆盖次数和信噪比（图 4-47），这样覆盖次数降低了，但由于两期资料接收大线相差 25m，从抽取的 CMP 道集偏移距分布情况来看，抽取后偏移距信息无法与樊家的完全对应，相同位置的偏移距分布不同（图 4-48）。

(a)　　　　　　　　　　　　　　(b)

图 4-47　高 94 地震资料炮点均匀抽稀前（a）后（b）对比

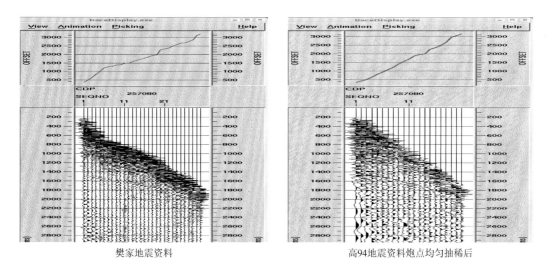

樊家地震资料　　　　　　　　　　高94地震资料炮点均匀抽稀后

图 4-48　两期资料炮点均匀抽稀后偏移距分布图

3）面元分选法

该方法先将两期资料按照相同网格定义，在同一面元内，将高 94 地震资料按照樊家地震资料的偏移距分布以及覆盖次数进行对比分选，抽成一致，这样能有效降低高 94 地震资料的覆盖次数，也保证了面元内偏移距的对应性，但该方法没有考虑方位角分布的对应关系。

4）共反射点道集空间近似技术

在常规地震资料处理中，共反射点道集叠加能够很好地解决由于噪声存在对地震信号的影响，从而达到提高信噪比，满足常规地震勘探研究的目的。在非一致性重复采集时移地震研究中，由于两期采集的地震数据其观测系统设计存在很大差别，造成同一共中心点数据在方位角、偏移距及覆盖次数等方面存在严重的不一致，在叠后的地震属性差异求取时，会对结果产生不利的影响。基于这个原因，在本次面向二氧化碳驱油监测的类时移地震研究中，为提高非一致性重复采集数据的一致性，保证动态数据在油藏变化上的可靠性，针对两期地震数据观测系统不一致所带来的缺陷，通过控制炮点、检波点的位置以及地震波入射角的信息，使两期资料反射、入射角的角度遵循相同的原则，进行共反射点道集的抽取，对两期数据观测系统进行一致性优化处理，确保非一致性重复采集资料的方位角、共中心点位置一致，最大可能的消除观测系统差异带来的影响，从根本上提高地震响应的一致性。

（1）共反射点道集空间近似技术的原理

共反射点道集空间近似的观测系统互约束技术，通过控制炮点、检波点的位置以及地震波入射角的信息，使两期资料反射、入射角的角度遵循相同的原则，其公式表达如下：

$$
S_{ij} = \begin{cases} \sum\limits_{a=0}^{n}\sum\limits_{b=0}^{m} M_{ij}^{b} & (\mathrm{dis}(B_{ij}^{a}, M_{ij}^{b}) \leqslant \lambda) \\ 0 & (\mathrm{dis}(B_{ij}^{a}, M_{ij}^{b}) > \lambda) \end{cases}
$$

$$
= \begin{cases} \sum\limits_{a=0}^{n}\sum\limits_{b=0}^{m} M_{ij}^{b} & \left(\sqrt{(x_{ij}^{a}-x_{ij}^{b})^{2}+(y_{ij}^{a}-y_{ij}^{b})^{2}} \leqslant \lambda\right) \\ 0 & \left(\sqrt{(x_{ij}^{a}-x_{ij}^{b})^{2}+(y_{ij}^{a}-y_{ij}^{b})^{2}} > \lambda\right) \end{cases}
\tag{4-27}
$$

其中，i、j 分别表示线号、道号；n 为基础数据 i，j 位置道集的道数，m 为监测数据 i，j 位置道集的道数；B 为基础地震数据；M 为监测地震数据；S 为近似道集后地震数据；λ 为距离阈值。

（2）共反射点道集空间近似技术的原则

本次处理的两期地震资料经过叠前一致性处理后，形成共中心点道集，在此数据基础上进行共反射点道集的近似。由于樊家地震资料覆盖次数比较低，满覆盖次数为 20 次左右，而高 94 高精度资料满覆盖次数达到 220 次。因此，以樊家的共中心点道集为参考，以方位角和偏移距为准则，对高 94 高精度资料共中心点道集进行近似。

该方法先将两期资料按照相同网格定义，在同一面元内，将高 94 地震资料按照樊家地震资料的偏移距分布以及覆盖次数进行对比分选，抽成一致，这样既能有效降低高 94 地震资料的覆盖次数，也保证了面元内偏移距的对应性（图 4-49）。樊家偏移距范围是 −3150～0，高 94 地震资料偏移距范围 −5500～5500，二者差异大（图 4-52）。与樊家地震资料偏移距抽成一致后，高 94 地震资料近偏移距有大的缺口，为弥补浅层缺口，提高资料成像精度，将高 94 地震资料的偏移距值退化范围选为 −3150～800（图 4-50，图 4-51）。从偏移距退化前后两期资料偏移距属性图对比（图 4-52，图 4-53），一致性处理效果良好。

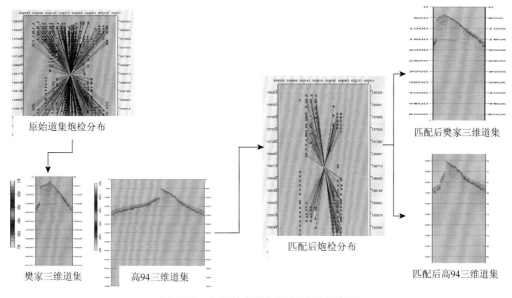

图 4-49　共反射点道集抽取过程示意图

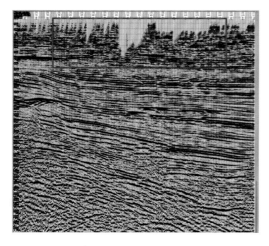

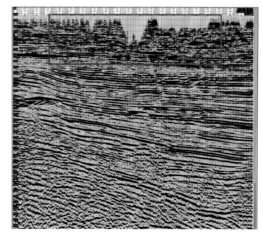

图 4-50　高 94 地震资料偏移距–3150～0　　　　　　　图 4-51　高 94 地震资料偏移距–3150～800

（浅层缺口较大）　　　　　　　　　　　　　　　　　　（弥补浅层缺口）

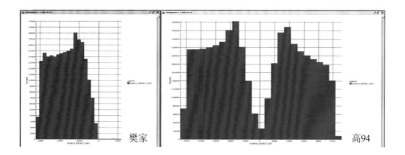

图 4-52　高 94 地震资料偏移距退化前两期资料偏移距属性图

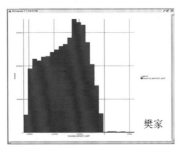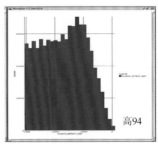

图 4-53　高 94 地震资料偏移距退化后两期资料偏移距属性图

　　高 94 三维细分面元退化（从 225 次覆盖降为 80 次覆盖）前后对比，其平面分布与原始特征较为一致（图 4-54，图 4-55）。当达到 30～40 次覆盖时，在基本保持相对原始特征基础上，与樊家三维原始覆盖次数（20 次）趋于近似一致（图 4-56），前后二者的方位角偏移距属性较为一致（图 4-57，图 4-58）。

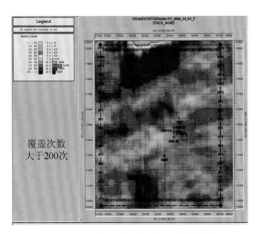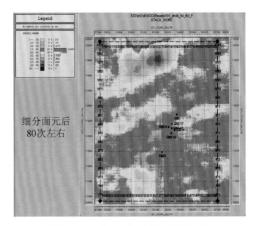

图 4-54　高 94 细分面元退化前图　　　　　　图 4-55　高 94 细分面元退化后

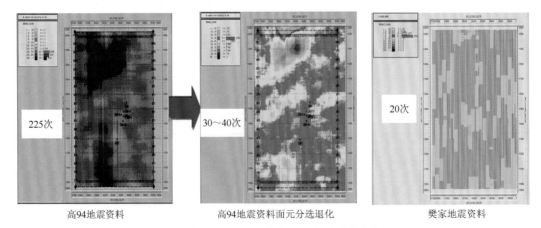

图 4-56　高 94 退化后与樊家地震资料覆盖次数对比

总之，经过面元对应抽稀后，樊家地震资料和高 94 高精度资料的方位角以及偏移距一致性得到很大提高，基本满足了面向二氧化碳驱油的时移地震的后续处理要求。

从最终处理成果资料分析（图 4-59，图 4-60）可以看出，剖面整体对比一致性良好，除了油藏部位的变化外，油藏以外的数据差异剖面显示基本为零，互约束后的差值剖面最大可能的消除了观测系统差异对油藏带来的非油藏变化的影响。

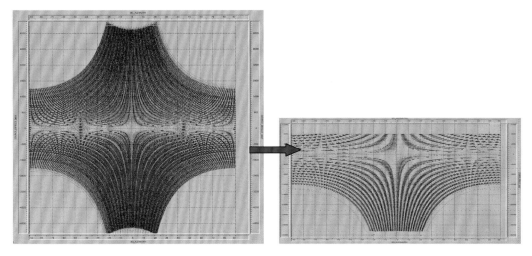

图 4-57　高 94（红）退化前与樊家（蓝）方　　　图 4-58　高 94（红）退化后与樊家（蓝）方
　　　　　位角偏移距属性图对比　　　　　　　　　　　　　　位角偏移距属性图对比

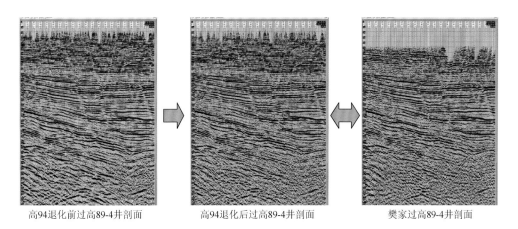

高94退化前过高89-4井剖面　　　　　高94退化后过高89-4井剖面　　　　　樊家过高89-4井剖面

图 4-59　过 G89-4 井高 94 退化前后剖面与樊家地震资料剖面对比

4.2.1.5　速度互约束处理技术

选择两期资料中具有较高信噪比和覆盖次数的数据，合成时移地震公共的 CMP 道集数据和速度谱，用来求取一个公共的速度场。然后两期资料再分别各自求取相应的 CMP 道集和速度谱，之后再求取各自的速度场时，将已经求取的公共速度场装入到

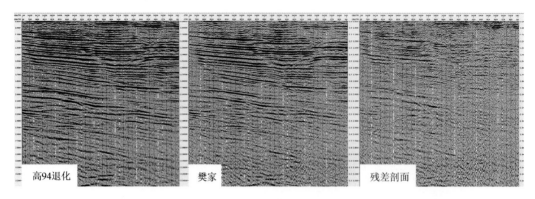

图 4-60 过 G89-4 井高 94 退化后剖面与樊家地震资料剖面对比及二者残差剖面

速度解释系统之中，对已经得到的公共速度场只做微调，也就是只对储层部分的速度根据速度谱的变化做一点微调，这样做的优点是大大减小了分别对两期资料做速度分析的人为误差，保证了非储层部分的速度不变，只保留了储层部分可能的速度变化，避免了只用公共速度场把储层区域的速度变化完全模糊掉的弊端。时移地震的处理不同于常规的三维处理，不仅要考虑精确性，更重要的是还要保持两者的一致性，该速度分析方法实现了两者的较完美结合。图 4-61 是非一致性重复采集地震资料速度互约束处理流程图。

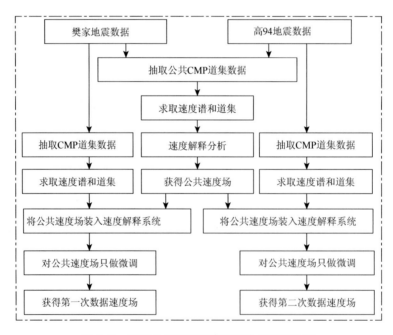

图 4-61 两期地震资料速度互约束处理流程图

图 4-62 是两期资料的公共速度谱及独立地震资料的速度谱。从图中看到，互约束一致性速度分析，保留非储层部分的速度基本无变化（黄色圈中部分），只是根据速度谱能量团的变化调整储层及其以下部分的速度（红色框中部分）。

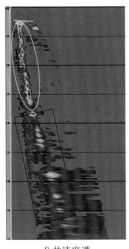 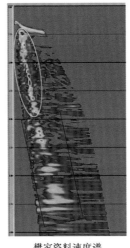 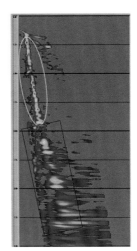

公共速度谱 樊家资料速度谱 高94资料速度谱

图 4-62 两期地震资料速度互约束示意图

4.2.2 非一致性重复采集资料的叠后互均化处理技术

在实际生产中，有很多因素可以导致时移地震的不一致性。这些因素有：炮点深度，接收仪器的不一致性；环境因素，经过十几年的发展，该地区地表条件变化很大，因此，对于两次的地震数据所受的干扰有比较大的差别；地质任务不一样，由于针对不同的目的层，那么在处理及采集设计上的侧重点不同；采集参数的不一致，两次采集的地震数据存在很大差异。因此，地震的差异除了油藏的变化以外，存在诸多因素引起的差异。

从地震信号的角度来看，尽管在叠前处理方面开展了多项一致性处理技术，由于原始资料的差异，即使利用相同的处理流程和参数，最终的偏移资料仍然存在差异：信号的能量差异、信号的带宽差异、信号的相位差异。

互均化处理就是针对上面的三个因素进行校正，以期达到尽量消除资料中的非重复性的影响，因此，对两次采集的数据做互均衡处理是十分必要的。

叠前互约束一致性处理之后，两期资料一致性大大提高，但是还存在一些差异，这些差异主要集中在三个方面：时间、振幅和相位。叠后互均化的目的就是求取这三个方面的校正因子，最大限度的消除非一致性重复采集所带来的影响，从而获得可靠的差异数据体，使两期资料非储层部分的差异能量最小，有效地降低对剩余油分布分析的多解性，突出真实的油藏变化。叠后互均化处理技术主要包括：时差校正、振幅校正、相同频段的滤波处理、基于标志层的匹配方法等。

4.2.2.1 互相关时差定量分析

1）互相关时差定量识别原理

在地震数据处理中，相关分析是一种有效的分析工具，贯穿在处理中的许多环节。高少武等利用相关分析技术在剩余静校正问题、相位问题及对地震数据的信噪比估算等方面制定了很好的判断准则，但在时差分析方面没有得到有效的应用。在时差校正之前，需要准确判断区块间存在的时差问题，此问题与互相关函数有密切的关系。通过研究与试验，提出了利用互相关技术对时差大小进行快速准确的统计，通过时差校正，提高两期资料的同相性。

2）互相关时差分析的关键因素

运用互相关进行时差分析既可以在原始单炮记录上进行，也可以在叠加剖面上进行。在不同三维施工中，炮点一般不会在同一位置，无法进行互相关，同时考虑到局部单炮记录互相关结果存在偶然性，不一定能够代表两个区块的实际时差情况。叠加剖面同单炮记录相比信噪比得到明显的提高，叠加剖面互相关结果具有良好的平均统计效应，稳定性较好，所以采用相同的处理流程，得到不同区块的初叠加剖面，然后进行区块间时差分析与试验。

两期数据的互相关，首先需要选取互相关时窗，通常情况下，互相关时窗应选取在信噪比较高，具有稳定的标志层反射的时间段。同时，越浅的反射层，由于资料的信噪比及分辨率越高，其互相关输出结果的分辨率也越高。所以，互相关时窗尽量选取在信噪比较高，且具有标志反射层的浅层。

3）两期资料时差分析

从互相关时差识别原理及时差量的定量验证说明，利用重叠区域叠加剖面间的互相关结果，可以高效定量的确定两期之间的时差。运用互相关时差分析技术对樊家地震资料和高94高精度三维地震数据进行时差分析。

首先，对樊家地震资料和高94高精度资料重叠部位剖面进行互相关，通过合理选取互相关时窗，互相关最大值基本上分布于中央时间线上方4ms位置上，说明两区块间存在4ms的时差。然后需要对樊家地震资料整体上移0~4ms，来消除不同期资料中存在的系统时差问题等。

4.2.2.2 叠后数据的互均化处理方法

互均化的目的是消除油藏以外的地震响应差异，保留油藏变化引起的差异。从原始数据出发，通过一系列保幅处理，完成消除非油藏引起的差异。此过程通过分析引起主要差异的因素，如采集系统、噪声等，并采用对应的处理流程消除这些因素引起的差异，因而，此过程有时又称为确定性互均化方法，一般包括下面几部分：

（1）噪声独立消除：不同数据体的噪声由于采集条件不同，去噪必须是相对独立的；

（2）相同的叠加速度，以及相同的偏移距，以提高信号的一致性；

（3）相同的网格生成；

（4）相同的偏移速度，以确保构造位置的一致性等。

另外，从最终成果数据出发，寻找确定的、不变的标志层的特征参数，以此为参照进行互均化处理等。

4.2.2.3 地震资料一致性匹配处理流程

在研究过程中，针对二氧化碳驱油监测的非一致性重复采集地震资料的观测系统差异大的问题,提出并实现了二氧化碳驱油监测的类时移地震观测系统互约束技术;针对不同期资料一致性处理研究,解决了不同期采集资料由于激发接收条件的不一致造成的资料差异,为非一致性重复采集地震资料的叠前互约束保真处理奠定了基础;通过对非一致性重复采集时移地震叠前互约束处理技术的研究,确立了非一致性重复采集时移地震处理流程图(图 4-63),并通过一系列的技术应用,得到了较好的地震处理成果资料,有效地解决了非一致性重复采集时移地震资料处理过程中,由于非油藏因素引起的地震资料差异。

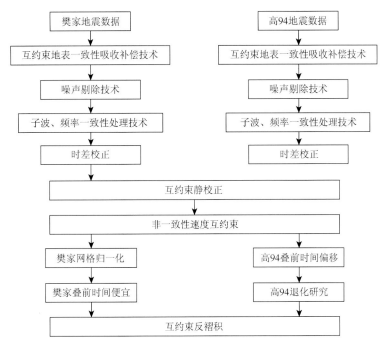

图 4-63　两期资料类时移地震处理流程图

4.2.2.4　地震资料一致性匹配处理分析

通过对两期资料的分析,由于受地表条件及其他诸多因素的影响,造成野外激发、接收差异,采集时间、采集技术、采集方法的不同,使得两期资料的地表非一致性差异较大。首先存在低频差异,另外由于对地震子波的吸收不同造成地震子波各频率成分的能量分布不同,这也可能使地震子波的相位特性不同。因此,如何建立一致性处理的基准,在保持地震本底反射特征的前提下最大限度的突出驱油造成的地震响应差异尤为重要。

针对性处理后,最终的残差剖面见图 4-64,可以看出,背景信息抵消,油藏区信息凸显,符合时移地震规律,可以作为本底信息识别方法。通过观察上边的红框和红线可以清楚地看到上边非储层区域一致性较好,而观察下面标注的区域可以明显看到储层区域的变化:储层的底界面振幅变弱,而且有向上的漂移,同时储层的顶界面振幅明显变强,这些变化正是由于长期的注水开采引起的,而且这些变化与前面理论模型得到的结论相一致，充分说明了本次处理方法的有效性和可靠性。

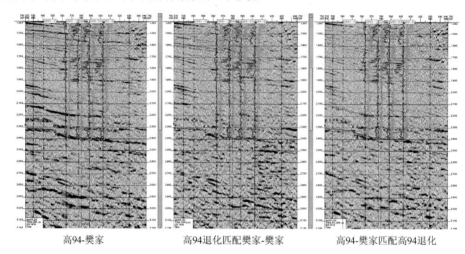

高94-樊家　　　　　　高94退化匹配樊家-樊家　　　　高94-樊家匹配高94退化

图 4-64　最终成果残差剖面对比

经反复试验对比和可行性分析建立了基于本底信息匹配的处理原则，对研究区内的两期地震资料进行了一致性处理。在处理过程中首先以高 94 退化三维为软约束条件，开展樊家三维一致性处理，提高注气前地震本底资料信噪比。然后以樊家一致性处理结果为软约束条件，开展高 94 三维一致性处理，实现基准层处理结果一致（图 4-65，图 4-66），突出驱油层地震响应差异。

针对经前期一致性处理后，樊家地震资料与高 94 地震资料间的差异（图 4-67）再进行一致性叠后处理。

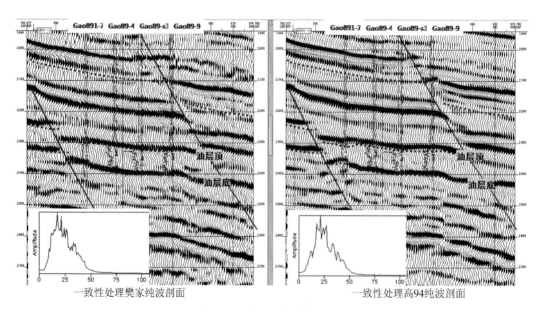

一致性处理樊家纯波剖面　　　　　　　　一致性处理高94纯波剖面

图 4-65　最终成果剖面对比

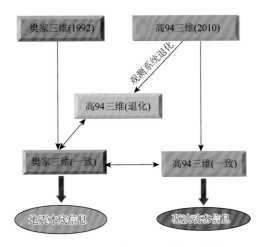

图 4-66　本底信息匹配的处理原则

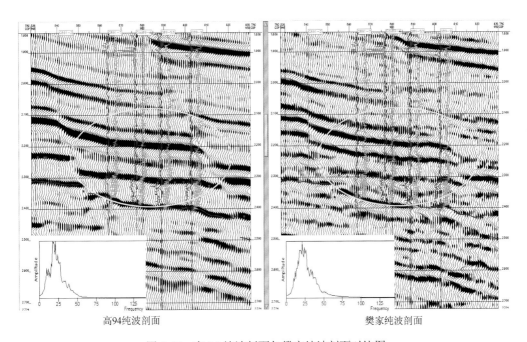

图 4-67　高 94 纯波剖面与樊家纯波剖面对比图

（1）将高 94 退化资料作为匹配目标，把樊家地震资料作为被匹配数据，进行处理，然后从中求取一个滤波因子设计一个反滤波器，再和樊家地震资料进行褶积，使得两种资料的振幅、频率达到相对一致。樊家地震资料匹配后改变明显，局部上覆反射层能量改变明显（图 4-68）。

（2）将樊家地震资料作为匹配目标，把作为被匹配数据，进行处理，然后从中求取一个滤波因子设计一个反滤波器，再和高 94 退化资料进行褶积，使得两种资料的振幅、频率达到相对一致。匹配后樊家纯波资料与高 94 退化匹配樊家地震资料纯波剖面一致性较强（图 4-69）。

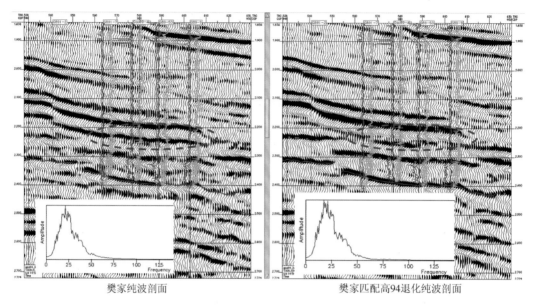

樊家纯波剖面　　　　　　　　　　　　樊家匹配高94退化纯波剖面

图 4-68　樊家向高 94 退化资料匹配对比图

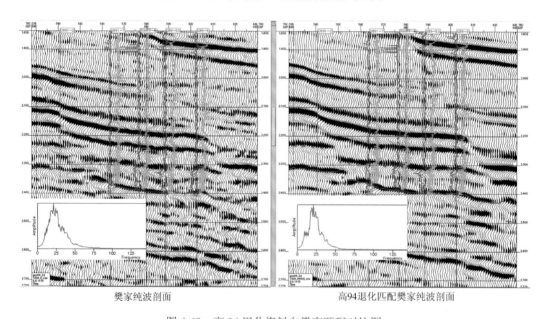

樊家纯波剖面　　　　　　　　　　　　高94退化匹配樊家纯波剖面

图 4-69　高 94 退化资料向樊家匹配对比图

（3）匹配高 94 的樊家纯波资料与高 94 三维纯波资料一致性较强（图 4-70）。

4.2.2.5　处理过程质量监控与评价

以非油藏区标志层为背景，以油藏区标志层为目标，从残差剖面、主频、频宽、能量、子波自相关、信噪比几个属性方面进行分析监控。

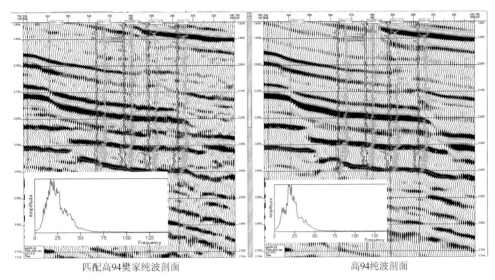

匹配高94樊家纯波剖面　　　　　　　　　　高94纯波剖面

图 4-70　高 94 纯波剖面与匹配高 94 的樊家纯波剖面对比图

（1）从残差剖面来看（图 4-71），背景信息抵消，油藏区信息凸显，符合时移地震规律。

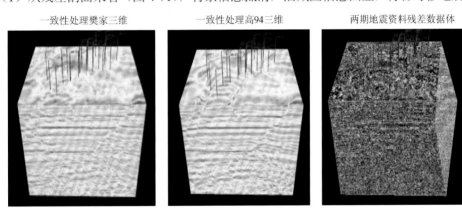

一致性处理樊家三维　　　　　一致性处理高94三维　　　　两期地震资料残差数据体

图 4-71　残差剖面识别本底信息

（2）从振幅能量来看，非油藏区平均振幅 70～69 一致性较好，油藏区振幅 50～44，差距较大，平均振幅能够很好反映本底信息变化（图 4-72）。

非驱油层差异

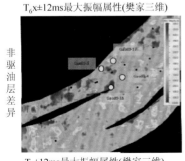

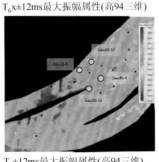

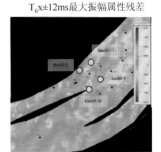

T₆x±12ms最大振幅属性(樊家三维)　　　T₆x±12ms最大振幅属性(高94三维)　　　T₆x±12ms最大振幅属性残差

T₇±12ms最大振幅属性(樊家三维)　　　T₇±12ms最大振幅属性(高94三维)　　　T₇±12ms最大振幅属性残差

驱油层差异

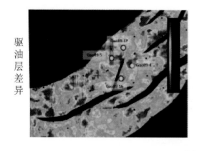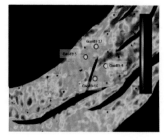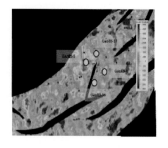

图 4-72　平均振幅识别本底信息

（3）自相关反映了子波的一致性情况，通过对比分析，两期资料子波在油藏区和非油藏区差别不大，自相关属性不能很好区分油藏区和非油藏区的变化（图 4-73）。

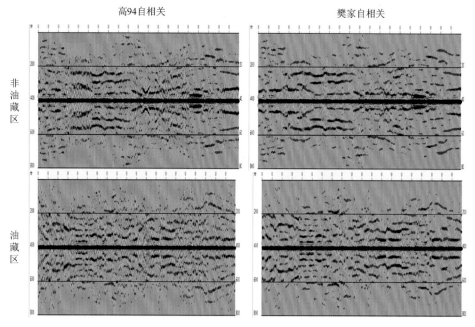

图 4-73　自相关属性识别本底信息

（4）非油藏区有效频宽 63～60Hz，一致性较好，油藏区有效频宽 56-51Hz，差距较大。有效频宽能够很好反映本底信息变化（图 4-74）。

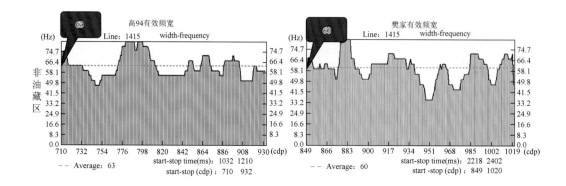

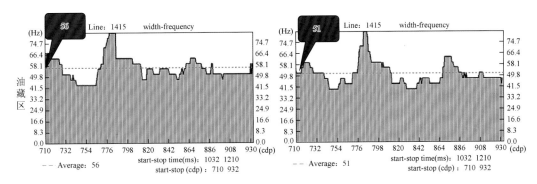

图 4-74　有效频宽识别本底信息

最终经由两期地震资料的类时移地震一致性处理工作，得到了非驱油层段本底地震信息一致，驱油层段驱油地震响应差异显著的类时移地震处理结果，为二氧化碳驱油的地震描述建立了资料基础（图 4-75）。

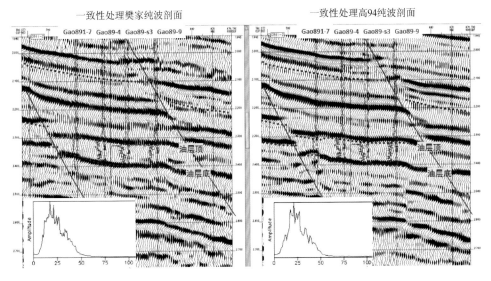

图 4-75　一致性处理最终成果剖面

4.2.3　非一致性重复采集资料的一致性处理结论及认识

针对二氧化碳驱油前后资料的特点，以本底信息与驱油层信息差异求取为驱动，通过叠前多节点的互约束处理确保信息可靠性，配以叠后互均化处理及过程节点地震属性差异评价，确保叠后资料的保真性，为预测二氧化碳驱油层的属性特征变化奠定了基础。

（1）通过对二氧化碳驱油前后资料分析研究认为在影响时移地震研究的诸多因素中，非一致性重复采集数据在覆盖次数、信噪比、方位角、偏移距、面元大小、能量、频率、相位、时差等方面存在的差异，对时移地震的处理都会带来较大的影响，是两期资料一致性处理中研究的重点。

（2）油气开采造成的地震响应差异较弱，而地震资料的非重复性或不一致性造成的地震响应差异较大，将会淹没由油藏特征变化产生的真实时移响应。两期资料采集方式差异很大时，不能只进行简单的面元重置处理，必须进行两期资料的数据匹配处理，充分将面元、中心点位置、覆盖次数、信噪比等因素都考虑进去。

（3）通过对地震资料正演模拟分析及处理，加上有效的质量监控，两期非一致性重复采集的数据通过数据匹配、一致性和互约束处理，可以有效地将不期望的非一致性地震响应削弱，从而突出时移地震差异响应。

第5章 二氧化碳驱油波及范围地震描述

G89 区块位于东营凹陷博兴洼陷金家—正理庄—樊家鼻状构造带中部,含油层位于沙四纯下二砂组,从区域构造上看,该区块地层西南高东北低,地层倾角 5°～8°。该区块共发育大小断层 10 条,总体上呈现北东走向。本区储层埋深在 2800～3200m,储层平均孔隙度 12.5%,平均渗透率 4.7mD,属低孔特低渗薄互层储层,层间、平面非均质性很强。地面原油密度 0.8623g/cm³,地层原油密度 0.7386g/cm³,平均地面黏度 11.83mPa·s。油藏类型为以岩性控制为主、构造控制为辅的层状构造岩性油藏,含油面积 4.1km²,石油地质储量 247×10⁴t。截止到 2006 年 10 月底,G89-1 块共计投产油井 15 口,其中 13 口为压裂后投产,累计产油 6.27×10⁴t,累产水 0.24×10⁴m³,采油速度 1.67%,采出程度 2.73%,生产井产能递减速度较快,年递减率 34.6%。每采出 1%石油地质储量,地层压力下降3.11MPa,属于天然能量微弱油藏。

2007 年胜利油田在 G89-1 块开展二氧化碳混相驱先导试验,目前已建成国内首个燃煤电厂烟气 CCUS 全流程示范工程,采收率由弹性驱的 8.9%提高到 26.1%,增油效果明显,目前已累增油 2.4×10⁴t,阶段换油率为 0.24t/t。二氧化碳驱油已经成为特低渗透油藏有效开发的主导技术之一。

自 2007 年开始注气以来,G89 井区已建成 11 注 14 采较为完备的二氧化碳驱油注采井网。截止高 94 三维采集时间 2011 年 11 月,共有 G89-4、G89-5、G89-16、G89-17 四口井注气,其中 G89-4 井于 2008 年 1 月 2 日 11 时开始注入二氧化碳,稳定注入压力为4MPa,日注 40t 液态二氧化碳,截至 2011 年 11 月高 94 三维采集时间,已累计注气 24699.6t,注气水平 50t/d。井区的一线油井有 6 口,注气 6 个月后见效,产量稳中有升,井区日增油 4t(图 5-1)。

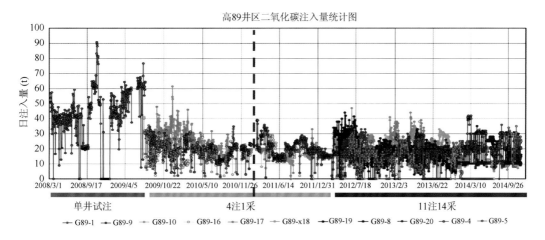

图 5-1　G89 井区二氧化碳注入量统计图

5.1　驱油区储层本底地震信息与差异性分析

5.1.1　樊家三维与高 94 三维地震差异分析

G89-4 井区从 2007 年开始，选取沙四段纯下段薄互层储集层进行二氧化碳驱油先导性试验。注采层顶面是沙三段盖层，两侧有大断层夹持，在采油井两侧布设规则的注气井网（图 5-2）。

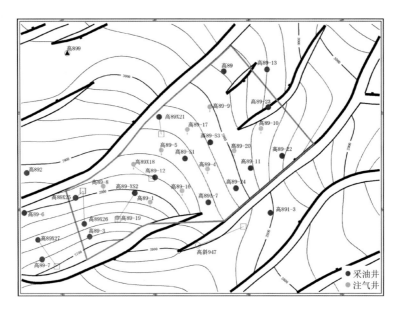

图 5-2　高 89-4 井区二氧化碳驱油先导性实验井网

G89-4 井区两期资料采集时间相隔近 20 年，采集参数和观测系统差别很大，两期资料在覆盖次数、偏移距、方位角、频率及能量等方面均存在较大差异。先期对资料进行互约束反褶积、互约束剩余静校正、覆盖次数退化、道集内插等互均化处理，获得具有较好一致性的地震资料。

经过一致性处理后，根据图 5-2 所示的注气井网部署，选取从南到北 G89-9、G89-S3、G89-4 及 G891-7 井储层顶面的振幅值作为代表来研究两期资料幅值差异性（图 5-3）。由图可知：

（1）新资料顶面能量整体较强，但在 G89-4 井以南到 G891-7 井之间，局部区域能量还有变小的现象；

（2）离南北大断层较近的两侧（G891-7 井以南近 2 号断层与 G89-9 井以北近 1 号断层附近区域，见图 5-3）振幅值差异很大，虽然波动范围基本一致，但已不能满足差异性比较的条件，故不能用其来研究二氧化碳驱替。

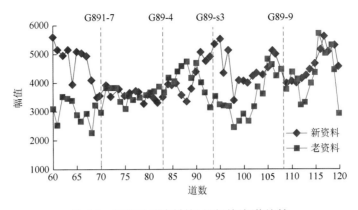

图 5-3 两期地震资料储层顶面振幅值比较

通过对两次采集得到的资料进行观测系统退化、能量一致性等一致性匹配处理后，得到樊家一致性、高 94 一致性、高 94 退化一致性三套成果地震资料。着重分析樊家一致性与高 94 一致性两套地震资料，并使用过注气井 G89-4 的纵线剖面即 INL1420 进行频谱分析（图 5-4）。

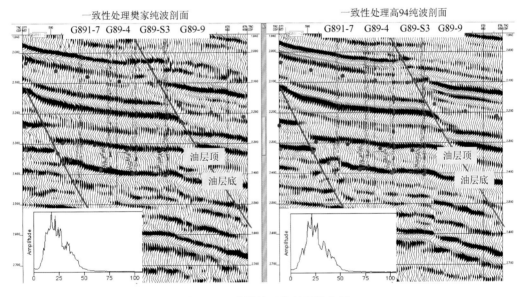

图 5-4 一致性处理资料频谱分析

一致性处理后得到的两期资料频带范围基本一致，为 8～50Hz；樊家一致性在个别频段上能量稍强于高 94 一致性；两期资料主频在 25Hz 左右。滩坝储层段频带宽度基本一致，但樊家一致性地震资料低频与高频段能量明显高于高 94 三维一致性，且两期资料在 30～50Hz 高频段衰减明显（图 5-5）。

分析对比储层处的频谱特征（图 5-5）可知：新资料频带范围稍窄，为 8～43Hz；老资料为 6～50Hz。老资料在低频段和高频段局部能量强于新资料。新老资料主频基本一致，大概为 23.4Hz；新资料相对于老资料高频段（35～50Hz）衰减明显。（图 5-5 绿色虚线标注范围）。

储层频谱特征对比分析总结两期资料的地震特征可知：两期资料的振幅差异没有规律可循，但两期资料频谱在 25～50Hz 频段存在明显的差异。充分利用该特点，使用单频属性、频率吸收衰减属性等频率类属性提取技术，从两期地震资料中提取相应的属性数据体，而后沿 T_7 层（近似油层顶面层）抽取属性切片进行注气前后的差异性分析，以期检测出二氧化碳驱的波及范围。

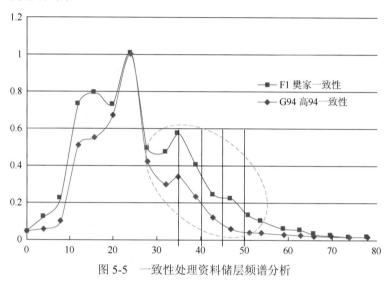

图 5-5　一致性处理资料储层频谱分析

5.1.2　地震差异属性的提取及分析

5.1.2.1　时移地震属性分析方法

地震属性直接分析简单直观。按照油藏特性的变化所引起的地震反射特征的不同，直接分析法可分为层间时差分析法、振幅分析法、速度分析法和频谱分析法。它们的共同特点是利用单个地震属性差值对地震监测资料进行解释。

1）层间时差分析法

在油藏注采过程中，当储层物性变化比较大，且储层厚度较大时，地震波在层间的旅行时间就会有明显的变化，如稠油热采地震监测剖面中出现的时间下拖现象就是旅行时间变化的反映。层间时差分析法正是利用了地震监测资料的这一特点，通过求取基础地震资料与监测地震资料的剖面中反射波旅行时的差值或比值来估算注入流体的影响范围。该方法受储层非均质性的影响小，在浅层稠油热采中是一种很常见的方法。当基础监测资料是在油藏开发之前就获得的，这种方法的效果较好。

实际应用中，一般通过追踪同一储层的底部在不同时间测量的地震资料的反射同相轴，并对此进行差值或比值分析。

2）振幅分析法

振幅分析法是利用基础地震资料和监测地震资料储层反射振幅的差异来估算储层注入流体分布范围及运动方向。它可以分为直接振幅分析法、振幅差值分析法和振幅比值法三种。

直接振幅分析法是直接利用地震剖面中储层反射振幅的强弱变化进行对比分析，以揭示储层动态变化。它一般是定性分析，多适用于油藏物性变化对储层反射振幅影响较大的情形。在大多数情况下，地震监测资料的解释也利用地震振幅差值来反映地下储层的物性变化。有时也利用振幅比值作为地震监测的标志。当假定地震反射波的衰减服从某计算模型时，利用两次测量的地震资料，同一地震子波两次穿过厚度一样但衰减特性不同的同一储层时反射振幅的比值可以估算油气藏变化的厚度。振幅分析法一般能较好地揭示储层的横向变化。

3）速度分析法

速度分析法是对基础测量和监测测量的地震资料分别进行反演，求取波阻抗或伪速度测井曲线，然后对比两次所求的波阻抗。据此可以预测注入流体的分布范围等储层动态特性。

速度分析法不仅可揭示储层横向分布范围的变化，而且可确定储层动态的纵向分布范围。它是地震监测资料解释中最直观、定量化最强的方法之一。在油藏强化开采过程中，油藏特性的变化首先表现为储层岩石的速度、密度的变化。利用地震反射波形反演得到的波阻抗或速度变化可以直接与井中测量的岩石物理特性的变化联系起来。与振幅不同，声阻抗可直接与储层的岩性、孔隙度和饱和度等联系，伪速度测井曲线可直接与声波测井资料进行对比。如果在前期的岩石物理实验和理论研究中心已经建立了速度与地层压力、温度、流体替换的定量关系，那么就可以用该方法进行流体压力、温度以及饱和度等的定量分析。因此，地震监测反演是联系地震差异与储层内孔隙流体随时间变化的枢纽。

速度分析法的另一个优点是它对于不同时期采集、不同方法处理的地震监测资料的解释同样适用。对于这种资料采用以模型为基础的反演算法，通过设计一个时变的、动态的子波来消除不同数据体由于资料采集和处理变化所引起的地震差异，因而使用反演所得到的波阻抗数据体可以增加流体动态定量分析的精度。

当采集的地震资料的质量较差时，也可以利用储集层层间平均速度差值进行动态分析，尽管这样做损失了垂直分辨率，但却提高了资料的信噪比和空间分辨率。

4）频谱分析法

频谱分析法是通过分析信号的功率谱变化来进行油藏动态描述的。具体做法是：首先，在不同时期地震剖面的目的层位置以及目的层上下分别选择三个时窗，然后采用基于参数的现代谱分析技术在全区范围内沿目的层分别计算各时窗内信号的功率谱。如果基础地震测量与监测地震测量在采集和处理方面的一致性很好，则在储层之上的时窗内信号的功率谱应相同。这种频谱特征可作为检查资料重复性的一个控制因素。在包含目的层的中间时窗内，不同时期观测的地震频谱特征是变化的，尤其在高频部分变化更明显。这样就可以利用目的层时窗内频谱特征的变化来确定储层流体动态的变化和前缘位置的分布。在储层之下的时窗内，频谱也应当是变化的，其可以作为一个辅助的监测标志。

5）地震多属性分析法

在地震监测资料的解释中，有时单一地利用时差、振幅和波阻抗等还不足以刻画储层流体特性的变化情况。为了满足地震监测资料解释的需要，通常需要从地震监测资料中提取更多的信息。地震属性分析的目的就是从地震资料中提取隐藏的信息，提高地震资料的利用率。因此，基于多种地震属性的地震监测资料解释方法将是一种非常有用的方法。地震监测属性与常规地震属性完全相同，所不同的只是属性的解释。由于地震监测有时间差这一重要参数，使得地震监测资料的地震属性解释能更好地与油藏动态变化相联系。因此，常规地震属性分析方法和属性优化方法完全可以借鉴到地震监测属性研究中来。

5.1.2.2　叠后时移地震属性的提取

从地震数据的波形特征、振幅、频率、相位、能量、自相关、自回归、相对衰减、波阻抗等多个基本特征参数可提取的地震属性不下数十种。表 5-1 列出了几种常见的也是最基本的地震属性，并对其可能表示的物理意义进行了归纳。除此之外大多数地震属性一般均是从这些基本属性派生出来的。下面将以瞬时属性、平面属性、层间属性的分类方法对具体属性进行分析。

表 5-1　基本地震属性及其地质意义

基本地震属性	地质意义
振幅	岩性差异、地层连续、地层空间、孔隙度
频率	地层厚度、岩性差异、流体性质
层速度或波阻抗	岩性、孔隙度
反射强度	岩性差异、地层连续、地层空间、孔隙度、地层复合
相位	地层连续
极性	岩性差异、极性
波形	横向和纵向岩性差异、孔隙度、地层空间和形态
AVO	流体、岩性

结合二氧化碳地震响应特征的研究成果和基于一致性处理成果的地震差异属性分析结果，二氧化碳驱油能够引起驱油层地震走时、反射能量、高频衰减和波形变化，并且其地震响应差异在类时移处理资料中特征明显，因次具备开展二氧化碳驱油地震描述的可行性。

储层预测及流体检测中，需从地震数据中提取与储层岩性、物性及油藏参数等相关的地震信息（即地震属性），该过程称之为地震属性的提取。不同类型的地震属性其提取方式也不同，一般针对性的提取方式有以下四种：①剖面属性的提取是用瞬时提取法来实现，主要经过地震道分析、地震反演、复道积分等特殊处理方法来进行；②层位属性的提取方式较多，有瞬时提取、单道或多道时窗提取；③瞬时层位属性则需要经过一些特殊的处理方法（诸如复地震道分析）来计算；④单道时窗层位属性是指沿着一个可变的时窗内提取的。

选择合理的时窗对于地震属性提取是非常重要的，时窗太小，会丢失地震信息中有效成分；时窗太大，又包含了一些不需要的信息。选取时窗时应该遵守以下原则：

（1）如果目标层的厚度比较大，要准确追踪目标层的顶、底界面，然后用顶、底界面来限定时窗，最后在层间提取各种属性，也可以在目标层内内插层位来提取地震属性；

（2）如果所研究的目标层是薄层，由于目标层顶界面的地震响应包含了该层段内的各种地质信息。此时，所用时窗的上限就规定为该目标层的顶界面，并且提取时窗要尽可能的小。

5.2　二氧化碳驱油波及范围地震描述

5.2.1　驱油生产动态

G89 井区自 2007 年注气以来,截止到本项目研究期间,共有 11 口井参与注气(图 5-6)。截至高 94 三维采集时间为 2010 年 11 月,共有 G89-4、G89-5、G89-16、G89-17 四口井注气,其中 G89-4 井于 2008 年 1 月 2 日 11 时开始注入二氧化碳,稳定注入压力为 4MPa,日注 40t 液态二氧化碳,截至 2010 年 11 月,已累计注气 24699.6t,注气水平 50t/d。井区的一线油井有 6 口,注气 6 个月后见效,产量稳中有升,井区日增油约为 4t。

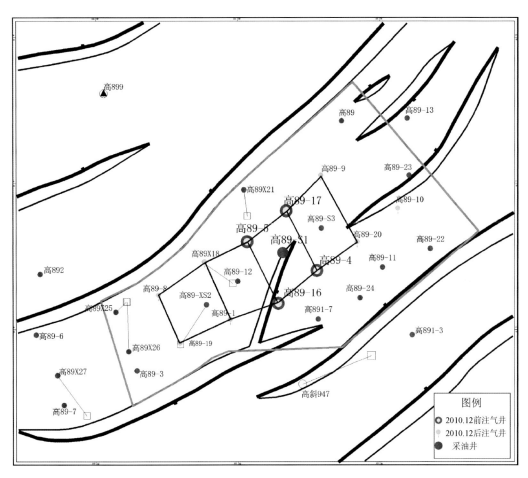

图 5-6　G89 井区 CO_2 驱油方案部署图

截至 2011 年 12 月份,已有 8 口开发井采出二氧化碳,说明二氧化碳已运聚到相应位置(表 5-2)。以油气采出量为依据,结合钻井平面位置编制了 G89 井区二氧化碳注入采出平面图(图 5-7),从该图可以清晰地看出二氧化碳的采出情况,并且二氧化碳具有沿构造脊向圈闭高部位运聚的显著特征。

表 5-2　G89 井区截至 2010 年累产数据表

井号	年月	油层中深（m）	年累计产量			累计产量		
			年油（t）	年气（10²）	年水（t）	累油（t）	累气（10²）	累水（t）
G89	201012	3043	590	0	41	7616	0.26	226
G89S1	201012	2949	1083	15.99	55	2191	22	218
G89-1	201012	2896	2735	46.91	74	28682	179.21	714
G89P1	201012	3244	2931	10.43	64	12667	59.75	433
G89-3	201012	2862	726	1.7	37	18786	102.67	381
G89-6	201012	2944	0	0	0	8355	0.4	354
G89-7	201012	2851	2719	12.08	73	23139	104.47	548
G89-8	201012	2935	2625	11.04	63	16871	41.32	521
G89-9	201012	2998	3338	39.08	73	15779	91.64	491
G89-10	201012	3074	1311	0	42	8811	0	688
G89-11	201012	2994	1525	25.38	47	9808	109.46	461
G89-12	201012	3048	1412	6.07	47	13523	63.03	493
G89-13	201012	3056	487	0	45	5484	0	365
G89-24	201012	2971	85	0	43	85	0	43

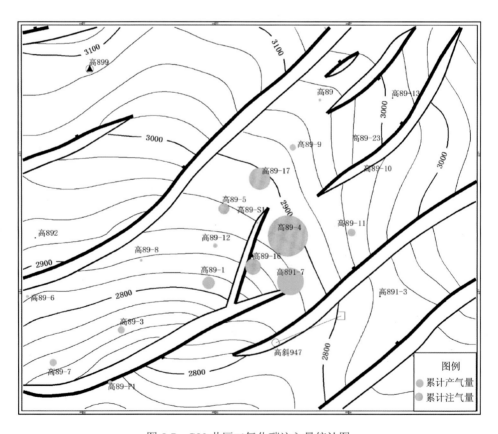

图 5-7　G89 井区二氧化碳注入量统计图

5.2.2 二氧化碳驱油波及范围单属性地震描述方法

基于研究区（G89 井区）基本地质条件，结合地震资料和钻、测录井等生产资料进行精细的地震解释工作，明确研究区的构造特征及各序级断层的展布特征；通过精细地层对比结合沉积规律明确储层发育特征；通过分析驱油生产动态，特别是两期地震资料采集期间二氧化碳的注入和采出情况，建立预测结果的井控评判机制；以气驱地震响应特征为指导，应用反映气驱前本底信息的地震资料（樊家三维）和包含气驱地震响应的地震资料（高 94 三维资料），刻画气驱地震响应差异，以此为基础，通过加权融合形成最终的二氧化碳气驱波及范围地震预测流程和方法（图 5-8）。

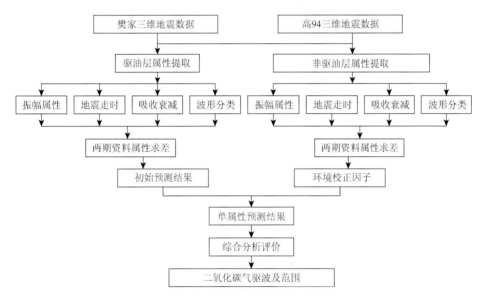

图 5-8 二氧化碳气驱波及范围地震描述方法

5.2.2.1 基于地震走时差异的驱油层二氧化碳波及范围地震描述

二氧化碳驱油能够造成地层速度的显著降低，地层速度减少后，地震波在驱油层段的传播旅行时必将会增加，这必将造成两期资料驱油层段地震走时差异。如图 5-9 所示，驱油前后在注气井 G89-4 周缘出现了明显的油层底反射下凹的现象，因此可以在对两期地震资料分别进行油层顶底解释的基础上，分别求取两期资料驱油层段地震走时，然后求取两期走时残差，高 94 三维走时异常增加区域即为二氧化碳驱油波及范围（图 5-10）。

5.2.2.2 基于油层顶界面振幅差异的驱油层二氧化碳波及范围地震描述

振幅属性预测是最为常用的储层预测方法，由于振幅的强弱与反射界面的反射系数正相关，因此对于储层与围岩速度差异明显的岩性组合类型往往能够得到很好的预测效

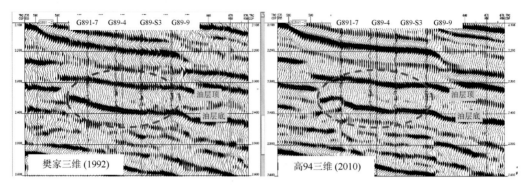

图 5-9　过 G89-4 井南北向地震剖面

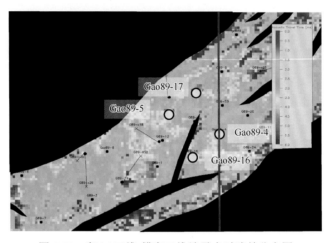

图 5-10　高 94 三维-樊家三维地震走时残差分布图

果。由于 G89 气驱油层上覆地层为稳定的低速泥岩与油页岩,当驱油层速度降低时能够造成驱油层顶界面反射系数减小,从而导致驱油后顶界面振幅显著减弱。图 5-11 为气驱前后驱油层顶界面最大振幅属性,可以看出驱油后的高 94 三维在注气井周缘出现了明显的低振幅区域。

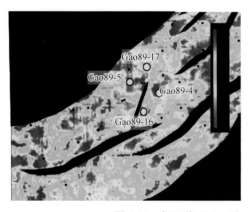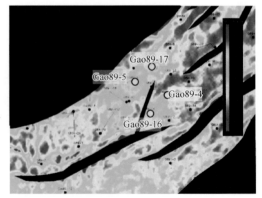

图 5-11　气驱前(a)、后(b)油层顶界面最大振幅属性

反向调高 94 三维振幅属性色棒，突出低振幅区域可以更为清晰地发现注气井周缘振幅减弱区域的平面分布特征，该特征与 G89 井区二氧化碳的注采平面分布规律较为一致，据此认为油层顶界面振幅异常减小区即为二氧化碳驱油波及范围（图 5-12）。

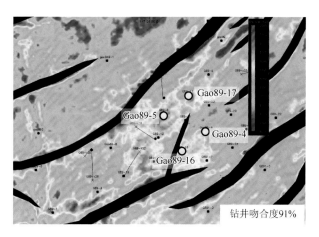

图 5-12　气驱后油层顶最大振幅属性

油层顶界面振幅异常减小是二氧化碳气驱最为显著的地震响应特征，如图 5-13 所示，在注气井周缘正向构造带振幅异常减小现象明显，且上下强反射层均无类似变化，说明该地震响应异常确为气驱引起。

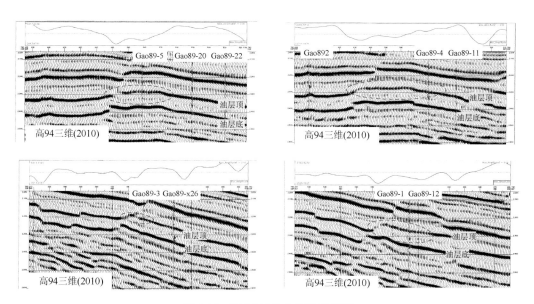

图 5-13　高 94 三维典型地震剖面

将油层顶界面振幅异常属性进行空间显示，即可发现异常区均位于注气井周缘的正向构造带上，从该预测结果可以清晰地看出二氧化碳在地层中沿构造脊向圈闭高部位运聚的特征（图 5-14）。

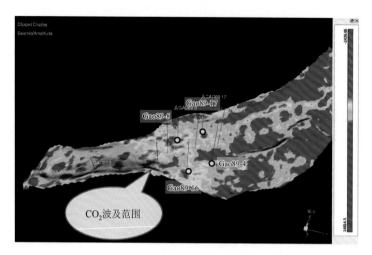

图 5-14　基于油层顶界面振幅差异的驱油层二氧化碳波及范围地震预测

5.2.2.3　基于层间累计振幅差异的驱油层二氧化碳波及范围地震描述

由于驱油层段主要为砂泥岩薄互层，影响了地震波的干涉，从而造成了驱油层间反射振幅的变化，驱油前后层间累计振幅存在显著差异（图 5-15）。

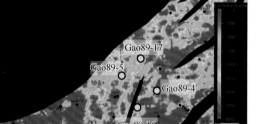

图 5-15　层间累计振幅差异

由于层间振幅的不稳定性，两期资料间虽存在明显差异，但规律性相对较差，需要进行提高预测的精度和可靠性，因此引入了环境校正因子，对两期资料属性残差进行校正。环境因子是通过提取多个稳定强反射的残差值后，通过互均化融合，形成环境校正系数，从而校正残差预测结果（图 5-16）。通过该方法预测后显著提高了预测结果与实际生产情况的相似性，较好的预测了二氧化碳驱油层间波及范围，预测结果与井较为吻合（图 5-17）。

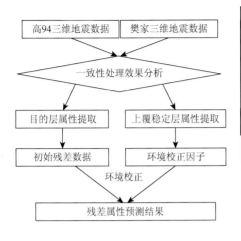

图 5-16　类时移地震属性预测流程

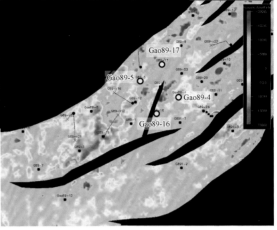

图 5-17　层间累计振幅差异预测结果

5.2.2.4　基于波形差异的驱油层二氧化碳波及范围地震描述

二氧化碳驱油降低驱油层地层速度后，能够引起地震响应特征的系列变化，而该系列变化的综合表现即为驱油后上覆地层、目的层与下伏地层波形上呈现出"上弱、中强、下凹"的典型波形特征（图 5-18）。

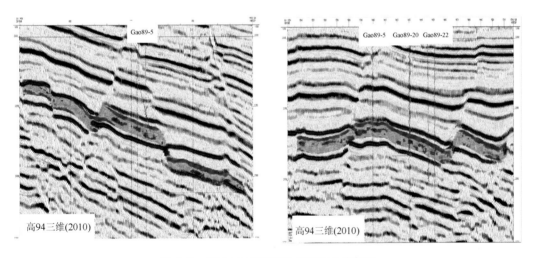

图 5-18　高 94 三维典型地震波形分类剖面

波形聚类分析是基于地震道的形状变化情况，将地震数据样点值的变化转换成地震道形状的变化，振幅值的大小对地震道整体形状变化来说意义并不是很重要。首先划分出几种典型的波形形状，然后每一实际地震道被赋予一个非常相似的模型道的形状。如图 5-19 所示，按照地震波形的差异将地震波形分为 4 类（红、黄、绿、蓝），可以发现，红色和黄色类别的分布范围与二氧化碳注采情况关联度高，可以表征二氧化碳驱油波及范围。

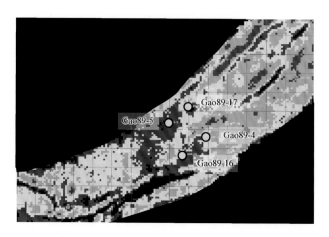

图 5-19　二氧化碳驱油波形分类预测结果

在正演分析的基础上，通过理论分析认为地震振幅、频率、波形及 AVO 类属性对二氧化碳气驱均有比较明显的响应，由此证实了利用地震资料描述二氧化碳驱油波及范围的可行性。

5.2.2.5　基于频率类属性检测方法的驱油层二氧化碳波及范围地震描述

频率类属性可以有效利用地震数据中蕴含的频率信息，表征需要的地震特征与差异。单频属性展示的是地震数据某单一频率信息，不同的单一频率属性可以表征该频率所包含的特有信息。另外，理论研究和实际应用表明，在地质体中，如果孔隙发育，充填油、气、水（尤其对于含气的情况）时，地震反射吸收加大，高频吸收衰减加剧，含油气地层吸收系数可比相同岩性不含油气地层高几倍甚至一个数量级。地层含有非饱和的油气时，能量衰减更明显地表现出异常衰减，而吸收衰减类属性利用的就是这种特性，主要包括衰减梯度因子、有效频带宽度、有效带宽能量及频谱衰减指数等。根据上文的分析，在特定频率段，注气后的地震资料存在着频率衰减现象。因此，采用单频属性和吸收衰减属性来进行分析。

1）单频属性

根据前文注气后新资料在 25～50Hz 频率段存在明显衰减的认识，运用广义 S 变换（Stockwell et al.，1996）分别提取两期资料的 25Hz、45Hz 单频属性数据体，而后沿 T_7 层下延 10～75ms（时窗范围为沙四下段注气位置）抽取得到单频属性切片（图 5-20）。根据频率衰减效果，结合注气井网分布，标注出利用 25Hz、45Hz 单频属性检测得到的二氧化碳驱替波及范围，如图 5-20 中蓝色虚线圈定区域所示。对比两种单频属性切片预测结果可知：45Hz 单频属性切片图中蓝色虚线圈定区域频率衰减更为明显，效果更好。

2）吸收衰减属性

通过吸收衰减类属性（Mitchell et al，1996；刁瑞等，2011）提取算法，对两期地震数据体进行计算得到相应的注气前后频率衰减属性数据体，沿 T_7 层下延 10～75ms 提取

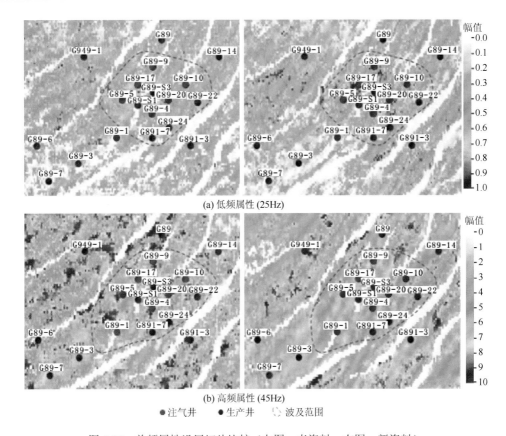

(a) 低频属性 (25Hz)

(b) 高频属性 (45Hz)

●注气井　●生产井　⟨⟩波及范围

图 5-20　单频属性沿层切片比较（左图：老资料，右图：新资料）

有效带宽能量和频谱衰减指数属性（图 5-21）。分析两个断层之间的地震属性，根据频率衰减效果，结合注气井网分布，标注出利用有效带宽能量、频谱衰减指数属性检测得到的二氧化碳驱替波及范围，如图 5-21 中蓝色虚线圈定区域所示。分析对比两种资料属性的预测结果可知：蓝色虚线圈定区域的衰减效果均很明显，预测范围也基本一致；相比于单频属性，频率衰减属性预测结果的波及范围更大，方法一致性较好，预测可靠性更高。

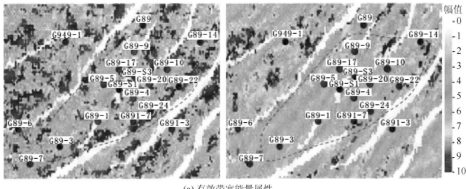

(a) 有效带宽能量属性

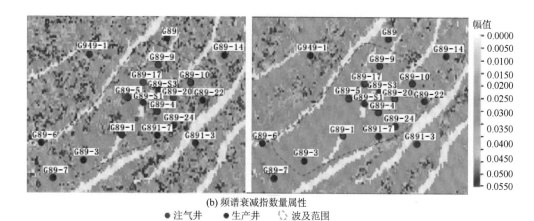

(b) 频谱衰减指数量属性

● 注气井　　● 生产井　　○ 波及范围

图 5-21　频谱衰减类属性比较（左图为老资料，右图为新资料）

根据工区构造特点及井网分布，实地考察了 34 口井。分析以上几种频率类属性的波及范围预测结果可知：单频属性的预测结果中，只有 11 口井在预测的波及范围内，而实地考察结果显示，共有 15 口井出气，而且单频属性预测结果与注气井点的滩坝砂分布规律并不吻合，效果相对较差；有效带宽能量属性的预测结果显示，共有 14 口井在预测的波及范围内，其中 13 口井的结果与实地考察一致，但在储层两端与井点认识存在差异；频谱衰减指数属性预测准确率更高，有 13 口井的预测结果与实地考察相吻合，准确率达到了 86.7%。

3）认识及结论

（1）注气前后采集的两期地震资料存在着采集条件不同的问题，经过一致性处理后，两期资料时差基本一致且振幅值波动范围基本一致，但在储层两端区域还存在较大差异；两期资料的主频基本一致，但注气后发生了高频衰减现象，使得两期资料在高频段存在一些差异，可以用来对二氧化碳驱油波及范围进行预测。

（2）运用单频、频谱衰减指数及有效带宽能量等多种频率类属性进行注气后波及范围的预测，并与实地考察结果进行了对比。单频属性预测结果准确性较低，而有效带宽能量及频谱衰减指数等频率衰减类属性的检测效果较高，特别是频谱衰减指数属性的波及范围预测结果，相比于实地考察得到的波及范围，其井点吻合率达到了 86.7%。预测结果对 G89-4 井区的二氧化碳驱有实际指导作用，对二氧化碳驱油地震监测的理论与实践有一定的借鉴作用。

5.2.3　二氧化碳驱油波及范围地震多元逐步描述方法

研究实际表明，单一的地震属性对二氧化碳气驱响应较为明显，但在平面上精确确定波及范围仍有一定的不确定性。采用不同的地震属性多波及范围进行平面的描述得到的结果存在一定的差异，且无从确定孰好孰坏。

为解决单属性分析中普遍存在的多解问题，充分利用多属性中的有效信息，体现多属性综合效应，在这里引入地质统计学的多元逐步判别方法，并在实现过程中借用了计算机图像分析中的近邻边界识概念，以实现波及范围的精确确定。

5.2.3.1 多元逐步判别分析的基本原理

逐步判别是一种变量筛选的方法，它以附加信息检验理论为基础。将已知的多组样本数据记为 X_{ijk}，它来自 G 个具有相同协方差矩阵的总体 $N(\mu, \sum)$，X_{ijk} 的意义是第 i 组第 j 个样品第 k 个变量数据，($i=1, \cdots, G$；$j=1, \cdots, S_i$；$k=1, \cdots, V$)。首先要检验区分 G 个总体的能力，即检验所选 V 个变量对划分 G 个总体的能力，也就是检验假设 Ho：$\mu_1 = \mu_2 = \cdots = \mu_G$。如果 Ho 被否定，则说明 G 个总体可以区分，从而可以利用判别函数进行判别。

对假设 Ho 的检验，可以用维克斯（Wilks）统计量计算：

$$\Lambda = \frac{|C|}{|T|} \tag{5-1}$$

其中，

$$C = \sum_{i=1}^{G} \sum_{j=1}^{S_i} (X_{ij} - \bar{X}_i)(X_{ij} - \bar{X}_i)^{\mathrm{T}}$$

$$B = \sum_{i=1}^{G} S_i (\bar{X}_i - \bar{X})(\bar{X}_i - \bar{X})^{\mathrm{T}}$$

$$T = C + B$$

在式（5-1）中，C 为组内离差，B 为组间离差，S_i 为样品总数。Λ 即为组内离差与总离差之比，Λ 的值越小，说明 G 个总体的差异越大，因此可以将 Λ 看作是"判别能力"的一种度量。附加信息检验就在于已知前 k 个变量对总体有显著作用的情况下，判别剩余 $V-k$ 个变量的加入对 k 个总体的区分能否提供新的附加信息。在实际的计算中应采用近似式计算 F 检验值。

把 k 个变量分作前 $k-1$ 个变量和最后第 k 个变量，讨论第 k 个变量的加入对"判别能力"有无显著影响，在第 V 个变量和提供附加信息的假设下构造统计量：

$$F = \left(\frac{\Lambda_{k-1}}{\Lambda_k} - 1\right) \frac{N - (k-1) - G}{G - 1} \tag{5-2}$$

式（5-2）服从 F 分布 $F[G-1, N-(k-1)-G]$，可以进行 F 检验。与统计量 Λ 一样，F 值的大小同样反映了"判别能力"的大小。F 值越大，则第 k 个变量对判别越有利。当计算值 $F>[G-1, N-G-(k-1)]$ 时，认为其判别能力显著；反之亦然。

在实际的计算过程中，是以变量的判别能力为顺序逐个选入判别能力强的变量，并设法剔除判别能力差甚至会导致相反作用的变量。选入和剔除变量的依据就是 WilksΛ 准则。假设按上述准则选入了 m 个变量，则可以按上述的公式计算判别系数和常数项：

$$C_{ki} = (N - G) \sum_{k \in m} W_k \overline{X_i} \tag{5-3}$$

$$C_{oi} = -\frac{1}{2} \sum_{k \in m} C_{ki} \overline{X_i} \tag{5-4}$$

根据判别系数和常数项可以建立第 i 组的判别函数为

$$F_i(X) = \ln q_i + \sum_{k \in m} X_k C_{ki} + C_{oi} \qquad (5\text{-}5)$$

其中，$q_i = S_i / m$ 为第 i 组的先验概率，可以用样品的频率近似代替。对于给定的样品可以按照上述公式计算的函数值进行分组判别。

建立了各组样品模型的判别函数以后，还必须对判别效果进行回报检验，根据其正判率的大小决定该模型的取舍。通常正判率不应低于 75%，正判率最低使用标准应为 70%。

5.2.3.2　近邻边界多元逐步判别分析确定波及范围方法

采用近邻边界多元逐步判别分析的方法确定二氧化碳驱油波及范围是本次研究的创造性尝试。近邻边界的概念源于计算机图像识别，通过识别数据点邻域内最远的同类数据点和最近的异类数据点之间的边界区分未知数据的归属确定该数据点领域内波及边界，可以有效地提高计算效率。

在具体的实现过程中，利用单属性综合分析确定的初始波及范围，在其内侧勾画一个相似的多边形，并认为该多边性整体处于确定的波及区内；然后在该多边形上均匀取点，构成一个已知归属的数据点集；最后定义数据点邻域（及搜索半径），并对每一数据点进行 360° 旋转搜索，确定近邻边界，完成逐点搜索后可综合确定波及范围（图 5-22）。

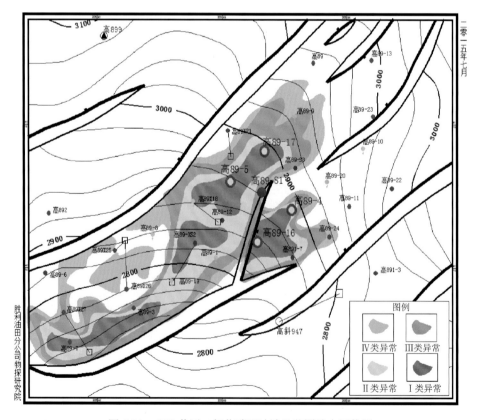

图 5-22　G89 井区二氧化碳驱油波及范围综合评价图

5.2.4　基于 AVO 属性的二氧化碳驱油波及范围地震检测

5.2.4.1　二氧化碳驱油层 AVO 响应特征

采用反演思路进行二氧化碳驱油地震监测的关键在于，明确在地层条件下二氧化碳注入后能否形成足够的 AVO 响应。从 20 世纪 90 年代开始，Khatiwada 等（2009），Gutierrez 等（2012）与 Wang 等（1998）详细研究了浅层储层中二氧化碳注入前后岩石物理参数的变化，注气层深度均小于 1000m。而 G89 区块注气层深达到 2800～3200m，储层为粉砂岩与泥岩薄互层的岩性组合结构，二氧化碳注入以后能否产生足够的 AVO 异常，还需进一步开展研究。本书首先模拟中深层地层条件，通过两层介质及井模型开展了二氧化碳浓度、孔隙压力与入射角、PG 属性的关系模型研究，建立了基于 AVO 方法进行地震监测的理论基础。由于 G89 注气区块内缺少横波测井资料，此次正演模型的建立参考高 94 井横波测井资料。高 94 井位于 G89 块北，沉积相同为滨浅湖滩坝沉积，储层及含油性与 G89 区块类似，其横波资料具有可参考性。

1）两层介质模型

两层介质模型中，假设储层和盖层为各向同性介质，依据 G94 建立了双层介质模型（图 5-23），并分别对盖层和储层的纵波速度、横波速度以及密度进行方波化处理，预测出了不同压力下的两层介质模型的参数（表 5-3）。

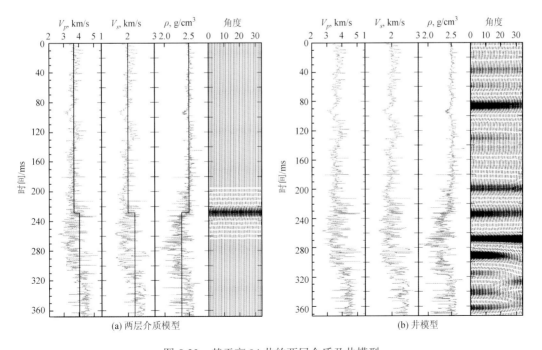

(a) 两层介质模型　　　　　　　　　　(b) 井模型

图 5-23　基于高 94 井的两层介质及井模型

表 5-3 储层参数及不同压力、CO₂ 饱和度下预测参数

参数	上覆岩层	储层（注气前）	储层（注气后）	储层（注气后）	储层（注气后）
孔隙压力		42.6MPa	42.6MPa	38.6MPa	34.6MPa
上覆压力		57.5MPa	57.5MPa	57.5MPa	57.5MPa
CO_2 饱和度		0%	0%，10%，40%	0%，10%，40%	0%，10%，40%
V_p（km/s）	3.667	4.034	4.054，4.031 4.014	4.208，4.185 4.172	4.344，4.317 4.305
V_s（km/s）	1.998	2.253	2.310，2.310 2.309	2.403，2.403 2.404	2.481，2.481 2.482
ρ（g/cm³）	2.499	2.347	2.359，2.358 2.357	2.359，2.358 2.357	2.359，2.358 2.357

　　利用 Zoeppritz 精确公式分别计算孔隙压力为 42.6MPa、38.6MPa 以及 34.6MPa 下，平面波入射角度从 0°到 50°的反射系数，以及不同饱和度的反射系数（图 5-24）。通过分析反射系数与入射角的关系可以看出，不同压力不同饱和度下，反射系数在入射角 0°～30°是缓慢降低的，入射角在 30°以上是增大的。而对于不同的孔隙压力，随着孔隙压力的降低，也就是差异压力的增大，反射系数是整体增大的；在相同压力下，随着二氧化碳饱和度的增加，反射系数是整体减小的。

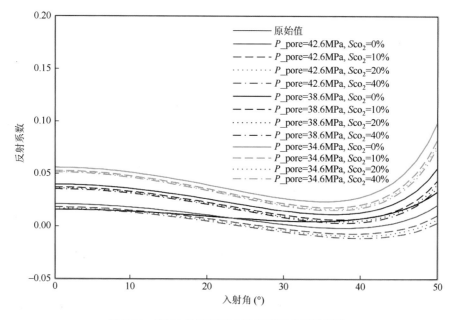

图 5-24 高 94 井不同压力饱和度下的反射系数

　　从梯度与截距的关系可以看出（图 5-25），不同孔隙压力和不同饱和度对流体梯度和截距的影响有差异性。通过不同的梯度和截距都可以来识别不同压力下的流体，梯度的变化相对更大。而对于不同的二氧化碳饱和度可以通过截距来识别，但是效果不如对压力的识别有效。在二氧化碳的注入过程中，注入井点的孔隙压力必然会发生变化，模型中孔隙

压力变化为 4MPa，因此模型中压力变化 4MPa 就可以识别流体。而当孔隙压力稳定之后，随着孔隙压力的增大，流体能够被识别所需要达到的饱和度变小。

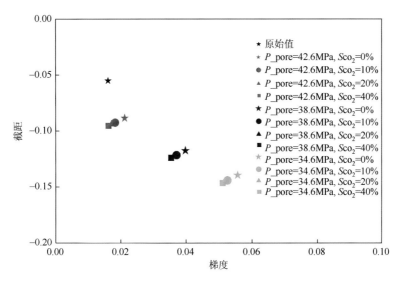

图 5-25　高 94 井不同压力饱和度下的 AVO 梯度-截距图

2）井模型

由于两层介质模型是将储层盖层的参数进行了方波化，这样做即假设介质为各向同性均匀介质，而 G89 区块为复杂的薄层、薄互层储层类型，为了进一步使模型接近实际地层特征，以实际测井资料为基础，制作了高 94 井井模型的合成地震记录来模拟二氧化碳不同注入阶段的地震响应（表 5-4）。

表 5-4　井模型 AVO 反射系数对应的纵、横波速度及密度

参数	上覆岩层	储层（注气前）	储层（注气后）	储层（注气后）	储层（注气后）
孔隙压力		42.6MPa	42.6MPa	38.6MPa	34.6MPa
上覆压力		57.5MPa	57.5MPa	57.5MPa	57.5MPa
CO_2 饱和度		0%	0%，10%，40%	0%，10%，40%	0%，10%，40%
V_p（km/s）	3.432	3.501	3.623，3.578 3.532	3.685，3.601 3.550	3.734，3.690 3.613
V_s（km/s）	1.769	1.795	1.837，1.836 1.836	1.885，1.884 1.885	1.901，1.900 1.901
ρ（g/cm³）	2.368	2.347	2.351，2.351 2.350	2.350，2.351 2.351	2.351，2.350 2.351

为了更好地保留测井资料深时转换后的薄层及薄互层信息，采用了测井资料深时转换 0.1ms 的采样率进行深时转换，将深时转换之后的每 0.1ms 的纵、横波速度以及密度当作一层与 Ricker 子波褶积得到不同压力饱和度下的合成地震记录（图 5-26）。不同压

力饱和度下的合成地震记录与未注入二氧化碳时的合成地震记录有差异，随着孔隙压力的增大，振幅差异越来越明显，而在相同的压力下，随着饱和度的增大，振幅差异也越来越明显。

通过拾取盖层和储层分界面处强反射轴的反射系数，研究了孔隙压力与饱和度变化条件下，反射系数随入射角度变化的趋势（图 5-27）。井模型的 AVO 曲线与两层模型的 AVO 曲线在低角度（小于 30°）是相似的，高角度两层模型反射系数增大而井模型反射系数变化不大，是因为两层模型可以反映 AVO 的整体趋势，但是两层模型将地层假设为各向同性介质显然是不合适的，所以井模型的 AVO 变化更真实可靠。井模型的梯度截距图与两层模型梯度截距图大致相似，均表现为孔隙压力的变化对梯度比较敏感，对截距不敏感，但仍存在一定的差异，在同一孔隙压力下，不同二氧化碳饱和度的梯度截距有一定差异（图 5-28）。

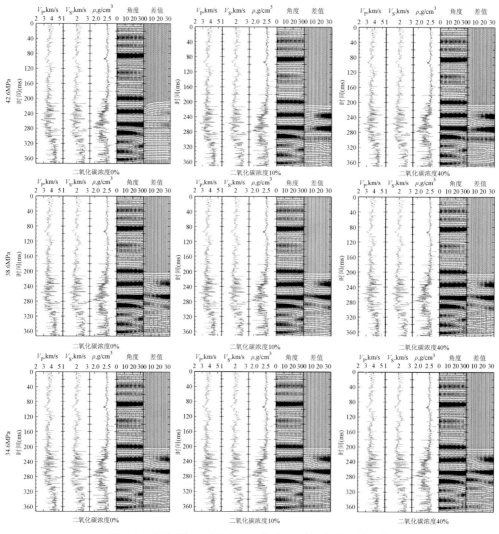

图 5-26　不同孔隙压力及 CO_2 饱和度下的合成地震记录

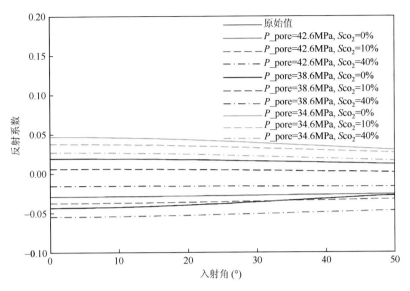

图 5-27　井模型不同压力和饱和度下的反射系数

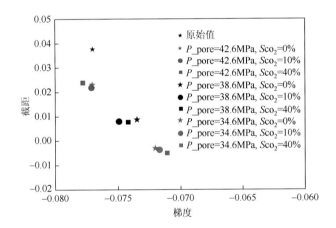

图 5-28　井模型不同压力和饱和度下的 AVO-梯度截距图

5.2.4.2　基于 AVO 属性的二氧化碳驱油地震监测方法

通过二氧化碳驱油理论模型的 AVO 响应特征研究，明确了注气层段具有明显的 AVO 特征，且认识到在反映孔隙压力变化方面，梯度比截距更有效。本书在理论分析的基础上，研究了 4 口注气井及 10 口产气井的注（产）气层段在新的地震资料中的 AVO 特征，建立了基于梯度 G 的含气层识别量板，并预测了截至 2010 年 11 月的二氧化碳驱油波及范围。

1）注气层段 AVO 响应特征

截至地震采集的 2011 年 10 月份，工区内注气井 4 口，采油出气井 10 口。分析了这 14 口井对应的注（采）气层段 AVO 响应特征（表 5-5）。从分析结果来看，注气层段均具有明显的 I 类 AVO 响应特征，随着入射角的增大，振幅逐渐减低，随着偏移距的增大可以看到振幅反转的现象。区块内离注气井较远的 G89-7 井，虽然也监测到了二氧化碳气的产出，但是产出量较小，在地震上没有表现出明显的 AVO 特征，这表明注气量的大小对注气层段的 AVO 效应具有直接的影响。

同时，为了对比注气层段与未注气层段的 AVO 特征差异性，进一步分析了非注气层段的 AVO 响应特征，研究发现，非注气层段无论是含油储层或是盖层，均未出现明显的 I 类 AVO 特征。通过对比可以看出，二氧化碳注入后储层孔隙压力及流体成分的变化导致了 AVO 现象，且与围岩具有较大的差异性，因此通过对注气层段中 AVO 效应的量化表征，可以实现对二氧化碳波及范围的预测。

表 5-5　G89 块注气层段及非注气层段 AVO 特征表

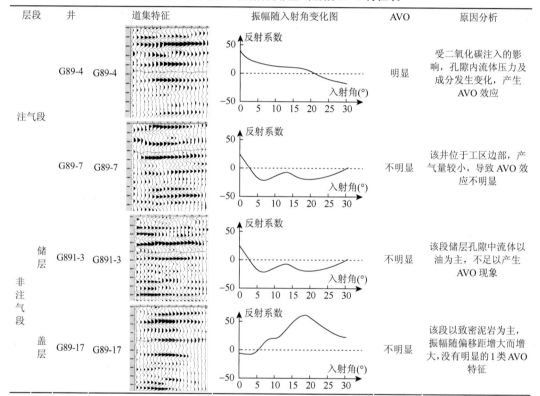

层段	井	道集特征	振幅随入射角变化图	AVO	原因分析
注气段	G89-4　G89-4			明显	受二氧化碳注入的影响，孔隙内流体压力及成分发生变化，产生 AVO 效应
	G89-7　G89-7			不明显	该井位于工区边部，产气量较小，导致 AVO 效应不明显
非注气段	G891-3　G891-3 储层			不明显	该段储层孔隙中流体以油为主，不足以产生 AVO 现象
	G89-17　G89-17 盖层			不明显	该段以致密泥岩为主，振幅随偏移距增大而增大，没有明显的 I 类 AVO 特征

2）基于梯度 G 的含气层识别量板

理论模型研究已经明确，梯度 G 属性能有效识别储层中孔隙压力的变化。据此，在注气层段开展了梯度属性 G 与截距 P 的交汇分析，将梯度属性划分为四个区间投影到地震剖面上（图 5-29）。通过定性分析表明，低梯度属性与注气层吻合度较高，这与理论分析结果是一致的。为了更精确地预测注气波及范围，需要建立实际工区的梯度属性与注气量或者产气量的定量关系，形成基于梯度属性的含气层识别量板，提高注气波及范围识别精度。

统计了 4 口注气井及 10 口产气井的截距 P 与梯度 G，建立了 P、G 与产气量之间的关系（图 5-30）。同时为了更准确的反映梯度与产气量之间的定量关系，加入了 3 个未注气储层段和 3 个围岩段的数据。基于 20 个分析数据对，建立 P、G 属性与产气量之间的定量关系量板。通过量板可以看出，注气量/产气量与梯度 G 属性具有较好的相关性，注气量/产气量大于 100t，对应梯度值小于-50。非注气层段储层及泥岩盖层的梯度与注气层段具有较大区别。这表明通过 AVO 梯度属性的分析可以对注气波及范围进行预测。

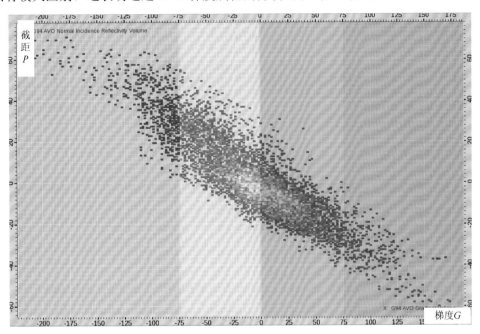

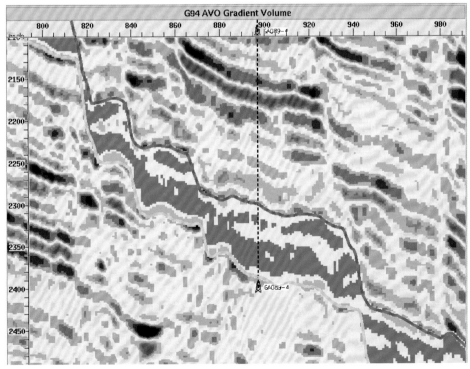

图 5-29　高 94 井梯度属性交汇分析

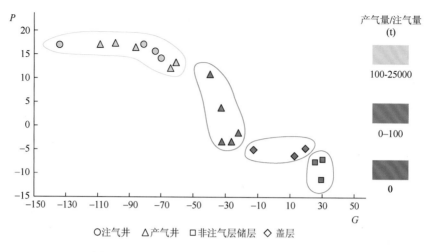

图 5-30　P、G 属性与注气量/产气量关系散点图

3）二氧化碳驱油波及范围

理论分析证明，由于二氧化碳注入引起的孔隙压力的变化可以从梯度属性中反映出来，实际注气井的分析也表明利用 AVO 属性开展二氧化碳驱油波及范围预测的可行性。从四口注气井的注气历史图可以看出，在地震资料采集前，沿时间轴可以划分为三个大的集中注气时期，这三个时期在地下储层中可以形成 3 个波及面（图 5-31，图 5-32）。

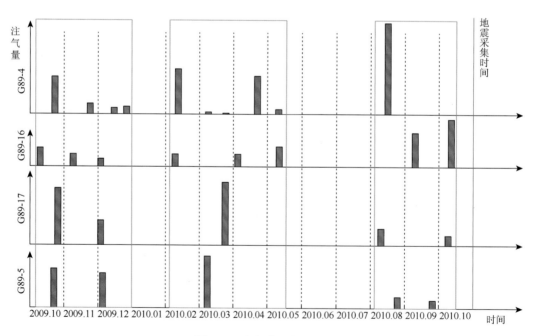

图 5-31　注气井注气历史图

基于梯度属性沿注气层段开展了注气波及范围的预测，预测结果表明：G89 区块沙四段纯下亚段在地震采集时刻表现为 3 个二氧化碳气驱波及面，以 G89-4 井为中心，呈同心

放射环带状。气驱波及面与注气井的注气史具有较好的一致性（图 5-32）。

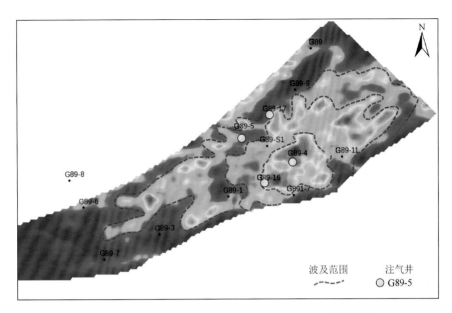

图 5-32　G89 区块沙四段纯下亚段 CO_2 驱油波及范围预测图

理论分析表明二氧化碳注入储层中能引起明显的 AVO 效应，随入射角的增大，反射系数减小。孔隙压力变化对梯度属性较为敏感，随着孔隙压力的增大，梯度逐渐降低。利用梯度属性预测二氧化碳的波及面具有一定的可行性。G89 注气区块内注气储层段具有明显的 AVO响应特征，非注气储层段及盖层段 AVO 特征不明显。梯度属性与注气井的注气量或产气井的产气量具有一定的量化关系，当梯度属性小于–50 时，表征了主要的注气波及范围。G89 区块沙四段纯下亚段在地震采集时刻表现为 3 个二氧化碳气驱波及面，以 G89-4 井为中心，呈同心放射环带状。气驱波及面与注气井的注气史具有较好的一致性。将注入的二氧化碳气体看作是储层中的人造气藏，利用注气后采集的地震资料，通过 AVO 理论研究方法，可对二氧化碳气驱的波及范围进行有效预测。该方法避免了四维地震研究中的一些问题，为缺少四维地震的工区中开展二氧化碳波及范围的研究提供了一种新的途径和方法。

5.2.5　基于速度频散因子表征的二氧化碳驱地震监测方法

速度频散是指地震波在含流体介质传播过程中，相速度随着频率的变化而发生变化的现象。近年来，国内外专家对地震资料的频散因子进行了大量的研究与应用。Taner 等（1979）在开展复地震道信号研究过程中，发现油藏位置的频率特征向低频移动，并且在油气藏下方存在低频阴影的现象。Castagna 等（2003）利用高分辨率瞬时谱分析方法，研究了与储层含烃相关的低频阴影现象，但关于低频阴影的成因却未给出确定性解释。He等（2010）用几种不同的孔隙流体结合温度变化，实现了对流体黏度引致的速度频散研究。Sun 等（2013）和 Lin 等（2014）基于双相介质理论公式，研究了流体参数和频率对地震波衰减和频散的影响规律。Wilson 等（2009）通过研究 Chapman 多尺度频散岩石物理模型，将叠前反演和现代谱分解方法相结合，提出了基于频变 AVO 反演的频散属性定量表征方法。Wu 等（2010）结合时频重排高分辨率 RSPWVD 算法实现了频变 AVO 反演方法。Zhang 等（2011）发展了纵波速度频散属性贝叶斯叠后地震反演方法，并将频散属性应用到实际地震资料流体识别中。Zhang 等（2013）开展了弹性参数频散程度敏感性分析方面的研究，并提出了基于 Russell 近似公式的频变流体因子反演方法。

在前人研究基础上，从实际工区特点出发，本书发展了利用纵波速度频散因子进行油藏动态监测的地震解释方法。利用频散因子检测二氧化碳驱的路径，并最终落实二氧化碳驱的影响范围。理论模型测试与实际资料研究表明，速度频散因子可以高效地进行四维地震油藏动态监测，对提高油藏采收率有指导意义和应用价值。

5.2.5.1 方法原理

考虑二氧化碳在注入地层驱油过程中会发生纵波速度的频散现象，因此纵波速度 v_p 可以表征为频率的函数 $v_p(f)$，进而纵波反射系数可以写成如下形式（Wilson et al.，2009；Zhang et al.，2011）：

$$r(f) = \frac{v_{P2}(f)\rho_2 - v_{P1}(f)\rho_1}{v_{P2}(f)\rho_2 + v_{P1}(f)\rho_1} = \frac{1}{2}\left[\frac{\Delta v_P}{v_P}(f) + \frac{\Delta\rho}{\rho}\right] \tag{5-6}$$

式中，$r(f)$ 为反射系数；v_{P1}、v_{P2} 分别为上层和下层的纵波速度；ρ_1、ρ_2 分别为上层和下层地层密度；Δv_P 为上下层速度差，$\Delta\rho$ 为上下层密度差，v_P、ρ 分别为平均纵波速度和密度。

Robinson（1953，1956）提出了平稳地震记录褶积模型，即自激自收的地震记录等价于地震子波和反射系数的褶积，在频率域相当于反射系数谱 $r(t,f)$ 和子波谱 $w(t,f)$ 的乘积：

$$r(t,f) * w(t,f) = s(t,f) \tag{5-7}$$

式中，$r(t,f)$ 为反射系数；$w(t,f)$ 为子波；$s(t,f)$ 为地震记录。

由于地震子波模糊了地层反射系数的信息，因此有必要将地震记录频谱展宽，即去除"子波叠影"的影响，进而恢复仅由复杂地下介质引起的声波反射信息。假设地层反射系数符合高斯白噪分布（地层滤波作用视为线性时不变系统），则谱均衡具体过程可以阐述为

$$r(t,f) = \frac{s(t,f)}{w(t,f) + \varepsilon} \tag{5-8}$$

式中，ε 为无穷小量，主要用来提高谱均衡过程的稳定性。将 $r(f)$ 在 f_0 处泰勒展开，忽略掉高阶项，得到：

$$r(t,f) \approx r(t,f_0) + D_{Rf}\mathrm{d}f \tag{5-9}$$

式中，$D_{Rf} = \dfrac{\partial[r(t,f)]}{\partial f}$，表示反射系数的频散程度。假设密度不会随着频率的变化而发生

变化，由此密度对频率的偏导数可以忽略不计，将（5-1）式代入（Wu et al.，2010）：

$$r(t,f) - \frac{1}{2}R_\rho(t) = \frac{1}{2}\frac{\Delta V_\rho}{V_\rho}(f_0) + \frac{1}{2}1)_{vf}(f - f_0) \tag{5-10}$$

令 $R_\rho = \frac{\Delta V_\rho}{V_\rho}(f)$，表示纵波速度反射系数，则 $D_{vf} = \frac{\partial R_v}{\partial f}$ 为纵波速度频散程度的定量表征形式。

将式（5-7）和（5-8）代入（5-10）式，并考虑存在 N 个采样点和 M 个频率，可以得到：

$$\begin{bmatrix} \dfrac{s(t,f_1)}{w(t,f_1)+\varepsilon} - \dfrac{1}{2}\boldsymbol{R}_\rho(f_0) \\ \dfrac{s(t,f_2)}{w(t,f_2)+\varepsilon} - \dfrac{1}{2}\boldsymbol{R}_\rho(f_0) \\ \vdots \\ \dfrac{s(t,f_M)}{w(t,f_M)+\varepsilon} - \dfrac{1}{2}\boldsymbol{R}_\rho(f_0) \end{bmatrix} = \begin{bmatrix} 0.5*E & (f_1-f_0) & *E \\ 0.5*E & (f_2-f_0) & *E \\ \vdots & \vdots \\ 0.5*E & (f_M-f_0) & *E \end{bmatrix} \begin{bmatrix} R_{v0} \\ D_{vf} \end{bmatrix} \tag{5-11}$$

式中，$\boldsymbol{E}_{N*N}$ 表示单位对角线矩阵；$\boldsymbol{R}_\rho$ 为密度反射系数组成的列向量；$\boldsymbol{R}_{v0}$ 为速度反射系数在参考频率处 f_0 的值。为了便于讨论反演问题，令 $\boldsymbol{Y}$ 表示实际输入地震反射响应，$\boldsymbol{F}$ 表示反演过程的核矩阵，$\boldsymbol{X}$ 表示待反演参数信息。本书采用阻尼最小二乘方法求解上述目标方程：

$$\boldsymbol{X} = (\boldsymbol{F}^{-1}*\boldsymbol{F} + \varepsilon_0^2\boldsymbol{E})^{-1}*\boldsymbol{Y} \tag{5-12}$$

在速度频散因子提取过程中，需要联合广义 S 变换谱分解方法，详细处理步骤包括：①通过广义 S 变换谱分解提取注二氧化碳前后两期资料的若干单频剖面；②进行注气前后地震道集时频分析，综合测井曲线和井旁道提取地震子波；③进行时移地震资料谱均衡处理，去除"子波叠影"的影响，恢复地层反射系数频响应；④根据构建的频散因子提取方程，基于阻尼最小二乘提取纵波速度频散因子。

5.2.5.2　模型试算

1）模型建立

为了验证本书方法的有效性，用黏弹性介质正演方法（Carcione et al.，1988）。考虑到数值模拟的计算效率、编程实现复杂度，采用了 Kelvin-Voight 模型。Kelvin-Voight 的黏弹性方程为（Sun et al.，2011）

$$\frac{1}{\rho(x)}\frac{\partial p}{\partial t} = -V(x)^2\left[\frac{\partial v}{\partial x} + \frac{\partial u}{\partial z}\right] - V^*(x)^2\left[\frac{\partial^2 v}{\partial x\partial t} + \frac{\partial^2 u}{\partial z\partial t}\right]$$

$$\frac{\partial v}{\partial t} = -\frac{1}{\rho(x)}\frac{\partial p}{\partial x} \tag{5-13}$$

$$\frac{\partial u}{\partial t} = -\frac{1}{\rho(x)}\frac{\partial p}{\partial z}$$

式中，p 是压力场；v 和 u 是质点振动矢量水平和垂直分量；$\rho(x)$ 是密度；$V(x)$ 是速度；

$V^*(x)^2 = \dfrac{V(x)^2}{Q\omega_0}$；$Q$ 是品质因子；ω_0 是参考频率。模拟得到地震炮集，经过精细处理并得到叠后偏移剖面，最后对偏移后的道集开展速度频散因子的提取工作，模型试算验证了本书方法的可靠性。图 5-33 为黏弹性介质的理论模型，我们假设注二氧化碳前后储层厚度不发生变化，且忽略薄互层对调谐频率的影响，通过品质因子的选择模拟由二氧化碳驱油过程引起的不同衰减作用，如图中第三层所示，左侧纵波品质因子 Q 值为 20，右侧 Q 值为 200。模型横向 1201 道，道间距 5m，纵向 2000m，网格剖分为 5m×5m，从（201，0）点开始放炮，每炮 401 道双边接收，炮间距 20m，共 181 炮。模型正演是由时间二阶空间十阶高阶交错网格有限差分法实现，叠后剖面用 Kirchhoff 偏移处理得到（图 5-34）。

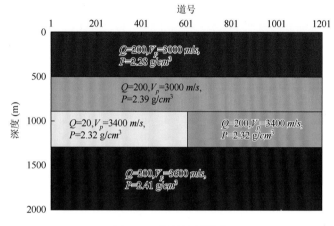

图 5-33　原始地层模型

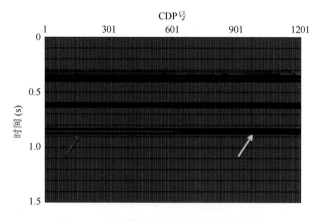

图 5-34　经过精细处理后的时间偏移结果

2）时频分析

为了能较清楚地看出不同程度衰减引起的频散效应，针对图 5-34 中的时间偏移结果开展瞬时谱分析，结果如图 5-35 所示。图 5-35（a）中分别展示了 CDP1000 和 CDP150 位置处上、中、下界面的时频谱分析结果，容易看出第一层频带宽度基本不变，而第二层频带宽度略有衰减，衰减不到 1Hz，第三层频带宽度衰减比较明显，衰减约 7Hz 左右（如图中箭头所示）。因此作者提取底层反射的瞬时谱曲线，如图 5-35（b）所示，通过对比 CDP1000 位置处的地层反射频谱（参考层），可以看出 CDP150 位置的底层反射频带响应明显变窄，Q 值为 20 时高频衰减明显，这为下一步提取地震速度频散因子奠定了基础。

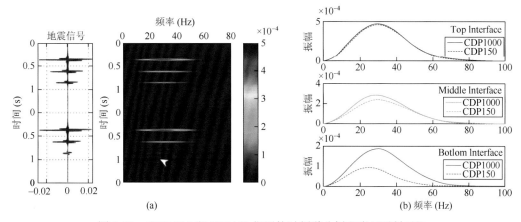

图 5-35　CDP1000 和 CDP150 位置的时频谱分析和底层反射对比

3）频散因子提取与分析

首先进行谱均衡处理，其中参考频率 f_0 为 21Hz，该频率也是正演模拟中所加载子波的主频。然后根据式（5-12）求取速度频散因子，图 5-36 为 CDP150 和 CDP1000 位置的频散因子提取结果，可以观察到在第一界面（无衰减效应）速度频散因子值相同。两道地震数据的中间反射位置（左端为衰减层上界面，右端为无衰减层上界面）频散因子差别相对变大，并且 CDP150 的频散因子相对 CDP1000 的频散因子有所增强，由此可见地下衰减介质的顶界反射同样会受到层内衰减的影响。针对衰减层的底界面分析，CDP150 第三界面位置的速度频散因子差异更加明显，远远超过 CDP1000 位置的频散因子值。总体上来看，CDP1000 位置的三层地震频散因子基本相同，然而 CDP150 位置的频散因子值由于受到了强衰减地层的影响，从浅部到深部逐渐增大，由此可验证方法的有效性。

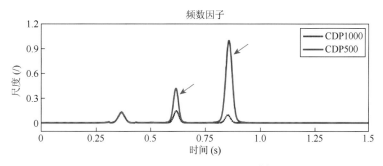

图 5-36　CDP150 和 CDP1000 位置频散因子对比

5.2.5.3　技术应用

1）注采基本情况

在二氧化碳驱油地震监测实验区——G89 井区，开展速度频散因子的提取及研究。图 5-37（a）、（b）为注二氧化碳气前后两期地震资料连井剖面，采集时间分别为 1992 年和 2011 年。前后两期资料是经过一致性处理后的，参照层位以及未注气区域的一致性较好，基本排除了地震资料采集、处理参数所带来的变化。二氧化碳注气井为 G89-4 井和 G89-9 井（注气时间从 2008 年开始），G89-S3 井和 G891-7 井为生产井，图中红色椭圆区域为目的层位置。油藏深度 3000m 左右，二氧化碳以液态形式被注入油层，开始时压力

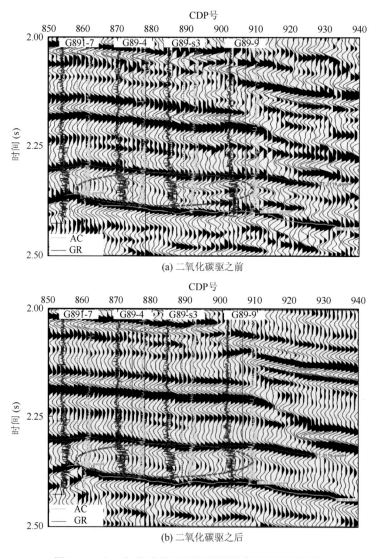

(a) 二氧化碳驱之前

(b) 二氧化碳驱之后

图 5-37　注二氧化碳前后两期资料连井地震剖面比较

能达到 40MPa，注气后测得油藏压力为 28.7MPa，温度为 126℃，此时二氧化碳在储层中以气、液混相存在。

2）井旁道时频分析

首先，对井旁地震道集开展瞬时谱分析，为进一步确定参考频率提供依据。图 5-38 为 G89-4、G89-S3 井旁道地震数据注气前后时频分析结果。分析可知，G89-4 注气井位置（图中矩形框指示区域）在注气后高频段信息相比低频段反射衰减较明显，频带宽度明显变窄，带宽减小约 8Hz；G89-S3 井为生产井，同样注气后相比注气前频带宽度变窄，带宽减小约 14Hz，为纵波速度频散因子提取奠定了数据基础。

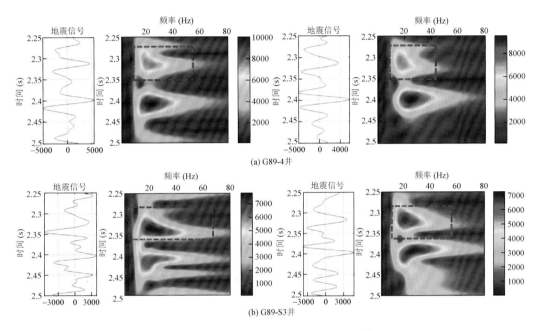

图 5-38　井旁道注气前后时频分析及比较

3）频散因子提取及实地调查验证

首先综合井旁道和测井资料提取地震子波，子波主频为 21Hz，该子波的主频即为参考频率 f_0，随后进行谱均衡处理，最后求取速度频散因子 $\boldsymbol{D}_{vf}$，图 5-39（a）和（b）为提取的速度频散因子对比结果。图中可见，油藏位置在注气后的频散因子剖面上出现明显变化，驱油井 G89-4 和 G89-9 由于受到二氧化碳驱油的影响，注气后油藏下方的速度频散因子异常增大，与气层引起的"低频阴影"现象相对应。由于该工区内储层具有良好的物性和连通性，生产井 G89-S3 和 G891-7 同样受到了二氧化碳驱油的局部影响，油藏下方频散因子异常增大。以上结果表明，可利用速度频散因子检测二氧化碳驱路径，并最终落实二氧化碳驱动态影响范围。

图 5-40 为沿目的储层顶部的速度频散因子沿层切片，其中，红色井位表示生产油井，黑色井位代表二氧化碳驱油的注气井。图中明显可见，在注气井区，速度频散因子出现异常高值，进而可较好地落实注二氧化碳气驱后目标油藏的动态影响范围。

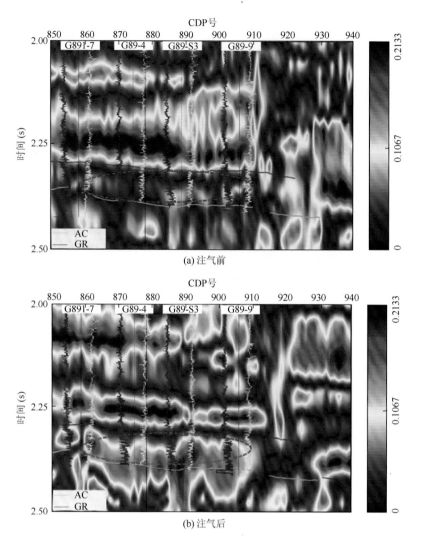

图 5-39　速度频散因子提取结果

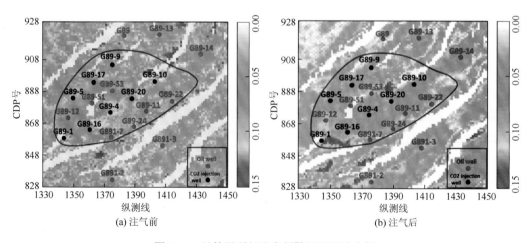

图 5-40　目的层顶部速度频散因子切片分析

为了验证方法的正确性，研究人员还进行了井场实际考察。二氧化碳从 G89-4 等注气井以液态形式注入（如图 5-41 右侧上部小图所示），气驱有没有到达生产井，可以从储油桶出气口直接观测到（图 5-41 右侧下部小图）。对比实际考察的 16 口井，预测结果与实际情况高度切合：

（1）图 5-40 注采区中的 9 口生产井都见到了冒出的二氧化碳气体；

（2）下部北西向大断层对气驱有封堵作用，G891-3 已停井；

（3）G89-14 等井由于已处于构造的深部位，没有见到二氧化碳气体，在靠外的井闻到了硫化氢气体，说明肯定不是气驱的波及区；

（4）在 G89-1 以西，构造属于高部位，但出气口的气已可以燃烧，说明二氧化碳驱替没有到达，进一步分析可知此处储层与注采区集中区是不连通的砂体。

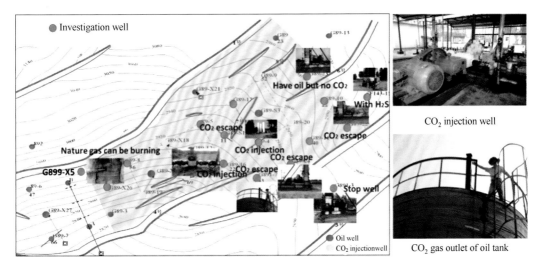

图 5-41　二氧化碳驱井场实际考察结果

二氧化碳驱油过程会引起速度频散和振幅衰减效应，并且高频段衰减比低频段明显，因此可利用速度频散因子进行油藏动态检测。本书基于 Robinson 模型推导了地震波速度频散因子的定量表征形式，构建了含速度频散因子的反演方程，利用黏弹性声波方程建立频率衰减模型验证了方法的有效性，并将其应用于胜利油田 G89 井区注气前后两期资料的目标处理与油藏动态监测中，取得了良好的效果。理论模型和实际应用结果表明，速度频散因子定量表征方法，可以较好地反映注气前后油藏位置的异常现象，圈定二氧化碳气驱后油藏的动态影响范围，结果对动态监测油藏变化、提高采收率、调整开发方案有积极的指导意义。

第6章　二氧化碳驱油气窜与逸散性地震预测

6.1　驱油区二氧化碳地质封存能力评价

6.1.1　断裂识别

　　分析非一致性地震资料处理的结果，利用樊家一致性匹配处理（叠前时间偏）、高94一致性匹配处理（叠前时间偏）、高94退化一致性匹配处理（叠前时间偏）三套地震资料进行分析研究。选用信噪比较高、断点刻画清晰的高94一致性匹配处理成果资料进行精细构造解释落实注气层顶面 T_7、注气层底面 Hc 及上覆标志层 T_6 三层标准反射层。并着重针对 T_7 反射层应用相干体、曲率属性落实微断裂并应用蚁群追踪算法开展裂缝预测。

6.1.1.1　相干体预测微断裂

　　提取注气井（G89-4、G89-5）、产油井（G89-S1、G89-S3）的连井线 G891-7—G89-4—G89-S3—G89-9 与 G89-5—G89-s1—G89-4—G89-24 的相干剖面（图6-1、图6-2）。利用 C3 相干算法提取了 T_7 层的沿层相干切片，利用小波分频相干提取了 T7 层不同频段的相干切片，最后应用 RGB 属性融合技术对不同频段的相干切片进行了融合（图6-3）。

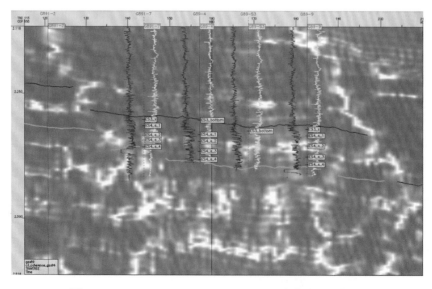

图6-1　G891-7—G89-4—G89-S3—G89-9 连井线相干剖面

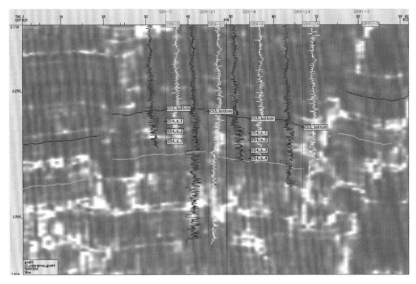

图 6-2　G89-5—G89-s1—G89-4—G89-24 连井线相干剖面

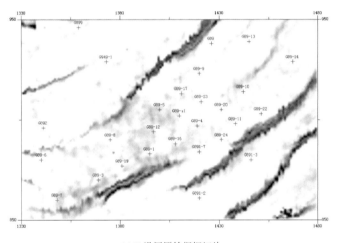

(a) T_7 沿层原始振幅切片

(b) T_7 沿层 C3 相干属性切片

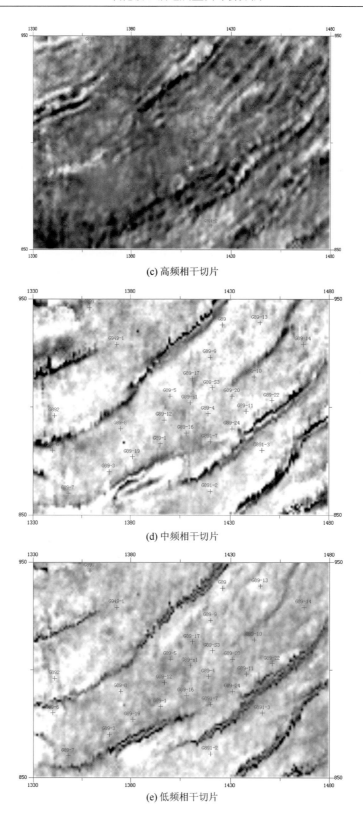

(c) 高频相干切片

(d) 中频相干切片

(e) 低频相干切片

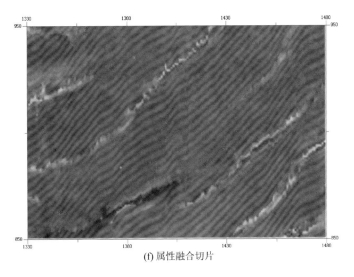

(f) 属性融合切片

图 6-3　T$_7$ 沿层相干属性

从上述结果分析看,该区微小断层欠发育,注入的二氧化碳气体向上覆地层逸窜难度较大。

6.1.1.2　曲率体预测微断裂

利用曲率属性技术提取了 T$_7$ 层的最大正曲率、方位角、最小负曲率等曲率属性,结果见图 6-4。分析这些曲率属性切片,同样并未在 T$_7$ 层发现微小断层或裂缝,也说明注入的二氧化碳气体难以向上覆地层逸窜。

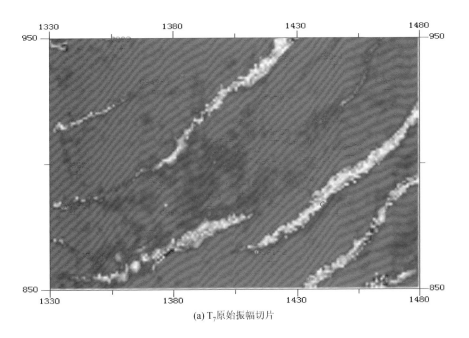

(a) T$_7$ 原始振幅切片

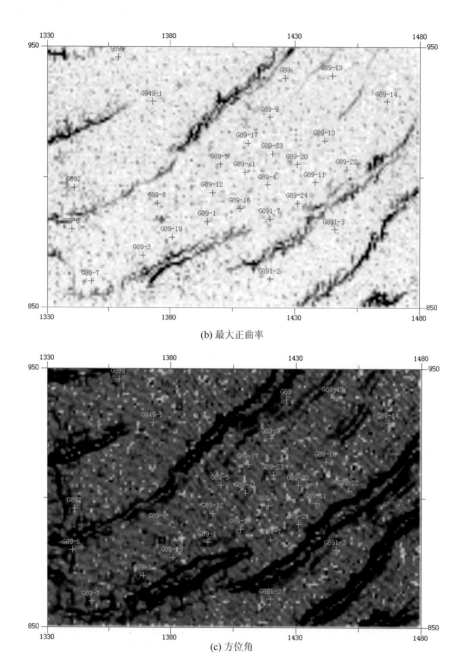

(b) 最大正曲率

(c) 方位角

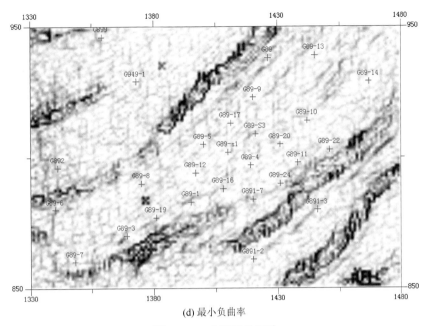

(d) 最小负曲率

图 6-4　T₇曲率属性切片

6.1.1.3　蚁群算法裂缝检测

提取注气井（G89-4、G89-5）、产油井（G89-S1、G89-S3）的连井线 G891-7—G89-4—G89-S3—G89-9 与 G89-5—G89-S1—G89-4—G89-24 的蚁群算法追踪剖面（图 6-5、图 6-6），

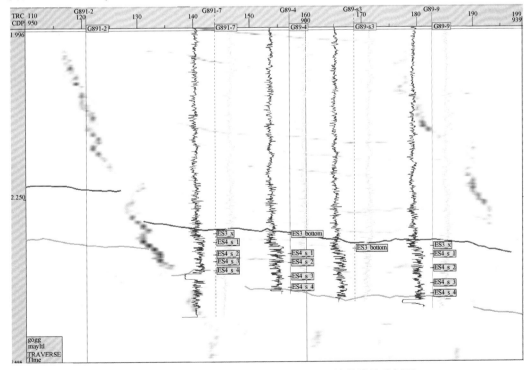

图 6-5　G891-7—G89-4—G89-S3—G89-9 连井线追踪剖面

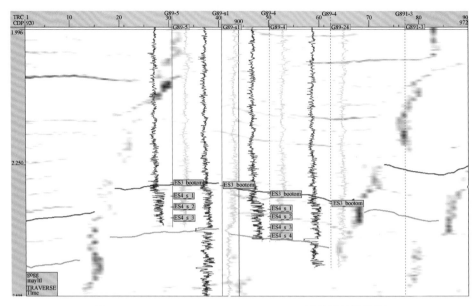

图 6-6　G89-5—G89-S1—G89-4—G89-24 连井线追踪剖面

随后又提取了 T_7 层追踪层位切片，结果见图 6-7。分析这些结果图，亦未在 T_7 层发现微小断层或裂缝，再次说明注入的二氧化碳气体难以向上覆地层逸窜。

　　总体分析，本区上覆地层断裂不太发育，有利于油气的保存，对二氧化碳封闭较为有利，同时，对油层压裂具有一定效果。

6.1.2　储层预测

　　本区主要含油层系为沙四上纯下亚段，埋深 2700～3200m，地层厚度为 120～170m，开发过程中将纯下地层细分为 4 个砂层组，油气主要富集于 I、II 砂组，因此气驱施工也主要

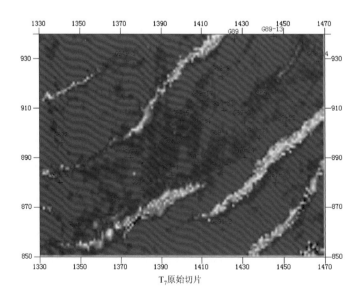

T_7 原始切片

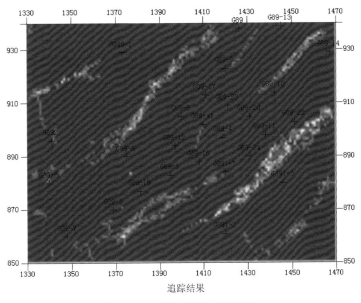

图 6-7　T$_7$ 层蚁群算法追踪切片

围绕 I、II 砂组展开。岩性组合主要为灰色、浅灰色泥岩夹薄层砂岩，单砂体厚度 0.54～2.5m（图 6-8，图 6-9），单层泥岩隔层厚度 0.5～2m。储层平均孔隙度 12.5%，平均渗透率 4.7mD，

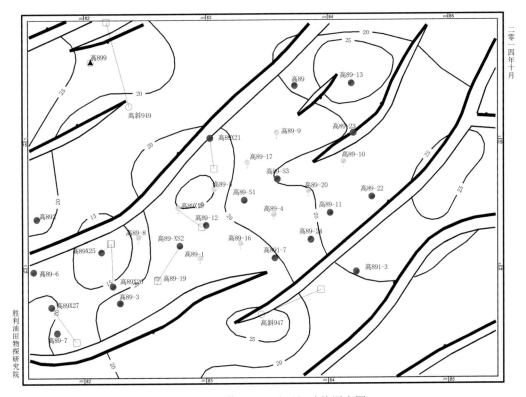

图 6-8　G89 井区 I+II 砂层组砂体厚度图

属低孔特低渗薄互层储层，非均质性强。

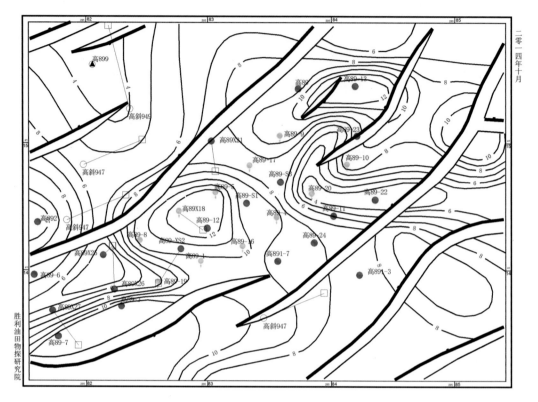

图 6-9　G89 井区 I+II 砂层组有效砂体厚度图

综合运用地震、测井资料进行合成记录标定，利用解释的层位和断层数据建立精细的三维地质模型，采取地质统计学的反演方法对滩坝砂岩储层开展预测，以提高储层预测的精度，同时采用测井波阻抗与岩性交汇的方式，建立滩坝砂岩储层波阻抗解释量板，精细描述了研究区内储层发育特征。

随机模拟反演的分辨率比稀疏脉冲反演有了较大的提高，对薄互层有着较好的识别效果。从 G89-5—G89-4 地质统计学反演剖面来看，沙四上滩坝砂岩 I 砂组储层整体比较发育，具有较强的连续性，分布范围较广（图 6-10）；II 砂组储层也比较发育，但连续性不如 I 砂组；III 砂组和 IV 砂组储层比较发育，反演剖面上，连续性较强。从井的情况看，中心受效井 G89-S1 的采油层位于 II 砂组比较靠上的部位，反演剖面呈中弱波阻抗值，自然电位曲线起跳并不明显，表明该出油层可能为一套泥岩含量较好的粉砂岩（图 6-11）。

同时，为了掌握工区内储层和油层分布特征，开展了精细的储层对比工作，编制油藏对比剖面 6 条，从地质角度细致解剖了区内的储层和油藏分布特征（图 6-12～图 6-17）。

依据钻井对比结果，精细统计砂体厚度，明确注气有效区储层空间展布特征，总体表现为油层上部连通性较好，中下部较差，上伏地层泥岩为主的特征。

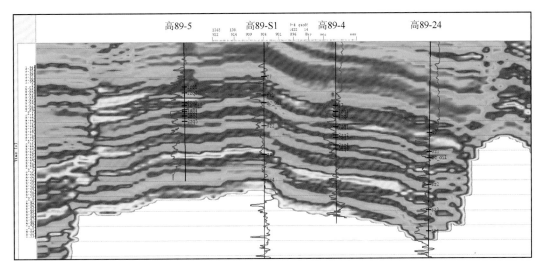

图 6-10　G89-5—G89-4 地质统计学反演剖面

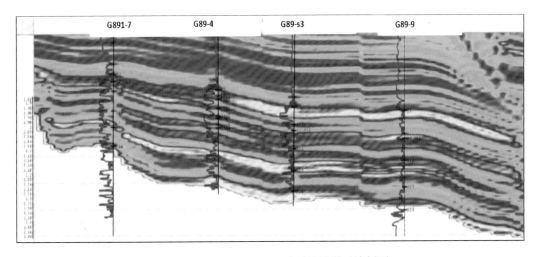

图 6-11　G89-7—G89—9 地质统计学反演剖面

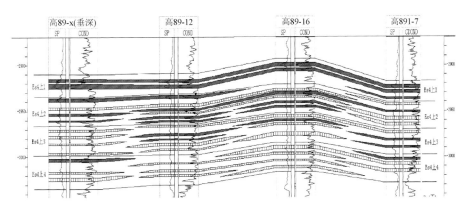

图 6-12　G89-x18（重深）—G89-12—G89-16—G891-7 井油藏剖面图

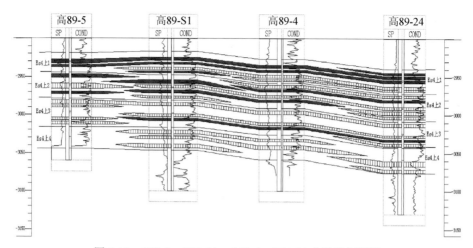

图 6-13 G89-5—G89-S1—G89-4—G89-24 井油藏剖面图

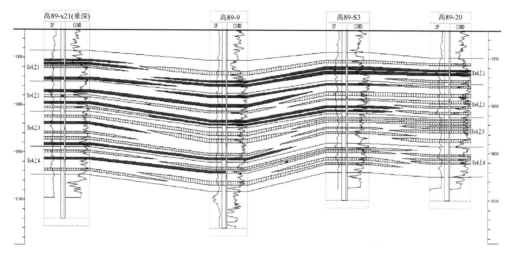

图 6-14 G89-x21（垂深）—G89-9—G89-33—G89-20 井油藏剖面图

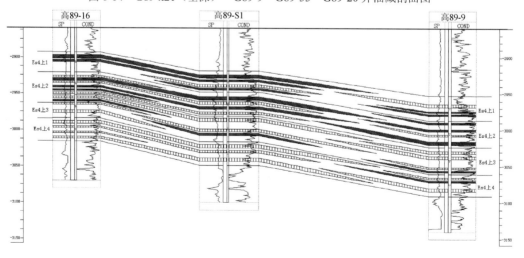

图 6-15 G89-16—G89-S1—G89-9 井油藏剖面图

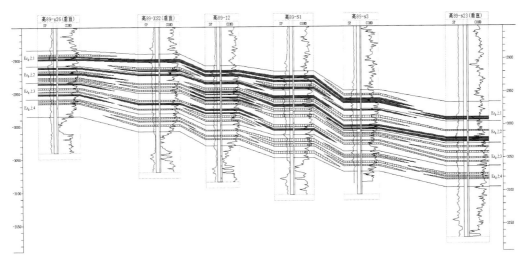

图 6-16　G89-x26（垂直）—G89-XS2（垂直）—G89-12—G89-S1—G89-S3—G89-S23（垂直）
井油藏剖面图

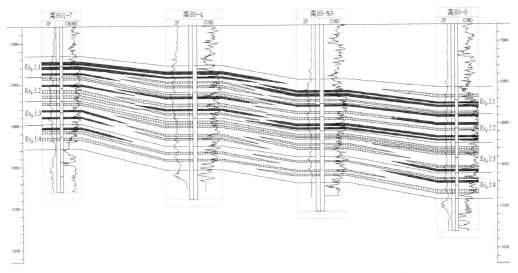

图 6-17　G891-7—G89-4—G89-S3—G89-9 井油藏剖面图

6.1.3　断层封堵性分析

6.1.3.1　G89 井区断裂特征

G89 井区位于东营凹陷南部，樊家断裂以南，主要有三条大断裂 F1、F2 和 F3 和其他低级别的几条断裂组成（图 6-18，图 6-19）。

1）断裂的平面特征

G89 井区断裂体系分布主要有以下两种平面组合类型：

（1）平行式：组成的断裂走向大致相同、性质相同、等规模、等间距。研究区内的近东西向断裂多呈此种组合展布。

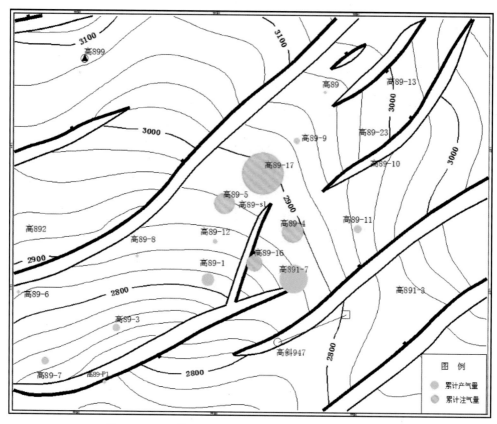

图 6-18　G89 井区断裂体系图（F1，F2，F3 见图 6-19）

（2）斜交式：一条断裂不垂直相交并终止于另一条断裂之上，限制断裂常具有剪切性质，被限制断裂可以是正、逆断裂，也可以是平移断裂。

　　G89 井区的断裂较少，工区断裂平面以平行式组合方式为主，F2 断裂东部将一小断裂限制终止，二者呈现为斜交式组合样式（图 6-19）。

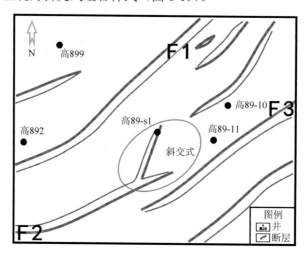

图 6-19　G89 井区断裂平面组合图

2）断裂的剖面特征

G89 井区断裂在剖面上的组合样式总体来看，主要有阶梯状、地堑、"Y"字形（图 6-20）。

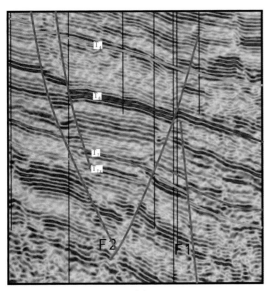
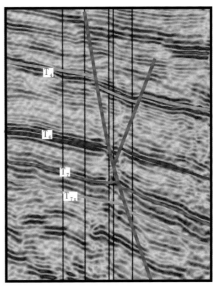

(a) 地堑　　　　　　　　　　　　　　　　　(b) "Y"字形断裂

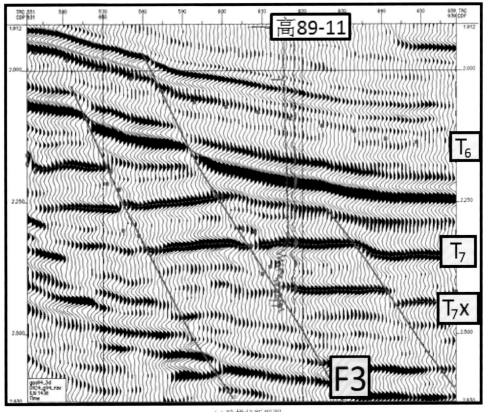

(c) 阶梯状断裂图

图 6-20　主要断裂组合样式

6.1.3.2 断裂活动速率

1. 断裂活动速率计算方法

断裂活动速率（v）为某一地质时期内断裂落差与时间跨度的比值，该参数反映了某断裂在这段地质时期内的平均活动强度，它既保留了断裂落差的优点，又弥补了由于缺少时间概念所带来的不足，能够更好地反映断裂的活动特点。因此，本次研究选用该参数来描述断裂的活动性，并依据断裂活动对两盘地层所造成的沉积、剥蚀作用的差异性，针对不同类型的断裂，确定了以下不同的计算方法：

（1）同沉积正断裂：断裂活动速率 v_f=（上盘沉积厚度-下盘沉积厚度）/时间（$v_f>0$）

（2）边界正断裂：断裂活动速率 v_f=（上盘沉积厚度+下盘沉积厚度）/时间（$v_f>0$）

（3）逆断裂：断裂活动速率 v_f=（−上盘剥蚀厚度−下盘沉积厚度）/时间（$v_f<0$）

当断裂发生构造反转，由逆断裂转变为正断裂，v_f的值则表现为由负值到正值的转变。

2. G89 井区主要断裂活动速率

本次研究针对 G89 井区的主要断裂进行了活动速率研究。

1）F1 断裂

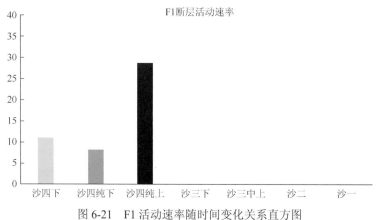

图 6-21　F1 活动速率随时间变化关系直方图

F1 断裂位于研究工区北部，走向近 NE，倾向 NW。F1 断裂主要在沙四时期活动，从沙四下时期开始至沙四纯上活动速率最大，到沙三时期活动停止（图 6-21）。

2）F2 断裂

F2 断裂位于研究工区西南部，走向上近 NEE，倾向 SSE。断裂从沙四下时期开始活动，此时活动速度速率较小，2m/Ma 左右。沙四纯下开始活动开始变强，到沙四纯上活动速率达到最大。此后断裂活动逐渐减弱，直至沙三中上时期，到沙二时期断裂活动终止（图 6-22）。

3）F3 断裂

F3 断裂为研究工区东南部的断裂，走向近 NE，倾向 NW，断裂于沙四下时期开始活动，到沙四纯下一直活动不强，到沙四纯上断裂活动突然变强，到沙三下活动减弱（图 6-23）。

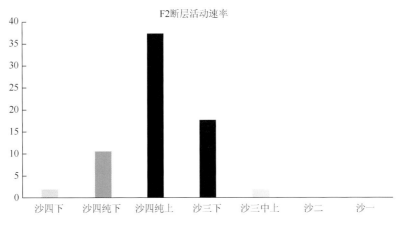

图 6-22　F2 断裂活动速率随时间变化关系直方图

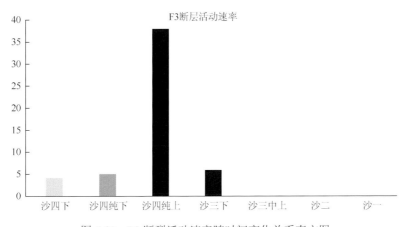

图 6-23　F3 断裂活动速率随时间变化关系直方图

6.1.3.3　断裂封闭性评价

　　断裂构造（断裂、流体底辟、裂缝）是含油气盆地中一种非常重要的构造类型，它的形成与演化不仅控制着盆地的构造和演化，而且还控制着圈闭的形成与发展，直接或间接地控制着盆地内烃源岩、储层的发育特征，并控制着油气的运移、聚集及油气藏的分布（华保钦，1995；庞雄奇等，2003；尚尔杰等，2005）。在含油气盆地中，多数构造油气藏的形成与分布与断裂有关。在平面上，主要的含油气带沿断裂分布；在纵向上，形成多套的含油层系，基本上是断裂断到哪里，油气就到那里。

　　断裂对油气成藏的控制作用，主要表现在断裂对油气的运移、聚集过程及油气分布的控制作用。断裂既可作为油气运移的通道，又可作为油气聚集的遮挡物。断裂在油气成藏过程中究竟起何种作用，关键在于它是封闭的还是开启的。然而断裂封闭性问题是一个非常复杂的地质问题，它要受到很多地质因素的影响和控制（杜春国等，2007；佟卉，2008）。

由于在地质历史的演变过程中，控制或影响断裂封闭性的因素是变化的，这就导致了大部分断裂在某一段时间内是封闭的，而在另一段时间内是开启的，断裂总是处在"封闭－不封闭－封闭"的循环过程中。如何来重塑油气运移、聚集的过程，一个首要问题就是要对现今断裂的封闭性展开研究。

所谓断裂封闭性是指断裂对油气的封闭能力，它在地质空间上表现为两个方面，即断裂的侧向封闭性和垂向封闭性。断裂封闭性的研究主要集中在断裂封闭机理、断裂封闭性的定性和定量分析与评价、断裂封闭性与油气成藏形成分布之间的关系等方面。评价断裂封闭性是油气勘探、开发面临的一个重要问题。断裂封闭性是断陷盆地中油气藏形成和分布的主要控制因素，也是决定断块油气藏贫富差异的重要因素，因此确定断裂封闭性的评价方法对于油气勘探开发具有重要的实践意义（王亚民，2006；张喜等，2007；付广等，2007）。通过对评价断裂封闭性新的方法的探讨和已有方法的总结，本研究选取的定性和定量评价方法主要有：①断裂活动期与油气运聚期的配置关系；②断裂两侧岩性配置关系；③泥地比和紧闭指数；④断面正应力分析；⑤断裂落差对断裂封闭性影响；⑥地层水性质对断裂封闭性影响。

本项目为了定量表征该地区主干断裂的封闭性，选取了 4 条地震剖面（图 6-24），通过时深转换，利用岩性录井资料，画出岩性剖面，最后计算断裂封闭性定量评价指数（泥地比、紧闭指数、正应力和断裂落差等）。

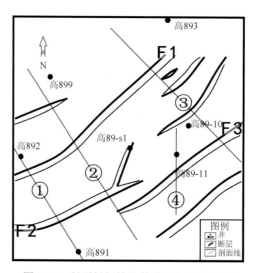

图 6-24 断裂封闭性计算选择剖面位置图

1. 断裂封闭机理研究

陈发景（1989）等学者在研究断裂的封闭机理时，认为断裂封闭的本质在于存在着排替压力差，致使油气无法穿过断裂面进行运移。当目的层排替压力小于与之对置的断裂另一盘岩层的排替压力或断裂带的排替压力时，断裂在侧向上封闭。当目的储集层排替压力小于上覆地层断裂带的排替压力时，断裂在垂向上封闭（吕延防，1996）。即排替压力差原理是形成断裂封闭性的主要方式和重要原理，特别是在断裂静止期，它是此时断裂封闭性形成的充分必要条件，只要断裂两侧目的层排替压力小于与之接触的对盘岩石的排替压力或者小于断裂带充填物的排替压力，断裂就具有封闭性，能够对流体起封堵作用。而在断裂活动时期，构造应力、流体压力与岩石的破裂强度之间的关系是决定断裂封闭性的关键因素，只要达到了断裂的活动条件，断裂封闭性就会消失。可见，断裂封闭机理就是断裂两盘岩层排替压力（远）小于断裂面附近的排替压力，断裂无论是在垂向上还是在侧向上的封闭性，都可归结为断裂带附近由于岩性所形成的排替压力差。断裂的封闭机理主要有以下几种：

1）断面两侧岩性对置封闭

断裂两侧的岩性条件是断裂具封闭性的基础。断裂两侧若为渗透性与非渗透性岩层相接触，通常认为是封闭的。岩性对置封闭是指因断裂作用造成的储层断面与非渗透性岩石对置产生的封闭。主要存在以下两种对置封闭情况：①断面两侧岩层的排替压力差异。断面的排驱压力是确定断裂封闭性的决定因素。当断裂两侧岩层的排驱压力相同或相近时，该处断裂是不封闭的；反之，若断裂两侧岩层的排驱压力差较大，则该处断裂是封闭的。排驱压力差值相差越大断裂封闭越好。②断裂两侧砂岩与泥岩或膏岩接触，断裂封闭性好；储集砂岩与低渗透的泥页岩（具有高突破压力）对接形成遮挡封闭。

另外，即使断裂两侧为砂岩与砂岩对置，只要两者的物性条件存在差异，导致两者之间存在一定的排替压力差，也能形成封闭。

2）泥质充填封闭

如果断裂带的填充物以泥质成分为主，由于泥质成分孔渗性差，排替压力高，与断裂两侧的目的层形成排替压力差，阻止油气运移，使得断裂侧向上形成封闭；相反，如果断裂带的充填物以砂质成分为主，由于砂质成分孔渗性好，排替压力低，不能与断裂两侧的目的层形成排替压力差而阻止油气侧向运移，如图 6-25 所示。

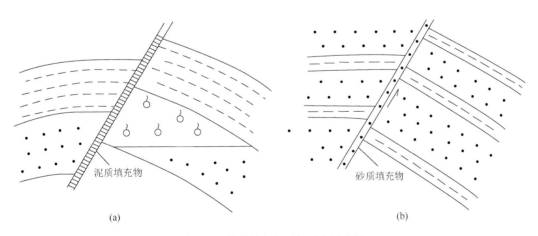

图 6-25　断裂侧向封闭与开启示意图

断裂在垂向上的封闭主要是依靠断裂带上下物质所形成的排替压力差来封闭油气。当断裂剖面某处 A 的充填物以泥质成分为主（图 6-26），而其下部 B 处以砂质成分为主时，由于泥质成分颗粒较砂质成分颗粒细小、孔隙度和渗透率低、排替压力高，所以，断裂带在 A 处较 B 处有更大的排替压力，A 处可对 B 处的油气形成封闭，即断裂在 A 处起到了垂向封闭作用；反之，断裂在垂向上不能形成封闭作用。

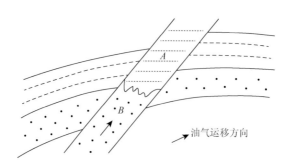

图 6-26　断裂垂向封闭与开启示意图

3）泥岩涂抹封闭

断裂在活动过程中，穿过塑性较强的泥页岩或富泥页岩的砂泥岩地层时，在断裂的滑动和位移过程中，由于构造应力和上覆岩层重荷作用，使泥岩被削截、挤压粉碎成黏土物质，而在断裂两盘削截砂岩层上形成的薄泥质岩层，或称泥岩涂抹层。由于泥岩涂抹层在形成过程中受到较大的剪应力与地层重力的共同作用，不仅可以使泥质颗粒侵入砂岩断面堵塞其孔隙，并且还要受不同程度的动力变质，使泥岩涂抹层中的成分发生致密化，孔渗性明显低于相应深度的泥岩层的孔渗性，故具有较高的排替压力，可形成对目的层的侧向封闭。这种封闭作用主要取决于其空间分布的连续性，其空间分布的连续性越好，泥岩涂抹的封闭性越好，反之越差。其厚度随被断地层泥岩厚度和层数的增加而增大，随断裂落差或位移量的增大而减小。

4）颗粒破碎作用封闭

颗粒破碎作用指断裂位移期间，主要发生脆性岩层中的颗粒挤压和破碎作用，它可以改变岩石颗粒的大小和形状，使断裂带中颗粒颗级和渗透率大大降低，如砂质颗粒破碎形成细粒的断裂泥，从而使断裂具有较高的毛细管突破压力。但若断裂作用强度比较弱，则碎裂作用对断裂封闭是不利的。在断裂带内，由于破碎作用使得孔隙度值比围岩的小 1 个数量级，渗透率比围岩的小 3 个数量级，甚至 6 个数量级。断裂带岩心的微观结构表明，碎裂产生的断裂泥可以封住 300m 高的油柱或更多的烃柱。

5）断裂岩封闭

断裂岩是断裂在滑动和位移过程中伴生的新的岩石的总称。断裂岩是断裂两盘岩石在断裂作用中被改造形成的具有特征性结构、构造和矿物成分的岩石。无论被断地层岩石为沉积岩、岩浆岩和变质岩中的任何一种岩石，无论断裂是在张应力、压应力、扭应力、张扭应力和压扭应力复合应力等任一种应力中产生，都将会伴生断裂岩。根据断裂形成的构造层次，可分为脆性断裂和韧性断裂，相伴生的断裂岩同样可以分为脆性断裂伴生的碎裂岩系列和韧性断裂伴生的糜棱岩系列两类断裂岩系列。

糜棱岩系列断裂岩，多发育在地壳深层，在高温高压下，在较大的压应力、扭应力作用下，原有的岩石发生塑性变形形成糜棱岩或超糜棱岩化，原岩被改造形成致密坚硬的断裂岩。这种断裂岩对油气水等流体具有较强的封堵能力，能对油气在三维空间封闭起来形成油气藏，这种断裂岩在深层和基岩中较为发育，而在浅层第三系中则相对较少。碎裂岩系列断裂岩，包括断裂角砾岩（角砾直径一般大于 2mm）、碎粒岩（颗粒直径为 0.2～2mm）、碎粉岩（颗粒直径小于 0.1mm）和断裂泥等。在断裂长期活动或地应力强度较大的地区，岩石普遍被研磨压碎，颗粒细化，断裂带中较粗的断裂角砾岩和碎粒岩均不发育，而主要发育颗粒细化的碎粉岩，如果岩石强烈研磨使碎屑物成为泥状，即形成断裂泥。作为能够形成断裂封闭性的断裂岩来说，岩性的细粒化、均一化和泥化程度越高越好，其中以断裂泥为最佳。

理论研究表明，在亲水性岩石内，断面两侧岩层和断面物质（断裂岩）的排驱压力决定了断裂是否封闭。如果断面物质（断裂岩）的排驱压力大于断面两侧岩层的排驱压力，断裂是封闭的；反之，断裂是开启的。断裂两侧砂岩与砂岩接触，断裂可能是封闭的，也可能是不封闭的。当相接触的岩体的排驱压力不同或断裂带中的断裂岩为不渗透岩石时，断裂呈封闭性。若断裂两侧含油砂岩与含水砂岩或干层对置，断裂带一般被不渗透物质充填，断裂封闭性好。

另外，层、片状硅酸盐是由不纯砂岩变形层状硅酸盐形成的一种断裂岩。层状硅酸盐和片状硅酸盐混合形成的断裂岩，其孔渗受控于环绕架状颗粒的微膜网的形成。封闭即由碎屑或其格架颗粒之间成岩的层状硅酸盐变形或片状硅酸盐薄层变形而形成，其封闭能力与发生变形的片、层状硅酸盐的连续性和结构有关。

6）后期成岩胶结封闭

断裂破碎带的产生不仅有利于流体的流动，也有利于胶结物的生成。如果断裂带充填物皆为砂质成分，其较高孔隙度和渗透率必然使其成为地下流体向地表运移和地表水向地层中渗漏的通道。地下流体在沿其由下至上的运移过程中，由于温压环境条件的改变，地下水所携带的大量矿物质由于压力和温度的降低，造成过饱和而沉淀下来，例如 $CaCO_3$ 沉淀形成方解石，SiO_2 沉淀形成石英，FeS_2 沉淀形成黄铁矿等，油气也因地表游离氧和细菌的作用而发生氧化作用，轻质成分减少，重质成分增加，使其粘度加大变成固体沥青。而地表水在沿断裂向上渗滤过程中，同样也会带来大量的矿物质，因过饱和而在其内形成次生方解石、黄铁矿和石英等。正是这些后期的矿物沉淀和固化沥青，胶结了疏松的沉积物，并填塞了原来断裂带中砂质成分的孔隙，使其在局部的渗透率变差，排替压力增大，与其下部未胶结和填塞程度相对较差的断裂带形成排替压力差，从而形成垂向封闭。

7）断面的应力封闭

在断裂的断面上，上覆地层的重力应力导致断裂带裂隙岩体发生变形，可使断面和裂隙闭合，从而造成封闭。断面的封闭程度由断面压力来评价，当断面压力大于断裂上、下盘岩体的变形强度时，断裂多呈封闭性，反之断面保持开启。断裂埋深越大，断面倾角越小，其断面压力越大，断裂更倾向于闭合；断裂面穿过岩盐、石膏或泥质岩时，由于它们塑性大而变形强度小，断面压力容易满足大于岩体变形强度的临界要求，断面易于封闭；而对于断面近于垂直的断裂，因其断面压力趋于零，断面不易闭合。就铲式断裂而言，断面倾角随埋深增加，倾角逐渐变小，因此铲式断裂的浅层其封闭程度要低于深层。

2. 断裂封闭评价方法

通过研究断裂上下盘岩性配置关系来定性评价断裂封闭性。此外，主要采用定量计算几个主要参数：①断面泥岩涂抹系数；②断裂带泥质；③断面正应力。

断裂封闭性研究方法很多，主要有断裂活动性评价、泥岩涂抹评价、断裂的力学性质研究及断裂两盘岩性配置分析、断裂的紧闭指数评价等。

1）断裂两侧岩性配置关系

东营西部浅层的断裂表现为张性，断裂带厚度小，断裂两侧岩石会直接接触。因此，两侧岩性配置情况是评价浅层断裂带封闭的重要依据。一般情况下，一盘的砂岩储集层与另一盘渗透性的岩层对置时，流体会通过断裂，断裂封闭性差。若砂岩储集层与泥页岩或渗透性差的其他岩性对置时，则断裂封闭性好。

2）油气运移期和断裂活动期的配置关系

断裂活动发生在烃源岩生排烃时期之前，断裂垂向封闭性较好，有利于油气聚集成藏；断裂活动期距离生排烃期越久，封闭效果越好；相反，断裂活动发生在油气生排烃期，断裂垂向封闭性较差，此时，断裂就成了油气运移的通道。

3）泥岩涂抹分析

断裂面泥岩涂抹系数分析法是目前常用的评价断裂封闭性的定量方法，一般通过计算断裂泥岩比率（SGR）来进行（图6-27）。SGR的计算公式如下：

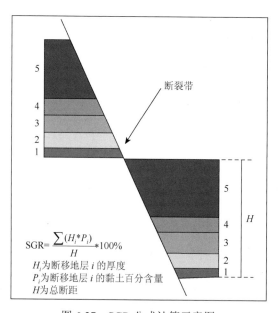

$$SGR = \frac{\sum(H_i * P_i)}{H} * 100\%$$

H_i 为断移地层 i 的厚度
P_i 为断移地层 i 的黏土百分含量
H 为总断距

图 6-27　SGR 公式计算示意图

$$SGR \frac{\sum_{i=1}^{n} H_i S_i}{T} \tag{6-1}$$

式中，H_i 为 i 岩层单元厚度（m）；S_i 为泥岩百分比；T 为断距（m）。当 SGR＞0.75 时，封闭性好；当 SGR＜0.45 时，断裂封闭性差；0.45＜SGR＜0.75 时，封闭性中等。

4）断裂带充填物泥质含量 Rm

断裂的泥岩涂抹作用对断裂带封闭性的影响通过用 Rm 定量评价（图6-28）。

Rm 计算公式如下所示：

$$Rm = \frac{h}{H+L} = \frac{1}{2(H+L)}\left(\sum_{i=1}^{n_1} h_{1i} + \sum_{j}^{n_2} h_{2j}\right) \tag{6-2}$$

式中，L 为垂直断距（m）；h_{1i} 和 h_{2j} 为断裂上、下两盘第 i、j 层泥岩的厚度（m）；n_1、n_2 为断裂两盘错断的泥岩层数；h 为断裂两盘目的层之间的所有泥岩累积平均厚度（m）；H 为断移地层得厚度（m）。

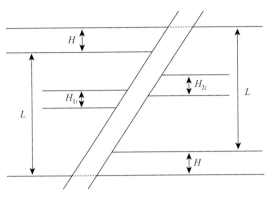

图 6-28　泥质充填 *Rm* 值计算概念图

当 $Rm>0.6$ 时，泥质充填效果好，断裂封闭；当 $Rm<0.3$ 时，泥质充填效果差，断裂封闭性差；当 $0.3<Rm<0.6$ 时，断裂封闭性中等。

5）断面承受应力分析

断面压力（图 6-29）控制断面的紧闭程度，其计算公式为

$$F = F_1\cos\theta + F_2\sin\theta = H(\rho_r - \rho_w)g\cos\theta + \sigma\sin\beta\sin\theta \tag{6-3}$$

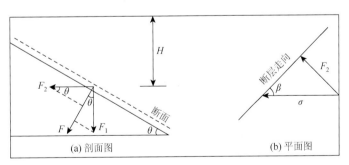

图 6-29　断面受力示意图

式中，F 为断面某点的正压力（Pa）；F_1 为上覆地层重力（Pa）；F_2 为水平主压应力在垂直于断裂走向上的分力（Pa）；ρ_r 为上覆地层的平均密度（kg/m³）；H 为断面埋深（m）；ρ_w 为地层水密度（kg/m³）；g 为重力加速度（m/s²）；σ 为水平主压应力（Pa）；θ 为断面倾角（°）；β 为水平主压应力与断裂走向之间的夹角（°）。

经过研究发现，断面压应力 $F>7.5\text{MPa}$ 时，断裂封闭性好；当 $F<3\text{MPa}$ 时，断裂封闭性差；当 $3\text{MPa}<F<7.5\text{MPa}$ 时，断裂封闭性中等。

6）紧闭指数

断面紧闭指数是在断面正压力与泥岩涂抹参数计算的基础上得来的。其紧闭程度受断面应力状态与断裂带内充填物抗压强度影响。紧闭指数（I_{FT}）公式为

$$I_{FT}=\sigma_F/\sigma_C \tag{6-4}$$

式中，I_{FT} 为断面为紧闭指数；σ_F 为断面正应力（MPa）；σ_C 为断裂带物质抗压强度（MPa）；$\sigma_C=SGR\times\sigma_{CM}+（1-SGR）\sigma_{CS}$；$\sigma_{CM}$ 为泥岩抗压强度（MPa）；σ_{CS} 不砂岩抗压强度（MPa）。

通过研究发现，当 $I_{FT}>0.35$ 时，断面紧闭，断裂封闭性好；当 $I_{FT}<0.25$ 时，断面开启，油气水可沿着断裂面垂向上发生运移；当 $0.25<I_{FT}<0.35$ 时断裂封闭性中等。

3. 断裂封闭性评价

勘探实践表明，油气的运移、聚集乃至散失和断裂有着十分密切的关系。断裂在整个成藏过程中扮演着十分重要的角色，具有遮挡和通道的双重作用。遮挡强调的是断裂的侧向封闭，而通道则强调断裂的垂向开启程度。在中国东部断陷盆地中，很多大型的油气田与烃源断裂有关。

1）测线Ⅰ封闭性评价

测线Ⅰ位于研究工区西部（图 6-24，图 6-30），横穿 F1、F2 两个断裂。

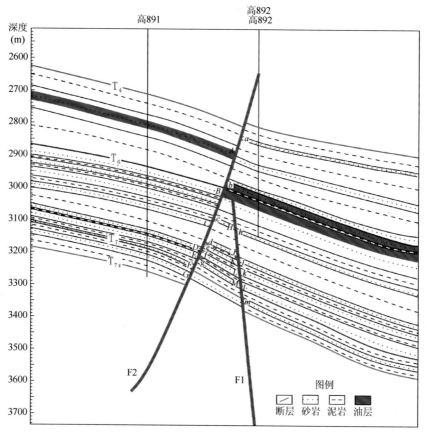

图 6-30 F1 断裂和 F2 断裂西段剖面图

F1 断裂的西段，由于断面应力较小，略大于 4MPa。SGR 为 0.00~0.92，Rm 为 0.21~0.69。经过综合评价认为：断裂封闭性中等偏差（表 6-1）。

表 6-1　F1 断裂西段封闭性评价参数统计表

F1 西段	层位	砂体	深度（m）	SGR	P（MPa）	Rm	对接	I_{FT}	封闭性
上盘	T_6-T_7	h	3138	0.75	4.19	0.69	SBN	0.13	中等
		j	3227	0.50	4.31	0.32	SBN	0.09	中等
		k	3364	0.33	4.49	0.28	SBN	0.08	差
		l	3306	0.18	4.41	0.21	SBN	0.07	差
	T_7-T_7x	m	3351	0.67	4.47	0.25	SS	0.12	中等
下盘	T_6-T_7	H	3126	0.92	4.17	0.69	SBN	0.17	中等
		J	3208	0.67	4.28	0.35	SN	0.11	中等
		K	3235	0.67	4.32	0.30	SN	0.11	中等
		L	3269	0.55	4.36	0.22	SBN	0.10	中等
	T_7-T_7x	M	3304	0.00	4.41	0.25	SS	0.06	差

F2 断裂的西段，由于断面应力较大，为 1.71~16.37MPa。SGR 除个别比较小外，其余值较大，为 0.18~0.99，Rm 为 0.25~0.64。经过综合评价认为：断裂封闭性好（表 6-2）。

表 6-2　F2 断裂西段封闭性评价参数统计表

F2 西段	层位	砂体	深度（m）	SGR	P（MPa）	Rm	对接	I_{FT}	封闭性
上盘	T_1-T_6	A	2900	0.94	11.95	0.35	SBN	0.52	好
	T_6-T_7	B	3012	0.22	12.41	0.25	SS	0.20	中等
		C	3115	0.83	14.71	0.46	SN	0.51	好
		D	3195	0.70	16.20	0.61	SBN	0.45	好
		E	3216	0.58	16.30	0.36	SBN	0.38	好
		F	3248	0.67	16.47	0.50	SN	0.43	好
	T_7-T_7x	G	3275	0.53	16.60	0.26	SS	0.37	好
下盘	T_1-T_6	a	2849	0.56	11.74	0.64	SN	0.27	好
	T_6-T_7	b	2994	0.78	12.33	0.30	SN	0.39	好
		c	3101	0.97	14.64	0.55	SN	0.73	好
		d	3170	0.99	16.07	0.61	SN	0.80	好
		e	3190	0.50	16.17	0.43	SN	0.34	好
		f	3210	0.60	16.27	0.50	SBN	0.39	好
	T_7-T_7x	g	3230	0.18	16.37	0.29	SBN	0.25	中等

2）测线Ⅱ封闭性评价

测线Ⅱ位于研究工区中部（图6-24，图6-31），横穿F1、F2两个断裂。

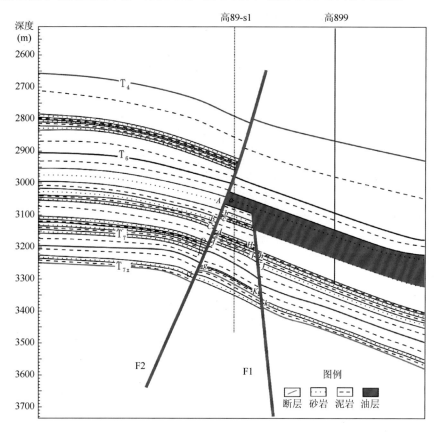

图6-31　F1断裂中段和F2断裂东段剖面图

F1 断裂的中段，断面应力比西段大，为 8.57～9.03MPa，上盘比下盘略大。SGR 较大，Rm 在 0.6 左右。经过评价认为：此段断裂封闭性中等（表6-3）。

表6-3　F1断裂中段封闭性评价参数统计表

F1 中段	层位	砂体	深度(m)	SGR	P（MPa）	Rm	对接	I_{FT}	封闭性
上盘	T_6-T_7	h	3230	0.75	8.65	0.57	SN	0.15	中等
		j	3260	0.67	8.73	0.60	SN	0.13	中等
	T_7-T_7x	k	3371	0.88	9.03	0.53	SN	0.19	中等
下盘	T_6-T_7	H	3201	0.38	8.57	0.73	SS	0.09	中等
		J	3228	0.56	8.65	0.64	SBN	0.11	中等
	T_7-T_7x	K	3347	0.75	8.96	0.57	SN	0.15	中等

F2 断裂的东段，断裂断面应力大，超过 15MPa，SGR 值大，为 0.55～0.93。Rm 均大于 0.5，经过综合评价认为：断裂对浅层地层封闭性好，这是油气能够封堵的一个重要原因（表6-4）。

表 6-4　F2 断裂东段封闭性评价参数统计表

F2 东段	层位	砂体	深度（m）	SGR	P（MPa）	Rm	对接	I_{FT}	封闭性
上盘	T_6-T_7	A	3065	0.86	15.22	0.54	SBN	0.55	好
		B	3119	0.78	15.48	0.56	SN	0.48	好
		C	3141	0.91	15.59	0.52	SN	0.63	好
		D	3192	0.62	15.85	0.62	SN	0.39	好
		E	3204	0.79	15.91	0.56	SN	0.50	好
		F	3222	0.93	16.00	0.52	SN	0.67	好
	T_7-T_7x	G	3295	0.67	16.36	0.60	SS	0.43	好
下盘	T_6-T_7	a	3052	0.86	15.15	0.54	SBN	0.55	好
		b	3098	0.89	15.38	0.53	SN	0.59	好
		c	3112	0.55	15.45	0.65	SN	0.35	好
		d	3158	0.92	15.68	0.52	SN	0.65	好
		e	3170	0.71	15.74	0.58	SN	0.44	好
		f	3182	0.57	15.80	0.64	SN	0.37	好
	T_7-T_7x	g	3262	0.92	16.19	0.52	SN	0.66	好

3）测线 III 封闭性评价

测线 III 位于研究工区东部（图 6-24，图 6-32），横穿 F1、F3 两个断裂。

F1 断裂的东段，其断面应力较大，SGR 不均，最小的 0.03，最大的达 0.94。Rm 在 0.03～0.75 之间，经过综合评价认为：断裂对沙四段地层封闭性好（表 6-5）。

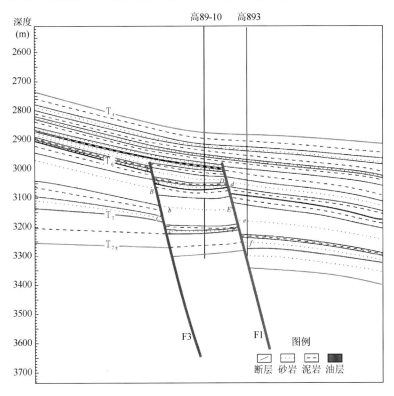

图 6-32　F1 断裂东段和 F3 断裂东段剖面图

表 6-5 F1 断裂东段封闭性评价参数统计表

F1 东段	层位	砂体	深度（m）	SGR	P（MPa）	Rm	对接	1_{FT}	封闭性
上盘	T_1-T_6	d	3052	0.75	10.57	0.57	SBN	0.32	好
	T_6-T_7	e	3185	0.31	11.03	0.76	SBN	0.19	中等
		f	3252	0.94	11.27	0.51	SN	0.49	好
下盘	T_1-T_6	D	3045	0.03	10.55	0.03	SS	0.15	中等
	T_6-T_7	E	3156	0.54	10.93	0.54	SBN	0.24	中等
		F	3212	0.17	11.13	0.17	SS	0.17	中等

F3 断裂的东段，断面应力略大于 9MPa，SGR 为 0.23～0.93。Rm 值较大，均大于 0.5。紧闭指数较小。经过综合评价认为：F3 断裂的东段封闭性中等（表 6-6）。

表 6-6 F3 断裂东段封闭性评价参数统计表

F3 东段	层位	砂体	深度（m）	SGR	P（MPa）	Rm	对接	I_{FT}	封闭性
上盘	T_1-T_6	A	3009	0.23	9.27	0.81	SS	0.15	中等
	T_6-T_7	B	3083	0.54	9.48	0.65	SBN	0.21	中等
		C	3179	0.36	9.77	0.74	SS	0.18	中等
下盘	T_1-T_6	a	3051	0.62	9.40	0.62	SS	0.23	中等
	T_6-T_7	b	3152	0.50	9.69	0.67	SBN	0.21	中等
		c	3221	0.93	9.90	0.52	SN	0.41	中等

4）测线Ⅳ封闭性评价

测线Ⅳ位于研究工区东南部（图 6-24，图 6-33），横穿 F3 断裂。

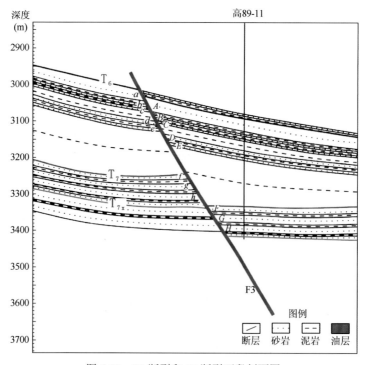

图 6-33 F1 断裂和 F2 断裂西段剖面图

F3 断裂的西段，断面应力大，均在 19MPa 以上，SGR 为 0.15～0.95。Rm 值较大，在 0.5 以上，紧闭指数大，经过综合评价认为：F3 断裂的东段封闭性好（表 6-7）。

表 6-7　F3 断裂西段封闭性评价参数统计表

F3 西段	层位	砂体	深度（m）	SGR	P（MPa）	Rm	对接	I_{FT}	封闭性
上盘	T_6-T_7	A	3060	0.52	19.24	0.66	SBN	0.42	好
		B	3091	0.73	19.80	0.58	SN	0.57	好
		C	3108	0.83	19.91	0.55	SBN	0.69	好
		D	3150	0.71	20.86	0.59	SN	0.58	好
		E	3170	0.94	20.99	0.51	SN	0.91	好
	T_7-T_7X	F	3345	0.32	24.64	0.76	SS	0.44	好
		G	3370	0.26	24.83	0.79	SBN	0.42	好
		H	3396	0.15	25.02	0.87	SS	0.38	好
下盘	T_6-T_7	a	3030	0.30	19.05	0.77	SBN	0.33	好
		b	3061	0.30	19.25	0.77	SS	0.33	好
		c	3075	0.31	19.34	0.76	SS	0.34	好
		d	3110	0.78	19.92	0.56	SBN	0.62	好
		e	3128	0.48	22.47	0.67	SN	0.47	好
	T_7-T_7X	f	3258	0.95	23.41	0.51	SN	1.03	好
		g	3284	0.79	23.59	0.56	SN	0.75	好
		h	3310	0.59	23.78	0.63	SN	0.57	好

从图 6-34 可以看出，G89 井区断裂封闭性较好。F1 断裂的封闭中等，相较 F1、F2 两条断裂，封闭性稍差；F2 断裂封闭性最好；F3 断裂封闭性从西向东呈现好-中等的特点。

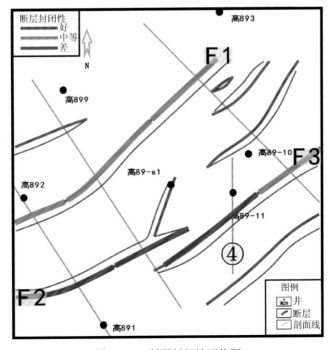

图 6-34　断裂封闭性评价图

6.1.4　盖层封盖能力评价

6.1.4.1　盖层宏观地质特征

东营凹陷沙三段沉积时期盆地陷落加剧，湖水加深，盆地一度进入非补偿阶段，形成了深湖-半深湖及三角洲相沉积，在沙三中、下亚段形成厚度大、分布面积广的泥岩、油页岩，主要分布于民丰洼陷、利津洼陷及牛庄洼陷，累计厚度为 60～900m，南部、东南部泥岩厚度减小。剖面上，泥岩单层厚度 1～91m，泥岩与地层总厚度比大于 65%，最大可达 100%。由此可以看出，沙三中、下亚段泥岩盖层不仅厚度大、质纯，而且横向分布广泛，是该区封闭油气较为理想的区域性盖层。

研究区 G89 井在注气层之上，发育 500 余米稳定的区域泥岩盖层，区域性盖层发育。大量的研究表明，盖层毛细管封闭能力的强弱主要取决于其突破压力的大小，突破压力越大，毛细管封闭能力越强。前人对东营凹陷 26 个样品实测突破压力分析，其分布范围为 0.6～29.4MPa。其中突破压力大于 10MPa 的有 5 个，占 19.23%；为 3～10MPa 有 11 个，占 42.31%；为 1～3MPa 的有 5 个，占 19.23%；小于 1 的有 5 个，占 19%～23%。根据对我国大中型气田盖层突破压力统计，突破压力普遍大于 3MPa，一些规模较大的气田表现出其盖层突破压力较大的特点。因此，该区泥岩盖层毛细管封盖能力较好。

依据实测的突破压力值，建立了声波时差与突破压力的拟合关系：

$$Pd=891.08e^{-0.0156\Delta t}$$

式中，Pd 为突破压力，MPa；Δt 为声波时差，μs/m。

依据拟合的公式，计算了东营凹陷 199 口井沙三中、下亚段泥岩盖层的突破压力。依据计算的结果，沙三中、下亚段暗色泥岩具较高的突破压力，除个别井外，突破压力均大于 10MPa，最大可达 38.41MPa，平均为 22.09MPa。高值区主要分布于利津民丰洼陷、牛庄洼陷及莱州湾地区，博兴洼陷突破压力相对较小。

6.1.4.2　围岩二氧化碳突破压力测试

1. 实验设备

1）高温高压岩心夹持器（图 6-35）
2）气体增压机（图 6-36）

图 6-35　高温高压岩心夹持器

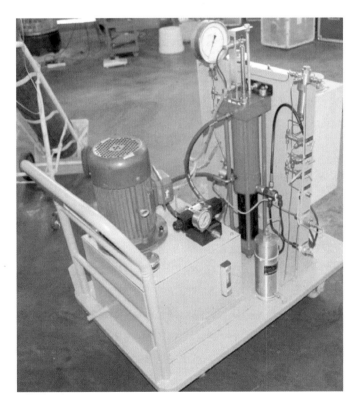

图 6-36　气体增压机

2. 实验条件

该夹持器围压和孔隙压力分别可以施加到 90MPa 和 60MPa，实验温度最高 150℃；在不超出仪器承压范围内，可以根据地层情况设定实验压力值。

3. 实验方法

1）岩心准备

钻取直径为 25mm，长度为大为 25～50mm 岩样，并切磨岩样端面，以端面和岩样圆周表面垂直并且两端面之间平行为准；岩样在 100℃下烘至连续恒重为止。

2）岩心测试

（1）岩样在常规条件下渗透率测试，岩样抽真空饱和流体；

（2）岩样装入实验夹持器中，排除系统中气体后，初始驱替压力等同于测试渗透率时入口压力，围压按照有效应力 [有效应力=0.010133（岩样密度–地层水密度）井深] 保持不变施加，对实验夹持器加温到 126℃；

（3）岩样出口是否安装回压器和回压控制压力大小的设定视岩样饱和流体的性质决定（实验温度下，该流体是否会沸腾）；

（4）用二氧化碳气体按照初始驱替压力开始驱替；当驱替压力低于 5MPa 时，时间间隔为 30 分钟；当驱替压力为 5～10MPa 时，时间间隔为 60 分钟；当驱替压力为 10～15MPa 时，时间间隔为 90 分钟；当驱替压力大于 15MPa 时，时间间隔为 120 分钟；每次驱替压力增加，按照当前压力的 15%增加；

（5）当岩样出口连续见气后，停止实验，该压力即为突破压力。

4. 测试结果

由表 6-8 中数据可知，盖层平均突破压力为 35.36MPa。

经由盖层突破压力测试证明，区内泥岩盖层封盖能力强，气驱注入二氧化碳难以突破盖层。

表 6-8　岩心突破压力测试结果

样品编号	长度（cm）	直径（cm）	重量（g）	孔隙度（%）	渗透率（mD）	突破压力（MPa）	平均突破压力（MPa）
盖层 1	5.12	2.51	65.75	5.73	0.0011	38.20	
盖层 2	5.08	2.51	64.36	5.21	0.0002	33.15	
盖层 3	4.97	2.48	62.72	5.41	0.0024	34.34	**35.36**
盖层 4	4.99	2.49	63.27	5.57	0.0007	35.74	

6.2　二氧化碳驱油气窜与逸散性地震预测

在提高原油采收率方法中，注气驱替技术已成为一项十分重要的技术。注二氧化碳气体提高原油采收率具有成本低廉，成效显著的特点，并且注二氧化碳气体能够减少空气污染，降低温室效应，有利于环境保护（刘延锋等，2006；张玮等，2008；高慧梅等，2009；孙建平等，2010）。二氧化碳驱已成为一种成熟的提高采收率方法，并且二氧化碳驱将是提高我国低渗透油藏采收率最有前景的方法。

但是在注二氧化碳开发油田的过程中，由于多油层之间非均质性的影响，层间和平面上的油气界面常常不是均匀推进的，而是会沿着高渗透层形成优势的窜流通道，即发生气窜现象。此时注入的二氧化碳会形成无效循环，气体波及体积大大降低，开采效果变差。

目前国内外对于二氧化碳在多孔介质中的气窜现象研究得非常少，现有的研究主要都集中在对于二氧化碳在多孔介质中的扩散系数的测定方法上面。虽然有少量的文献对于二氧化碳在多孔介质中的对流传热传质进行了研究，但是其研究方法主要是借助分型理论以及有限元法进行的定性研究，缺少精细描述（Hoversten et al.，2003；李小春等，2003；Paul Hagin et al.，2009；崔振东等，2010；董华松等，2010；张琪等，2011）。本次研究一方面从理论上分析了二氧化碳驱油气窜的机理，另一方面应用地震资料检测了二氧化碳气窜特征，有效深化了对二氧化碳驱油气窜与逸散特征的认识。

6.2.1　二氧化碳驱气窜影响因素分析

从 G89-1 块气窜井的平面分布位置来看，二氧化碳驱气窜主要受储层非均质性、注采井距、裂缝方向、采出程度状况及注入井投产方式、注气速度的影响。

1）储层非均质性影响

储层的非均质性使溶剂前缘以不稳定的状态、不规则的指进方式穿入原油，使气体过早突破，降低驱油效率。从 G89-1 块渗透率分布来看，平面非均质性强，G89-11 区域储层物性较好，导致 G89-11 井在注气见效 4 个月后就气窜。

2）注采井距的影响

当注采井距过大时，油气井建立不起有效的驱替压差；注采井距过小，油井容易过早气窜。通过数值模拟表明 G89-1 块合理的注采井距为 350m，因此当注采井距小于 350m 时易出现气窜，见气时间早晚跟注采井距呈正相关的关系。G89-S1 井组注采井距 330m，见效后 4 个月开始见气，见气后产量下降但幅度较缓；G89-S3 井组注采井距 280m，见效后 30 天开始见气，随后产量下降快。

3）裂缝方向的影响

从 G89-1 块油井的见效特征来看，裂缝方向上的油井易与气井形成优势通道，使油井见效快，见气早，气油比上升快，易产生气窜。非裂缝方向上的油井见效慢，见气晚，不易气窜。

4）采出程度的影响

采出程度较高时累计亏空大，地层压力保持水平降低。当地层压力低于最小混相压力时，地层原油呈近混相或非混相状态，气体容易早期突破，产生气窜。当地层压力高于最小混相压力时，地层原油与二氧化碳实现混相，气体突破时间晚，气窜时间晚。从 G891-7 井的气窜规律来看，井区采出程度高，地层压力低于最小混相压力，属非混相状态。注气见效后 2 个月见气。

5）注入井投产方式的影响

从 G89-1 块不同注入井投产方式对应的生产井气窜情况统计结果来看，压裂规模越大，油井见气越早，气油比越高，气窜越严重；压裂规模越小或不压裂，油井见气时间晚，气油比较低。如 G89-4 井采用大型压裂投注，对应的 2 口油井都早期气窜，气油比高；G89-17 井未压裂、G89-16 井小型压裂均能较好地满足配注要求，对应的油井见气时间晚，气油比低。

6.2.2　二氧化碳驱油气窜与逸散性地震预测

在二氧化碳驱油波及范围地震描述技术系列的支撑下，研究人员应用地震描述的方法开展了二氧化碳驱油气窜与逸散性地震预测工作（张森琦等，2010；由荣军等，2012；戴靠山等，2012）。

如图 6-37 所示，气驱前后 G89-5 井周地震响应产生了明显的差异，因此应用气驱前后一致性处理地震资料开展地震识别描述工作，可以有效地预测地层中二氧化碳的分布范围，该技术方法的突破，为开展二氧化碳驱油气窜与逸散性地震预测建立了技术基础，研究人员分别对驱油层段及其上覆地层开展了地震识别描述工作，通过地震识别可以有效地描述驱油层段内二氧化碳的气窜方向及分布特征，并在上覆地层内进行二氧化碳的识别工作。

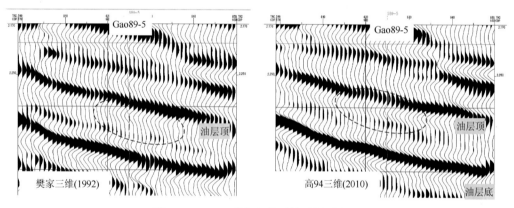

图 6-37　G89-5 井气驱前后地震剖面对比

如图 6-38 所示，气驱后在注气井周围及圈闭的高部位出现了反射振幅显著减弱的现象，表征着二氧化碳的分布，而上覆地层反射振幅均一，说明地层中未发生二氧化碳的突破与逸散。

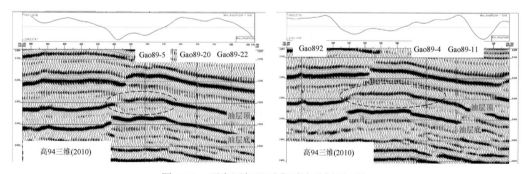

图 6-38　研究区气驱后典型地震剖面对比

如图 6-39 所示，注气前后注气层段存在显著的最大振幅差异，其属性残差如图 6-40 所示，残差异常区即为二氧化碳分布区。

如图 6-41 所示，注气前后上覆地层反射振幅均一，其属性残差如图 6-42 所示，说明地层中未发生二氧化碳的突破与逸散，实现了二氧化碳有效地质封存。

T₇±12ms最大振幅属性 (樊家三维)　　　　　　T₇±12ms最大振幅属性 (高94三维)

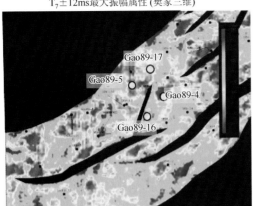 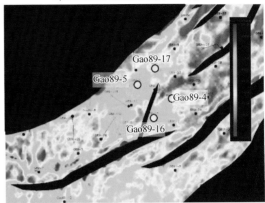

图 6-39　注气前后注气层最大振幅对比

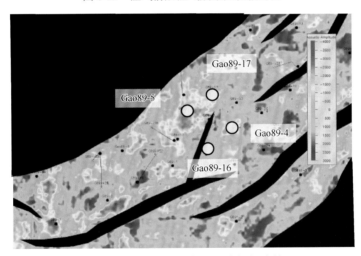

图 6-40　注气前后注气层最大振幅残差

T₆x±12ms最大振幅属性 (樊家三维)　　　　　T₆x±12ms最大振幅属性 (高94三维)

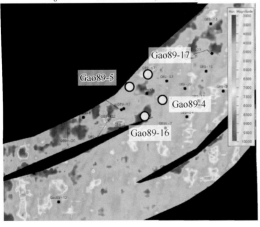 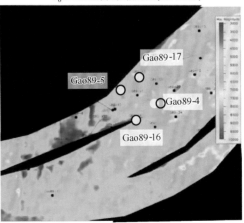

图 6-41　注气前后非驱油层最大振幅对比

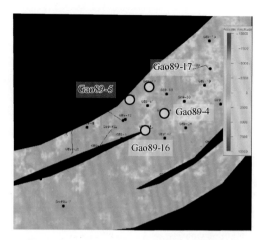

图 6-42　注气前后非驱油层最大振幅残差

6.2.3　气窜实地考察及综合认识

　　针对气窜的问题，以往只是从油气采出记录中了解发生气窜后二氧化碳采出井，仅能从理论上对气窜的分布与基本规律进行分析，只有空洞的想象，没有实实在在的认知。因此，研究人员于 2015 年 7 月前往 G89 注气区实地考察工区范围内注采井，如图 6-43，图 6-44 所示，根据工区构造规律，共考察了 G89-4、G891-7、F143-15、G89-22、G89-8等 15 口井，考察结果与地震预测结果吻合率达 93%。

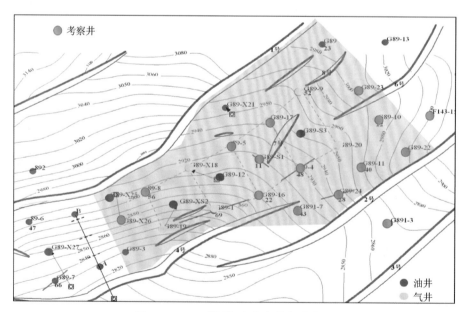

图 6-43　G89 井区气窜考察井位分布图

　　图 6-45 为注气工区东部边缘处的 F143-15 井场图片，该井上面清楚地写着防硫化氢中毒，经走访，该井曾有极少量硫化氢，未见二氧化碳溢出，与预测结果吻合。

随后，考察的工区东北部的 G89-X23 井（图 6-46），在储油罐处用手感觉，X23 井确实产油，但不出气；而该井南部不远位置处的 G89-22 井（图 6-47）是出气的，说明 6 号断层对注气有封堵作用。

图 6-44 考察井卫星定位图

图 6-45　F143-15 井场

图 6-46 G89-X23 井场

随后，又考察了注气井 G89-4 等及其附近的一些井（图 6-48），如 G891-7、G89-S1 等，其中 G891-7 井储油罐的出气口，冒出的气还是暖烘烘的，G89-4 井的 S1 井也呼呼出

图 6-47　G89-22 井场

图 6-48　G89-X23 井储油罐

气！询问当地居民，得知地里没有冒出二氧化碳气体之类的东西。同时也看到庄稼地都是绿油油的，确实没有被熏死的现象，说明二氧化碳是随着油一块被采上来的，即二氧化碳气体在地下储层中流动了，可能并未沿着断层、裂缝等构造向上部逸散。

最后，考察了工区西南高部位处的 G899-X5（图 6-49）等井，G899-X5 油井中的气可自燃，说明已无二氧化碳。

图 6-49　G899-X5 井场

综合分析，可得到这样的认识：大断裂 F1 号、F2 号断层起着遮挡作用；由于压力的影响，气体不太会向下流动，即注入的二氧化碳气的波及面未到达构造低部位；离 G89-4、G89-5 注气点近的储层具有气的连通性，二氧化碳气体在储层内部流动了；而对于沙四段来说，中间的小断裂 f7 号断层对气的波及范围的影响可能不大（图 6-50）。

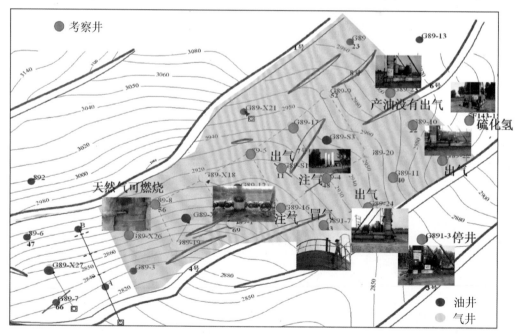

图 6-50　气窜综合认识

综合所运用的相干体技术、曲率属性、蚁群算法、井曲线分析以及实地考察，认为：

沙四顶并未发现微小断裂，注入储层中的二氧化碳气体在储层内部流动了，并未向上逸窜到沙三段。

6.3　二氧化碳驱油地震差异性检测软件的研发

二氧化碳驱油作为三次采油的重要技术手段，提高采收率效果明显，具有重要的环保降排价值。但也存在着一些问题，如二氧化碳驱油过程中，部分层位二氧化碳过早突破，一方面严重降低气驱的波及效率，另一方面油井气窜后，二氧化碳将对油井举升系统、地面工艺设备乃至井场环境造成严重影响等问题。但常规的注采及油气水性质检测方法，仅能简单的检测二氧化碳驱油的效果和二氧化碳采出情况，驱油过程的精细监测成为薄弱环节，制约着二氧化碳驱油的进一步发展。为此，进行二氧化碳驱油层地震差异性检测方法研究、分析二氧化碳驱油前后正演模拟结果、分析驱油前后能量及频率等纵向及横向上的差异性，分析二氧化碳气窜发生的规律，为以后开展二氧化碳驱油实际应用提供地球物理方面的理论支持。

二氧化碳驱前后地震差异性检测软件是由基于.NET 平台的 C#语言编写，部分模块数据处理主题用 C 语言编写并制成动态链接库，方便程序的调用和重复利用，该软件主要用于二氧化碳前后地震差异性检测，并提取相应的属性分析。

6.3.1　软件功能

本软件主要分为四大模块：

（1）文件系统：包括大数据的切割与合并，格式转换，沿层数据的抽取，格式文件查看；

（2）波及面分析：包括多种常规属性，衰减属性及属性融合技术等，利用属性对二氧化碳驱波及面进行预测；

（3）气窜检测：包括相干体、曲率属性及数据显示模块；

（4）差异检测：包括单频体提取、谱均衡及频散属性，可以有效地分析注气前后地震响应的差异性。

本软件在 windows 系统上开发，界面全部采用中文，应用起来操作简单明了，并且易移植推广，而且对于熟悉 C 语言的人员，很容易看懂 C#语法，进而改进程序算法。

软件使用要求：32 位机，.NET Framework 版本在 4.0 以上（包括 4.0）。

6.3.2　软件操作说明

下面是软件的详细分类操作说明。

6.3.2.1　文件系统

1）数据切割

在地震数据处理中，经常要选择部分数据进行试验，然后才整体处理，在解释中也会对感兴趣的区块进行重点分析，为此增加了这个模块。

对于数据切割模块，可以自由选取线、道、号及其间隔，可以截取原始数据的某一块，也可以选取某些线、某些道，可以从时间上控制范围，还能抽稀数据。如：把原来间隔 1 的线隔 10 条线抽稀，把原来 2ms 的数据抽成 4ms 的数据等。

2）数据合并

文件合并模块，将需要合并的文件输入即可，保证合并的文件格式一致性。

3）沿层抽数据

在进行地震精细解释时，经常需要对沿层数据进行处理，因此开发沿层数据抽取模块，此模块可以抽取单层沿层数据（图 6-51）。

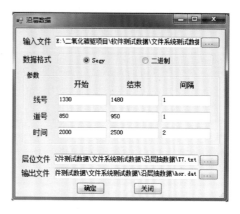

图 6-51　沿层抽数据模块

4）格式转换

（1）地震数据格式转换

在数据转换模块中，可以进行二进制数据和 Segy 数据格式的互相转换。操作简单，主要就是输入输出文件的填写，注意在二进制转换到 Segy 过程中，需要手动如实填写文件线道号、时间、采样等信息（图 6-52，图 6-53）。

图 6-52　Segy 到二进制格式转换

图 6-53　二进制到 Segy 格式转换

（2）文件格式转换

在地震资料研究中常常要用到层位文件和属性文件，而且一般的工作站输出的格式都是 ASCII 码形式，为了方便应用层位和属性进行研究，开发了此模块，可以将层位文件和属性文件转换成二进制文件,同时也可以把改进的层位文件和属性文件转换成文本文件加载到工作站中（图 6-54）。参数填写跟输入数据参数类似。

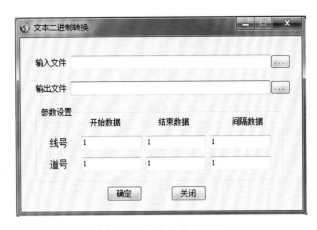

图 6-54　文本二进制转换

6.3.2.2　波及面分析

1. 打开文件

使用该菜单下的模块时，需要先输入文件，此输入模块数据可以是二维的，也可以是三维的，只要求选择输入文件名，或者把所选文件直接拖放到此窗口上即可，对于第一次打开的文件，要详细填写数据类型、线道号范围、时间范围及其间隔（间隔不能为 0），点击确定后自动将文件信息记录（在程序运行目录下有一个 par.par 的文本文件，用来存储输入文件信息，可以对其进行手工修改），以便下次打开方便。

二维数据输入参数填写说明，线号（或道号）信息都填 1，用道号（或线号）和时间信息来控制。图 6-55 所示为一个二维二进制数据，101 道 500ms 的记录，采样率为 2ms；图 6-56 为一个 Segy 三维数据体，151 条主测线，101 条联络线，500ms 记录，采样率 2ms。

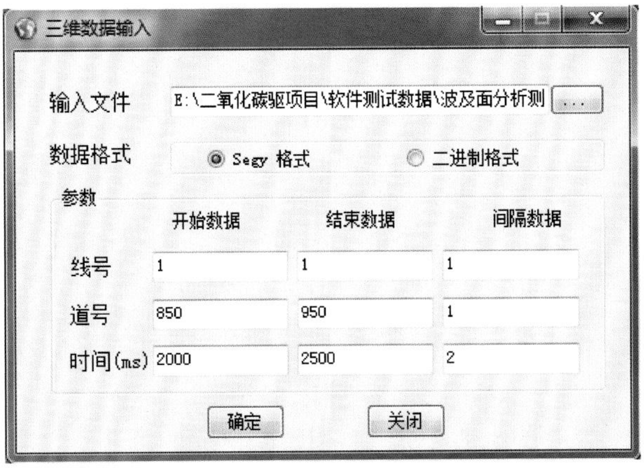

图 6-55　二维参数填写实例

图 6-56 三维参数填写实例

2. 常规属性

1）三瞬属性

点击三瞬属性进入三瞬属性显示界面如图 6-57，点击打开文件进入如图 6-58 所示的三瞬属性输入界面。此模块可以输入二维或三维数据（Segy 或二进制），这里选择地震数据作为输入数据，选择属性类型进行计算。点击确定进入显示界面，点击 （显示方向，此处设计使用对三维数据直接做三瞬属性提取）进行显示剖面的选择，选择完毕点击确定就可以出图。如图 6-59 所示是显示剖面选择对话框和瞬时振幅图，同时在原文件处形成原文件名加 InsA 的 dat 文件。瞬时频率和瞬时相位操作相同，同时分别形成原文件名加 InsF 和 InsP 的 dat 文件。

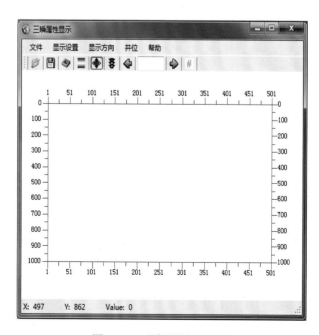

图 6-57 三瞬属性显示界面

图 6-58　三瞬属性输入界面

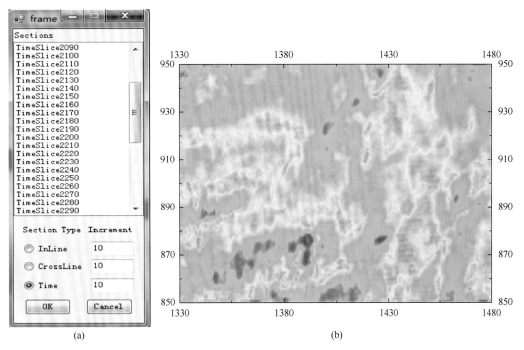

(a)　　　　　　　　　　　　　　　(b)

图 6-59　剖面选择对话框（a）和瞬时振幅显示结果（b）

2）衰减属性

引起地震波衰减的因素有很多，从广义上来说，可分为两类：一类是与地震波传播特性有关的衰减，如球面扩散、与地震波波长有关的介质非均匀性引起的散射以及层状结构地层引起的地震波衰减（简称阻抗滤波或阻抗滤波的有效品质因子）；另一类是反映介质内在属性的地层本征衰减（称为地层固有品质因子）。地层固有品质因子具有重要意义，它反映了地层的岩性、含流体类型、流体饱和度、压力及渗透率等信息。理论研究和实际应用表明，在地质体中，如果孔隙发育，充填油、气、水（油气对于含气的情况）时，地震反射吸收加大，高频吸收衰减加剧，含油气地层吸收系数可比相同岩性不含油气地层高几倍甚至一个数量级。地层含有非饱和的油气时能量衰减更明显的表现出异常衰减，我们感兴趣的是这部分异常的衰减。

该软件中，添加七种叠后衰减属性，包括：衰减梯度因子法、有效频带宽度法、有效带宽能量法、振幅斜率法、峰值属性差异法、吸收参数拟合法（EAA）、面积差值法。使用该模块之前首先打开地震文件，打开衰减属性界面如图 6-60，确定输出文件名，以及GST 参数、时间窗、最大频率等参数，然后选择一种属性，点击确定，得到相应的数据。利用一条剖面计算得到衰减属性，这里用 EAA 属性做示例，得到的属性图如图 6-61。

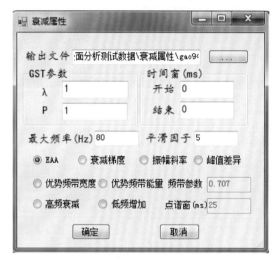

图 6-60　衰减属性界面

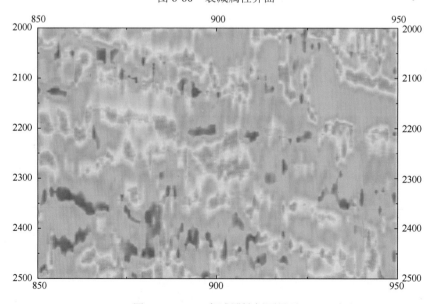

图 6-61　EAA 衰减属性剖面显示

3. 属性融合

1）二属性融合

知道地震数据中包含了大量的不同性质的地质信息。地震解释的主要目的就是解剖这些不同类型的信息，进而获得准确详细的地下信息。为了帮助解决这一问题，产生了大量的地震属性技术。地震属性主要用来测量、提取或者加强地震数据的具体特征，以此来获得不同的地质信息。然而通过单一的属性分析很少得到准确而全面的地震解释，大多数情况下同时分析不同的属性是必要的，当属性之间在一定程度上相互关联时，可以进行多属性分析。

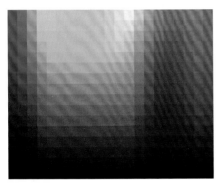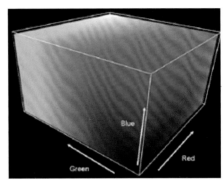

图 6-62　二属性和三原色图示

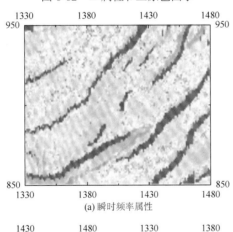

(a) 瞬时频率属性

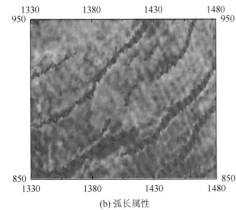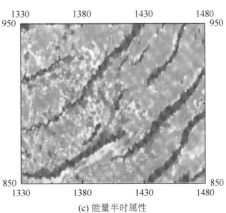

(b) 弧长属性　　　　　　　　　　　　(c) 能量半时属性

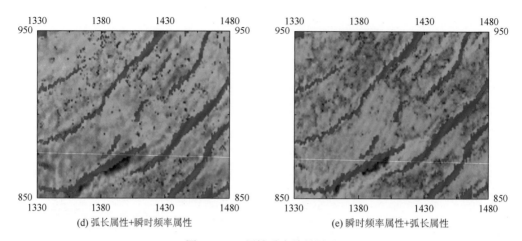

(d) 弧长属性+瞬时频率属性　　　　　　　　(e) 瞬时频率属性+弧长属性

图 6-63　二属性融合结果显示

此模块提供了二属性融合和三原色融合技术。输入的文件必须满足维数是一样的二进制属性文件的要求，宽度和高度分别是数据文件的大小，按界面提示要求输入属性文件，点确定后即可成图（图 6-62）。

测试数据将提取的瞬时振幅属性和弧长属性进行融合，显示结果如图 6-63 所示。

2）三原色融合

将平面转换为立体三维，适用于三属性融合，操作和二属性融合一样，图 6-64 和图 6-65 分别为三原色融合输入界面和显示结果。

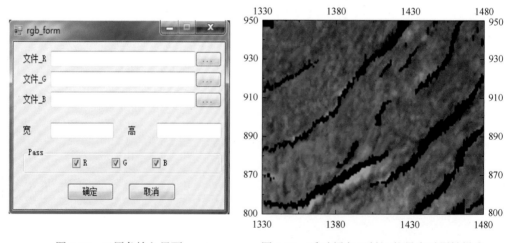

图 6-64　三原色输入界面　　　　　图 6-65　瞬时频率+弧长+能量半时属性融合

6.3.2.3　气窜检测

1）打开文件

使用该菜单下的模块时，需要先输入文件，如图 6-66 所示，此输入模块数据可以是二维的，也可以是三维的，只要求选择输入文件名，或者把所选文件直接拖放到此窗口上即可。对于第一次打开的文件，要详细填写数据类型、线道号范围、时间范围及其间隔（间隔不能为 0），点击确定后自动将文件信息记录（在程序运行目录下有一个 par.par 的文本文件，用来存储输入文件信息，可以对其进行手工修改），以便下次打开方便使用。

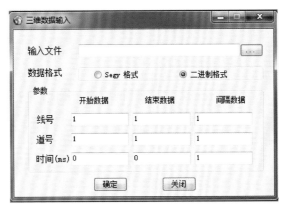

图 6-66 输入模块

二维数据输入参数填写说明，线号（或道号）信息都填 1，用道号（或线号）和时间信息来控制。如图 6-67 所示为一个二维二进制数据，801 道 1000ms 的记录，采样率为 1ms；图 6-68 为一个 segy 三维数据体，551 条主测线，801 条联络线，1000ms 记录，采样率 1ms。

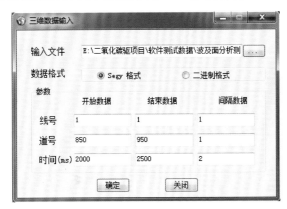

图 6-67 二维参数填写实例

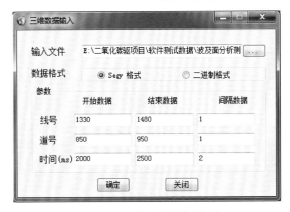

图 6-68 三维参数填写实例

2）相干属性

此模块包括沿层相干和体相干属性提取，包含 C1、C2、C3、C4 等相干算法。在使用时，需要把所需文件和各项参数填写正确（此处输入数据需要为二进制文件，若是 Segy 文件，可以先对地震数据格式转换），便可实现相应功能。

对于相干体属性提取，需要在数据输入中填好数据体信息（线道号、时间范围），然后给定输出相干体文件名即可。参数主要是算法的选取及相干参数的填写。

点击体相干模块，出现如图 6-69 所示对话框，选择相应的相干算法及参数，对输出文件进行保存即可。图 6-70 为数据体第一线的原始地震振幅剖面，图 6-71 为数据体进行体相干计算的第一线剖面显示结果，使用算法为 C3 算法。

图 6-69　体相干输出显示

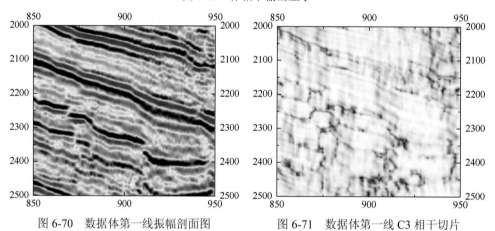

图 6-70　数据体第一线振幅剖面图　　　图 6-71　数据体第一线 C3 相干切片

3）曲率属性

曲率属性分析包括差分法和分波数法，通过数据输入选择合适方法进行输出，得到结果。常用曲率数学物理含义如表 6-9，主要界面及使用功能见图 6-72。

表 6-9　常用曲率数学物理含义

属性名	数学含义	物理意义
平均曲率	过层面上某一点的任意两个相互垂直的法曲率的平均值为一常量，称为平均曲率	该曲率受极大曲率控制，与极大曲率看上去相似。本身并不是特别有用，但与高斯曲率结合可以判断曲面的特性
高斯曲率	以高斯和他的定理命名，也称为全曲率。表明层面的等距弯曲不会改变高斯曲率	很多形态不能单独用高斯曲率加以区分，还需要平均曲率信息加以辅助

续表

属性名	数学含义	物理意义
最大正曲率	法曲率中最大的正曲率称为最大正曲率	它能放大层面中的断层信息和一些小的线性构造，有时也会放大由解释线间隔造成的解释脚印
最小负曲率	法曲率中最小的负曲率称为最小负曲率	功能与最大正曲率类似，与最大正曲率结合，也可以判断曲面的特性
倾向曲率	最大倾角方向求取的曲率定义为倾向曲率，是最大倾角方向上倾角变化率的量度	该曲率既包含了断层的大小信息，又包含了断层的方位信息。能强化河道砂体和岩屑流压实特征的描述
走向曲率	与倾角垂直的方向，即走向上求取的曲率叫走向曲率，该曲率有时也称为切面曲率	用于描述层面的切面形态，这一属性被广泛地用于地貌分析
等值线曲率	有时称平面曲率，能有效地描述与层面相关的各种等值线的曲率	在背斜、向斜、山脊和山谷的褶隆区会出现特别大的值
极大曲率	过层面上某一点的无穷多个正交曲率中存在一曲线，该曲线的曲率为极大，此曲率称为极大曲率	断层表现为正曲率值和负曲率值的邻接，曲率值确定了断层的错断方向，正的曲率值代表上升盘，负的曲率值代表下降盘
极小曲率	垂直于极大曲率曲线的曲率称为极小曲率。它与极大曲率称为主曲率，代表了法曲率的极值	当极小曲率非常小或为零时，该层面为一个可展层面；当极小曲率很大时，意味着层面发生了非等距畸变，即层面可能发生了错位和断裂，由此可以判定裂隙带
形态指数	把极小曲率和极大曲率结合起来可以得到形态指数	它能对形态进行准确定量定义，可描述与尺度无关的层面局部形态。

图 6-72　差分法曲率计算

分波数法相对差分法来说，进行使用时需要选择分波数系数（图 6-73，图 6-74）。

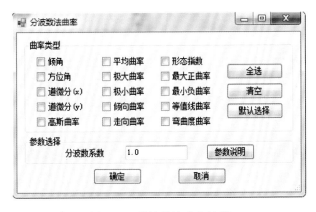

图 6-73　分波数法曲率计算

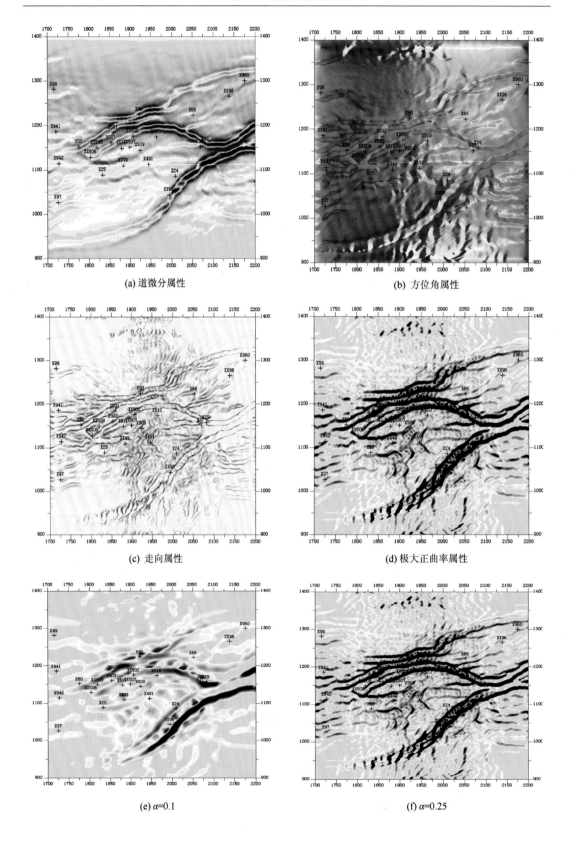

(a) 道微分属性

(b) 方位角属性

(c) 走向属性

(d) 极大正曲率属性

(e) α=0.1

(f) α=0.25

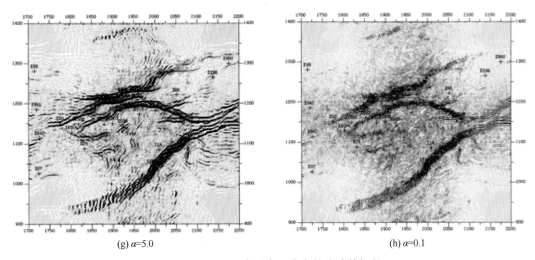

(g) $\alpha=5.0$　　　　　　　　　　　(h) $\alpha=0.1$

图 6-74　不同尺度最大正曲率的分波数解释

4）数据显示

图 6-75 为显示系统模块，此模块主要是辅助查看数据，以 3D 数据显示为例进行介绍，点击 3D 数据显示，进入 3D 显示界面，点击打开文件进入 3D 数据输入界面，操作方法参考三瞬属性提取模块。点 ▓（显示方向），可以选择任意一条主测线显示（图 6-76）。可以根据需要进行图片保存、色标变换和井位加载等功能。

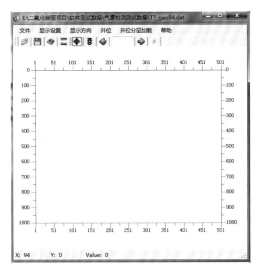

图 6-75　显示界面图

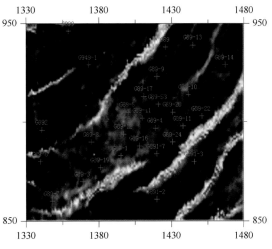

图 6-76　T_7 原始振幅切片显示图

6.3.2.4　差异检测

1）打开文件

2）单频体提取

打开文件，点击单频体模块，出现如图 6-77 所示对话框，选择合适的 λ 及 ρ 参数，选择需要计算的时间窗范围，选择计算的频率值，最后点击确定按钮，对输出文件进行保存即可。图 6-78 为提取的 30Hz 单频剖面。

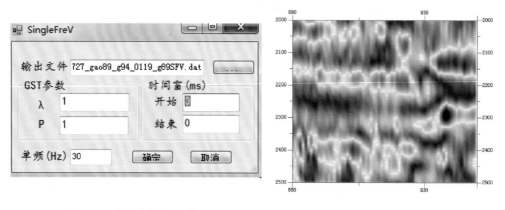

图 6-77　单频体提取界面图　　　　　　图 6-78　提取的 30Hz 单频剖面

3）谱均衡

图 6-79 为谱均衡模块，输入五个提取的不同频率单频体剖面，输入文件 1 对应输出文件 6，输入文件 2 对应输出文件 7，依次类推。综合目的层测井曲线和井旁道提取地震子波，填写各个频率对应的子波参数，即子波提取的参数，最后点击确定按钮，即得到谱均衡后的五个频谱，其中 20Hz 对应的谱均衡结果如图 6-80 所示，其他四个不再展示。

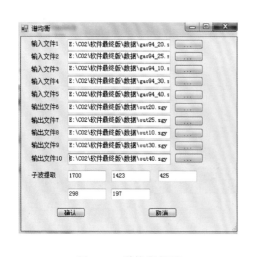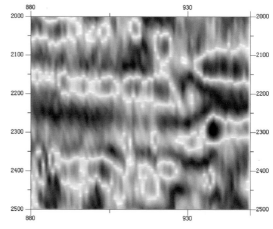

图 6-79　谱均衡界面　　　　　　图 6-80　20Hz 单频剖面谱均衡后结果

4）频散属性

图 6-81 为频散属性模块，选择要输入的谱均衡后的单频体及其对应的频率（即子波参数），命名输出文件，点击确定按钮，输出频散属性剖面如图 6-82 所示。

图 6-81　频散属性模块

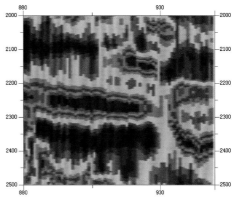

图 6-82　频散属性

主要参考文献

白利平，杜建国，刘巍，等，2002. 高温高压下辉长岩纵波速度和电导率实验研究[J]. 中国科学（D 辑：地球科学），（11）：959-968.

白利平，杜建国，刘巍，等，2002.高温高压下斜长岩纵波速度与电导率实验研究[J].地震学报，（06）：638-646.

曹辉，2003. 油藏监测中的时延地震技术[J]. 勘探地球物理进展，26（5/6）：342-348.

陈发景，田世澄，1989. 压实与油气运移[M]. 武汉：中国地质大学出版社.

陈顺，赵西蓉，1988.张家口地区北部侏罗纪含煤地层的时代归属[J].煤田地质与勘探，（05）：21-22.

陈志超，李刚，尚小东，等，2009.CO_2驱提高采收率国内外发展应用情况[J]. 内蒙古石油化工，9：26-27.

崔振东，刘大安，曾荣树，等，2010.CO_2在砂岩透镜体中充注封存的盖层岩石抗断裂性能分析[J]. 工程地质学报，18（2）：204-210.

戴靠山，陈恒，宋学行，等，2012.CO_2地质封存工程安全研究现状及地脉动法监测可行性初步分析[J]. 结构工程师，28（5）：160-169.

刁瑞，李振春，韩文功，等，2011. 基于广义 S 变换的吸收衰减分析技术在油气识别中的应用[J]. 石油物探，50（3）：260-265.

董华松，黄文辉，2010.CO_2捕捉与地质封存及泄漏监测技术现状与进展[J]. 资源与产业，12（2）：123-128.

杜春国，郝芳，邹华耀，等，2007. 断裂输导体系研究现状及存在的问题[J]. 地质科技情报，26（1），51-55.

付广，王有功，2007. 断裂垂向封闭性演化定量研究方法及其应用[J]. 断块油气田，14（1）：1-4.

高慧梅，何应付，周锡生，2009. 注CO_2提高原油采收率技术研究进展[J]. 特种油气藏，16（1）：6-11.

高山，金振民，1997.拆沉作用（delamination）及其壳—幔演化动力学意义[J]. 地质科技情报，（01）：3-11.

郭平，徐阳，2012. 胜利油田 G89 区块低渗油藏CO_2近混相驱替机理研究[J]. 特种油气藏，19（2）：104-106.

郭永辉，2008. 草舍油田CO_2驱油先导试验区工艺技术研究及效果[J]. 内蒙古石油化工，34（10）：14-16.

华保钦，1995. 构造应力场、地震泵和油气运移[J]. 沉积学报，13（2）：81-85.

蒋永平，吴志良，张勇，2011. 复杂小断块油藏动态监测技术应用及展望[J]. 油气藏评价与开发，1（4）：34-39.

金淑燕，1993.上地幔的岩石组构和各向异性[J].地质科技情报，（03）：32-38.

金淑燕，孙天泽，徐实昆，张培春，2000.辉绿岩脆-塑性变形转化的高温高压实验研究[J].地球科学，（06）：565-572.

金振民，金淑燕，李隽波，1990.地球动力学和地震学的桥梁——变形岩石组构与波速各向异性关系[J].地球科学进展，（05）：39-42.

金振民，白武明，1993.动态部分熔融作用及其地球物理意义[J].地质科技情报，（01）：93-100.

金振民，金淑燕，1994.橄榄石晶格优选方位和上地幔地震波速各向异性[J].地球物理学报，（04）：469-477.

康永尚，曾联波，张义杰，等，2005. 中国西部盆地台盆区高角度断层的成因及控油气作用分析[J]. 地球科学-中国地质大学学报，30（4）：459-466.

李春芹，2011.CO_2混相驱技术在 G89-1 特低渗透油藏开发中的应用[J]. 石油天然气学报，33（6）：328-829.

李锋，杨永超，2009. 濮城油田沙一段油藏濮 1-1 井组 CO_2 驱研究及先导试验效果分析[J]. 海洋石油，29（4）：56-60.

李士伦等，2001. 注气提高石油采收率技术[M]. 成都：四川科学技术出版社.

刘巍，2002.高温高压下几种岩石的弹性纵波速度及其动力学特征[D].北京：中国地震局地质研究所.

李小春，小出仁，大隅多加志，2003. 二氧化碳地中隔离技术及其岩石力学问题[J]. 岩石力学与工程学报，22（6）：989-994.

刘延锋，李小春，方志明，等，2006. 中国天然气田 CO_2 储存容量初步评估[J]. 岩土力学，27（12）：2277-2281.

吕延防，付广，2002. 断层封闭性研究[M]. 北京：石油工业出版社.

马麦宁，白武明，伍向阳，2002.10.6～1.5GPa、室温～1200℃条件下青藏高原地壳岩石弹性波速特征[J]. 地球物理学进展，（04）：684-689.

庞雄奇，金之钧，姜振学，2003. 油气成藏定量模式[M]. 北京：石油业出版社.

钱伯章，2010. 二氧化碳驱油大有可为[J]. 中国石化，（4）：56-57.

尚尔杰，金之钧，丁文龙，等，2005. 断裂控油的物理模拟实验研究[J]. 石油实验地质，27（4），414-417.

史华，2008. 正理庄 G89-1 区块 CO_2 混相驱参数优化数值模拟研究[J]. 海洋石油，28（1）：68-73.

孙建平，闵恩佳，李旭峰，等，2010. 陆相沉积盆地 CO_2 地质储存评价技术探讨[J]. 安全与环境工程，17（6）：30-32.

孙君秀，刘五州，车用太，2000.地下水对震源体应力、应变场的影响——以唐山地震为例[J].地震地质，（02）：179-186.

孙枢，2006. CO_2 地下封存的地质学问题及其对减缓气候变化的意义[J]. 中国基础科学，8（3）：17-22.

佟卉，2008. 油气输导通道的内部结构和输导机制特征[J]. 大庆石油学院学报，32（2）：23-26.

王天明，王春燕，樊万鹏，1999. 大港油田开展二氧化碳驱油的前景分析[J]. 油气田地面工程，18（5）：17-18.

王亚民，2006. 乌尔逊凹陷断层垂向封闭性时空演化及与油气关系研究[D]. 大庆：大庆石油学院.

吴志良，张勇，唐人选，2009. 复杂断块油田 CO_2 驱油动态监测技术应用及分析[J]. 石油实验地质，31（5）：542-546.

谢鸿森，周文戈，赵志丹，等，1998.高温高压条件下岩石弹性波速测量[J].地学前缘，（04）：148-156.

谢尚贤，韩培慧，2007. 大庆油田萨南东部过渡带注 CO_2 驱油先导性矿场试验研究[J]. 油气采收率技术，4（3）：13-19.

徐辉，吴诗中，周洁，2010. 长岩心注二氧化碳驱油模拟实验研究[J]. 天然气勘探与开发，33（2）：56-60.

杨承志，岳清山，沈平平，1991. 混相驱提高石油采收率[M]. 北京：石油工业出版社.

由荣军，李德春，武俊文，等，2012.CO_2 地质储存的地震监测[J]. 物探与化探，36（1）：114-116.

于忠，2011. 超临界酸性天然气密度粘度变化规律实验研究[D]. 北京：中国石油大学.

俞宏伟，杨思玉，李实，等，2011. 低渗透油藏 CO_2 驱油过程中含水率变化规律[J]. 吉林大学学报，41（4）：1028-1032

袁颖婕，侯吉瑞，赵传峰，等，2012. 低渗透油藏注 CO_2 驱油现状研究[J]. 广东化学，39（12）：9+35.

云美厚，管志宁，2003. 储层温压变化与油藏地震监测[J]. 地球物理学进展，18（1）：156-159.

云美厚，杨凯，丁伟，等，2004. 水驱 4-D 地震监测岩石物理基础研究综述[J]. 石油物探，43（3）：309-312.

云美厚，丁伟，杨长春，等，2006. 油藏水驱开采时移地震监测岩石物理基础测量[J]. 地球物理学报，49（6）：1813-1818.

张龙胜，2012. 腰英台油田 CO_2 驱油系统高效缓蚀剂筛选与评价[J]. 油气藏开发与评价，（3）：38-41.

张琪，崔永君，步学朋，等，2011.CCS 监测技术发展现状分析[J]. 神华科技，9（2）：77-82.

张森琦，刁玉杰，程旭学，等，2010. CO_2 地质存储逃逸通道及环境监测研究[J]. 冰川冻土，32（6）：

1251-1261.

张炜，李义连，郑艳，2008. CO$_2$地质封存中的储存容量评估问题和研究进展[J]. 地球科学进展，23（10）：1061-1069.

张喜，王贵文，2007. 断层垂向封闭演化史及其研究意义[J]. 大庆石油地质与开发，26（4）：51-54.

张勇，蒋永平，赵梓平，2011. 低渗断块油藏二氧化碳驱油实践[J]. 内蒙古石油化工，13：113-115.

张友南，李彪，1993. 山西裂谷带地壳岩石波速的研究[J].地球物理学进展，（04）：214-224.

张友南，马瑾，1997.深部地壳镁铁质岩石波速的研究[J].地球物理学报，（02）：221-230.

赵鸿儒，1991.基岩断裂对地震波影响的超声模拟研究[A].// 中国地球物理学会：1991 年中国地球物理学会第七届学术年会论文集[C].

赵阳，2012. CO$_2$地下埋存混相驱油过程渗流机理模型及数值模拟[D]. 大庆：东北石油大学.

赵志丹，高山，骆庭川，等，1996.秦岭和华北地区地壳低速层的成因探讨——岩石高温高压波速实验证据[J].地球物理学报，（05）：642-652.

赵志丹，周文戈，谢鸿森，1998.超高压变质作用与壳幔循环[J].地学前缘，（S1）：129.

舟丹，2012. 二氧化碳驱油技术[J]. 中外能源，12（1）：47.

周文戈，张本仁，杨巍然，等，1998. 秦岭-大别造山带碰撞后中酸性火山岩地球化学特征及构造意义[J].地球化学，（06）：537-548.

周文戈，宋绵新，张本仁，等，1999. 秦岭造山带碰撞及碰撞后侵入岩地球化学特征[J].地质地球化学，（01）：27-32.

周文戈，谢鸿森，郭捷，许祖鸣，2000.黑云二长片麻岩——榴辉岩相变的纵波速度[J].自然科学进展，（08）：46-51.

朱希安，汪毓铎，2011. 国内外 CO$_2$运移监测技术和方法研究新进展[J]. 中国煤层气，8（5）：3-7.

Anderson D L，1989. Theory of the Earth[M]. Blackwell Scientific Publications.

Barisic M，2006. EOR at old oilfield and History matching using production and 4D-3C seismic data[C]. New Orleans：Proceedings of the 8th SEG International Symposium：1-5.

Barruol G，Kern H，1996. Seismic anisotropy and shear-wave splitting in lower-crustal and upper-mantle rocks from the Ivrea zone-experimental and calculationed data[J]. P hys. Earth Planet. Inter.，95：175-194.

Bergman M I，1997. Measurements of elastic anisotropy due to solidification texturing and theimplications for the Earth's inner core[J]. Nature，389：6063.

Bergmann P，Schmidthattenberger C，Kiessling D，et al.，2012. Surface-downhole electrical resistivity tomography applied to monitoring of CO$_2$ storage at Ketzin，Germany[J]. Geophysics，77（6）：253-B267.

Bickle M J，2009. Geological carbon storage[J]. Nature Geoscience，2（12）：815-818.

Birch，1960.The velocity compressional waves in rocks to 10kbar：Part1[J]. Journal of Geophysical Research，65：1083-1102.

Birch，1961. The velocity of compressional waves in rocks to 10kbar：Part2[J]. Journal of Geophysical Research，66：2199-2224.

Brown L T，2002. Integration of rock physics and reservoir simulation for the interpretation of time-lapse seismic data at Weyburn Field[D]. Saskatchewan: Master's thesis，Golden，CO: Colorado School of Mines.

Calvert R，2005. Insights and methods for 4D reservoir monitoring and characterization[C]. Society of Exploration Geophysicist，2005 SEG Distinguished Instructor Short Course，DISC series，8：2-3.

Castagna J P，Batzle M L，Eastwood R L，1985. Relationships between compressional-wave and shear-wave velocities in clastic rocks[J]. Geophysics，50（4），571-581.

Chadwick R A，Williams G，Delepine N，et al.，2010. Quantitative analysis of time-lapse seismic monitoring data at the Sleipner CO$_2$ storage operation[J]. Geophysics，29（2）：170-177.

Chinese Government，2015. China-U.S. joint statement on climate change[J]. Department of State International Information Programs.

Christensen N I，1965. Compressional wave velocities in metamorphic rocks at pressure to 10kbar. [J] . Journal of Geophysical Research，70（24）: 6147-6164.

Christensen N I，1966. Shear-wave velocities in metamorphic rocks at pressure to 10kbar[J]. Journal of Geophysical Research，71: 3549-3556.

Christensen N I，1974. Compressional wave velocities in possible mantle rocks to pressures of 30kbar[J]. Journal of Geophysical Research，79（24）: 407-412.

Christensen N I，1979. Compressional wave velocities in rocks at high temperature and pressure，criticalthermal gradients，and crustal low-velocity zones[J]. Journal of Geophysical Research，64（B12）: 6849-6857.

Christensen N I，1996. Pisson' s ratio and crustal seismology[J]. Journal of Geophysical Research，101: 3139-3456.

Christensen N I，Szymanski D L，1991. Seismic properties and origin of reflectivity from a classic Paleozoic sedimentary sequence，Valley and Ridge province，southern Appalachians. Geol. Soc. Am. Bull.，103: 277-289.

Christensen N I，Mooney N D，1995. Seismic velocities structure and composition of the continental crust: A global view[J]. Journal of Geophysical Research，100（B7）: 9761-9788.

Chu S，2009. Carbon capture and sequestration[J]. Science，325（5948）: 83-107.

Davis T L，Terrell M J，Benson R D，et al.，2003. Multicomponent seismic characterization and monitoring of the CO_2 flood at Weyburn Filed，Saskatchewan[J]. Geophysics，22（6）: 696-697.

Douglas R，2013. Anisotropic elastic moduli of carbonates and evaporites from the Weyburn-Midale reservoir and seal rocks[J]. Geophysical Prospecting，61，363-379.

Finley R J，2014. An overview of the Illinois Basin-Decatur project: Greenhouse Gases[J]. Science and Technology，4（5）: 571-579.

Fountain D M，1976. The Ivrea-Verbaro and Strona-Cenerizones，NorthernItaly: a cross-section of the continental crust-new evidence from seismic velocity of rock samples[J]. Tectonophysics，33（1-2）: 145-165.

Fountain D M，Salisbury M H，Percival J，1990. Seismic structure of the continental crust base on velocity measurements from the Kapuskasing Uplift[J]. Journal of Geophysical Research，95（B2）: 1167-1186.

Fountain D M，Boundy T M，AustrheimH，et al.，1994. Eclogite-facies shear zones-deep crustal reflectors[J]? Tectonophysics，232: 411- 424.

Gasperikova E，Hoversten G M，2008. Gravity monitoring of CO_2 movement during sequestration: Model studies[J]. Geophysics，73（6）: 105-112.

Ghaderi A，Landro M，2009. Estimation of thickness and velocity changes of injected carbon dioxide layers from prestack time-lapse seismic data[J]. Geophysics，74（2）: 17-28.

Gong X，Zhang F，Li X，et al.，2013. Study of S-wave ray elastic impedance for identifying lithology and fluid[J]. Applied Geophysics，10（2）: 145-156.

Grude S，Landrø M，Osdal B，2013. Time-lapse pressure-saturation discrimination for CO_2 storage at the Snøhvit field[J]. International Journal of Greenhouse Gas Control，19: 369-378

Gutierrez M，Katsuki D，Almrabat A，2012. Effects of CO_2 injection on the seismic velocity of sandstone saturated with saline water[J]. International Journal of Geosciences，3（5）: 908.

Hagin P，Quan Y L，Chiramonte L，et al. 2009. Geological Storage of Carbon Dioxide[R]. University of Stanford.

Hammer P T C，Clowes R M，Ramachandran K，2004. High-resolution seismic reflection imaging of a thin，diamondiferous kimberlite dyke[J]. Geophysics，69（5）：1143-1154.

Hao Y，Yang D，2012. Research progress of carbon dioxide capture and geological sequestration problem and seismic monitoring research[J]. Progress in Geophysics（in Chinese），27（6）：2369-2383.

Hardage B，et al.，2009．Seismic model for monitoring CO_2 sequestration[J]. Search and Discovery Article No.40423.

Havard A，2011. Results from Sleipner gravity monitoring：updated density and temperature distribution of the CO_2 plume[J]. Energy Procedia，4：5504-5511.

He Y，Zhang B，Duan Y，et al.，2014. Numerical simulation of surface and downhole deformation induced by hydraulic fracturing[J]. Applied Geophysics，11（1）：63-72.

Hoversten M G，Gasperikova E，2003. Investigation of novel geophysical techniques for monitoring CO_2 movement during sequestration[R]. Lawrence Berkeley National Laboratory.

Huang H，Wang Y，Guo F，et al.，2015. Zoeppritz equation-based prestack inversion and its application in fluid identification[J]. Applied Geophysics，12（2）：199-211.

Huang X，Meister L，Workman R，1997. Reservoir characterization by integration of time-lapse seismic and production data[J]. SPE-38695，SPE Annual Technical Conference and Exhibition，San Antonio，Texas，USA，5-8 October.

Huang Y F，Huang G H，Dong M Z，et al.，2003. Development of an artificial neural network model for predicting minimum miscibility pressure in CO_2 flooding[J]. Journal of Petroleum Science and Engineering，37（2）：83-95.

IEA-International Energy Agency，2013. Technology Roadmap：Carbon Capture and Storage 2013 edition.

IPCC-Intergovernmental Panel on Climate Change，2014. IPCC Climate Change 2014 Synthesis Report.（eds Core Writing Team，Pachauri，R. K. & Meyer，L.），Cambridge Univ. Press

Ito K，1990. Effects of H_2O on elastic wave velocities in ultrabasic rocks at 900℃ under 1GPa[J]. Phys. Earth Planet. Inter.，61（3-4）：260-268.

Ito K，TatsumiY，1995. Measurement of elastic velocities in granulite and amphibolite having identical H_2O free bulk compositions up to 850℃ at 1GPa[J]. Ear.Plan.Sci.Lett.，133：255-264.

Ivanova A，Kashubin A，Juhojuntti N，et al.，2012. Monitoring and volumetric estimation of injected CO_2 using 4D seismic，petrophysical data，core measurements and well logging：a case study at Ketzin，Germany[J]. Geophysical Prospecting，60（5）：957-973.

Johnston D H，2013. Practical applications of time-lapse seismic data[C]. Society of Exploration Geophysicist，2013 SEG Distinguished Instructor Short Course，DISC series，No. 13：181-183.

Karato S I，Wu P，1993. Rheology of the upper mantle：a sythesis[J].Seience，260：771-778.

Karato S I，Zhang S Q，Wenk H R，1995. Superplasticity in earth's lower mantle：evidence from seismic anisotropy and rock physics[J]. Science，270：458-461.

Kern H，Richter A，1981.Temperature derivatives of compressional and shear wave velocities incrustal and mantle rocks at 6kbar confining pressure[J]. Journal of Geophysical Research，49：47-56.

Kern H，Siegesmund S，1989. A test of the relationship between seismic velocity and heat productionfor crust rocks[J]. Earth Planet.Sci.Lett.，92（1）：89-94.

Kern H，Wenk H R，1990. Fabric-related velocity anisotropy and shear-wave splitting in rocks fromthe Santa Rosa mylonite zone，California[J]. Journal of Geophysical Research，95（B7）：11212-11223.

Kern H，Tubia J M，1993. Pressure and temperature dependence of P-and S-wave velocities，seismicanisotropy and density of sheared rocks from the Sierra Alpujatamassif（Ronda peridotites，southern Spain）[J].

Ear.Planet.Sci.Lett.，119：191-205.

Kern H，Gao S，Liu Q，1996. Seismic properties and densities of middle and lower crustal rocks exposed along the North China geoscience transect[J]. Ear.Planet.Sci.Lett.，139（4）：439-455.

Kern H，Liu B，Popp T，1997. Relationship between anisotropy of P-and S-wave velocities and anisotropy of attenuation in serpentinite and amphibolite[J]. Journal of Geophysical Research，102：3051-3065.

Kern H，Gao S，Jin Z，et al.，1999. Petrophysical studies on rocks from the Dabieultrahigh - pressure（UHP）metamorphic belt，Central China：implications for the composition and delamination of the lower crust[J].Tectonophysics，301：191-215.

Khatiwada M，van Wijk K，Adam L，et al.，2009. A numerical sensitivity analysis to monitor CO_2 sequestration in layered basalt with coda waves[C]. Houston：SEG 2009 Annual Meeting，Society of Exploration Geophysicists，29（5）：3865-3869.

Kiessling D，Schmidt-Hattenberger C，Schuett H，et al.，2010. Geoelectrical methods for monitoring geological CO_2 storage，first results from crosshole and surface-downhole measurements from the CO_2SINK test site at Ketzin（Germany）[J]. International Journal of Greenhouse Gas Control，4（5）：816-826.

Kim J，Matsuoka T，Xue Z，2011. Monitoring and detecting CO_2 injected into water-saturated sandstone with joint seismic and resistivity measurements[J]. Exploration Geophysics，42（1）：58-68.

Lawton D，2010. Carbon capture and storage：opportunities and challenges for geophysics[J]. CSEG Recorder，35（6）：7-10.

Li G，2003. 4D seismic monitoring of CO_2 flood in a thin fractured carbonate reservoir[J]. The Leading Edge，22（7）：690-695.

Lumley D，2010. 4D seismic monitoring of CO_2 sequestration[J]. The Leading Edge，29（2）：150-155

Ma J，Gao L，Morozov I B，2009. Time-lapse repeatability in 3C-3D dataset from Weyburn CO_2 sequestration project[J]. 2009 Canadian Society of Exploration Geophysicists CSEG/CSPG/CWLS Convention，AVO. Calgary，Canada.

Ma J，Morozov I B，2010. AVO modeling in of Pressure-Saturation effects in Weyburn CO_2 Sequestration[J]. The Leading Edge，29（2）：178-183.

Ma J，Wang X，Gao R，et al.，2014. Jingbian CCS Project，China：Second Year of Injection，Measurement，Monitoring and Verification[J]. Energy Procedia，63，2921-2938.

Ma J，Zhang X，2010. Geophysical methods for monitoring CO_2 sequestration：Status，challenges and countermeasures[J]. China Population Resources and Environment，2010 China Sustainable Development Forum Special Issue，229-234.

Martin F D，1992. Carbon dioxide flooding[J]. Journal of Canadian Petroleum Technology，44（4）：396-400.

Martínez J M，Schmitt D R，2013. Anisotropic elastic moduli of carbonates and evaporates from the Weyburn-Midale reservoir and seal rocks[J]. Geophysical Prospecting，61（2）：363-379.

Matsushima S，1972. Compressional wave velocity in olivine nodules at high pressure and temperature[J]. J. Phys. Earth，20：187-195.

Matsushima S，1981.Compressional and shear wave velocities of igneous rocks and volcanic glasses to 900℃ and 20 kbar[J]. Tectonohpysics，75：257-271.

Matsushima S，1986. The effects of frequence on the elastic wave velocity in rocks at high temperaturesunder pressure[J]. Tectonophysics，124：239-259.

Matsushima S，1989. Partial melting of rocks observed by the sound velocity method and the possibilityofaquasi-dry lowvelocityzonein the uppermantle[J]. Phys. Earth. Planet Inter.，55：306-312.

Matter J M，Kelemen P B，2009. Permanent storage of carbon dioxide in geological reservoirs by mineral carbonation[J]. Nature Geoscience，2（12）837-841.

Meadows M A，Cole S P，2013. 4D seismic modeling and CO_2 pressure-saturation inversion at Weyburn Field，Saskatchewan[J]. International Journal of Greenhouse Gas Control，16（S）：103-117.

Mezghani M，Fornel A，Langlais V，Lucet N，2004. History matching and quantitative use of 4D seismic data for an improved reservoir characterization[C]. SPE 90420，SPE Annual Technical Conference and Exhibition，Houston，Texas，USA，26-29 September.

Mitchell J T，Derzhi N，Lichma E，1996. Energy absorption analysis：a case study[C]. Denver，Expanded Abstracts of 66th SEG Mtg，1785-1788.

Mungan N，1981. Carbon dioxide flooding-fundamentals[J]. Technology，87-92.

Nakajima T，Xue Z，2013. Evaluation of a resistivity model derived from time-lapse well logging of a pilot-scale CO_2 injection site，Nagaoka，Japan[J]. International Journal of Greenhouse Gas Control，12（1）：288-299.

NDRC-The National Development and Reform Commission of the People's Republic of China，2014. A catalogue for national promoting key low-carbon technologies.

NDRC-The National Development and Reform Commission of the People's Republic of China，2015. Implementation guide for national promoting key low-carbon technologies. China Financial and Economic Publishing House.

Ohl D，Raef A，Watney A，et al.，2011. Rock formation characterization for CO_2-EOR and carbon geosequestration：3D seismic amplitude and coherency anomalies，Wellington Field，Kansas，USA[C]. San Antonio：SEG 2011 Annual Meeting，30（1）：1978-1981.

Onishi K，Ueyama T，Matsuoka T，et al.，2009. Application of crosswell seismic tomography using difference analysis with data normalization to monitor CO_2 flooding in an aquifer[J]. International Journal of Greenhouse Gas Control，3（3）：311-321.

Pevzner R，Shulakova V，Kepic A，Urosevic M，2011. Repeatability analysis of land time-lapse seismic data：CO_2 CRC Otway pilot project case study[J]. Geophysical Prospecting，59（1）：66-77.

Reiner D M，2016. Learning through a portfolio of carbon capture and storage demonstration projects[J]. Nature Energy：1-7.

Riazi N，Lines L，Russell R，2013. Integration of time-lapse seismic analysis with reservoir simulation[C]. GeoConvention 2013，Calgary，Canada.

Roggero F，Ding D Y，Berthet P，et al.，2007. Matching of production history and 4D seismic data-application to the Girassol Field，Offshore Angola[C]. SPE109929，SPE Annual Technical Conference and Exhibition，Anaheim，California，USA，11-14 November.

Rostrona B，White D，Hawkesc C，Chalaturnyka R，2014. Characterization of the Aquistore CO_2 project storage site，Saskatchewan，Canada[J]. Energy Procedia，**63**，2977-2984.

RudnickR L，Fountain D M，1995. Nature and composition of the continental crust：a lower crustalperspective[J]. Rev. Geophys，33（3）：267-309.

Sakaii A，2006. 4D seismic monitoring of the onshore carbon dioxide injection in Japan[A]. Proceedings of the 8th SEGJ International Symposium，1-5.

Samsonov S，Czarnogorska M，White D，2015. Satellite interferometry for high-precision detection of ground deformation at a carbon dioxide storage site[J]. International Journal of Greenhouse Gas Control，42：188-199.

Schmidt-Hattenberger，2013 .Electrical resistivity tomography（ERT）for monitoring of CO_2 migration - from tool development to reservoir surveillance at the Ketzin pilot site[J]. Energy Procedia 37（2013）4268-4275.

Service R，2009. Carbon sequestration[J]. Science，325：1644-1645.

Shen X，Ma J，Pan B，2009. Pressure-dependent AVO response of fractured-aperture rock[C]. CPS/SEG 2009 Conference and Exhibition，Geophysics' Challenge，Opportunity and Innovation，April 25-27，Beijing，China.

Spetzler J，Xue Z，Saito H，et al.，2008. Case story：time-lapse seismic crosswell monitoring of CO_2 injected in an onshore sandstone aquifer[J]. Geophysical Journal International，172：214-225.

Stefan Bachu，2010. 应对气候变化的二氧化碳地质储存沉积盆地筛选与分级[J]. 刁玉杰译. 水文地质工程地质技术方法动态，（5-6）：12-23.

Stockwell R G，Mawsinha L，loue R P，1996. Localization of the complex spectrum：the S-transform[J]. IEEE Transactions on Signal Processing，44（4）：998-1001.

Sun S，2006. Geological problems of CO_2 underground storage and its significance on mitigating climate change[J]. China Basic Science，3：17-22.

Terrell M J，Davis T L，Brown L，et al.，2002. Seismic monitoring of a CO_2 flood at Weyburn field，Saskatchewan，Canada：demonstrating the robustness of time-lapse seismology[J]. Seg Technical Program Expanded Abstracts，21（1）：1673.

Ugalde A，Villaseñor A，Gaite B，et al.，2013. Passive Seismic Monitoring of an Experimental CO_2 Geological Storage Site in Hontomín（Northern Spain）[J]. Seismological Research Letters，84（1）：75-84.

Urosevic M，Pevzner R，Kepic A，et al.，2010. Time-lapse seismic monitoring of CO_2 injection into a depleted gas reservoir—Naylor Field，Australia[J]. The Leading Edge，29（2）：164-169.

Vanorio T，Mavko G，Vialle S，et al.，2010. The rock physics basis for 4D seismic monitoring of，CO_2，fate：are we there yet？[J]. Leading Edge，29（2）：156-162.

Verdon J P，Kendall J，White D，et al.，2010. Passive seismic monitoring of carbon dioxide storage at Weyburn[J]. The Leading Edge，29（2）：200-206.

Verkerke J L，Williams D J，Thoma E，2014. Remote sensing of CO_2 leakage from geologic sequestration projects[J]. International Journal of Applied Earth Observation and Geoinformation，31（9）：67-77.

Wang Z J，Michael E，Robert C，Langa T，1996. Seismic monitoring of CO_2 flooding in a carbonate reservoir：rock physics study[A]. SEG Technical Program Expanded Abstracts，1886-1889.

Wang Z J，Cates M E，Langan R T，1998. Seismic monitoring of a CO_2 flood in a carbonate reservoir：a rock physics study[J]. Geophysics，63（5）：1604-1617.

Wei J，Di B，Ding P，2013. Effect of crack aperture on P-wave velocity and dispersion[J]. Applied Geophysics，10（2）：125-133.

White D J，et al.，2012. Geophysical Monitoring in B. Hitchon（Editor），Best Practices for Validating CO_2 Geological Storage[J]. Geoscience Publishing，Canada，155-210.

White D J，Hirsche K，Davis T，et al.，2004. Theme 2：Prediction，monitoring and verification of CO2 movements[M]//IEA GHG Weyburn CO_2 Monitoring & Storage Project Summary Report 2000-2004.

White D J，Roach L A N，Roberts B，et al.，2014. Initial Results from Seismic Monitoring at the Aquistore CO_2，Storage Site，Saskatchewan，Canada[J]. Energy Procedia，63：4418-4423.

White D J，2009. Monitoring CO_2 storage during EOR at the Weyburn-Midale Field[J]. The Leading Edge，28（7）：838-842.

White D J，2013. Seismic characterization and time-lapse imaging during seven years of CO_2 flood in the Weyburn field，Saskatchewan，Canada[J]. International Journal of Greenhouse Gas Control，16S：78-94.

Whorton L P，Brownscombe E R，Dyes A B，1952. Method for producing oil by means of carbon dioxide：US2623596[P].

Wills P B，Hatchell P J，Hansteen F，2009. Practical seismic monitoring of CO_2 sequestration[C]. 2009 SEG Summer Research Workshop，CO_2 Sequestration Geophysics，23-27 August Banff，Canada.

Xue Z，Lei X，2006. Laboratory study of CO_2 migration in water-saturated anisotropic sandstone：based on P-wave velocity imaging[J]. Exploration Geophysics，37（1）：10-18.

Xue Z，Tanase D，Watanebe J，2006. Estimation of CO_2 saturation from time-lapse CO_2 well logging in an onshore aquifer，Nagaoka，Japan[J]. Exploration Geophysics，37（1）：19-29.

Yang Y，Ma J，Li L，2015. Research progress of carbon dioxide capture and storage technique and 4D seismic monitoring technique[J]. Advances in Earth Science，30（10）：1119-1126.

Zhang L，Ren B，Huang H，et al.，2015. CO_2 EOR and storage in Jilin oilfield China：monitoring program and preliminary results[J]. Journal of Petroleum Science and Engineering，125：1-12.

编 后 语

本书所述二氧化碳驱油地震监测评价方法通过在 G89 二氧化碳驱先导试验区的应用，为试验区的气驱波及范围识别、气窜情况检测、注采方案设计等工作做出了重要贡献，取得了良好的应用效果。

截至 2016 年 3 月，G89 块累注 23.9 万 t 二氧化碳，封存 22 万 t 二氧化碳，封存率 92%，生产原油 23.3 万 t，已提高采收率 6.8%，社会效益和经济效益显著，取得了增油与环保的双重效果。

在用二氧化碳注入地下驱油时，大部分的二氧化碳便留存于地下，实现了二氧化碳在地下的永久封存，大大减小了温室气体的排放。由于油藏上面都有盖层，可以将油气有效封存起来，当向油层注入二氧化碳，用二氧化碳置换出原油时，很多的气体就留在了岩石中。针对部分随着原油采出而重新回到地面的二氧化碳，通过在现场专门设置回收装置，将二氧化碳回收起来进行再利用，完全将二氧化碳"上天为害"变为"入地为宝"。

据胜利日报 2016 年 5 月 4 号报道，"胜利油田滩坝砂特低渗透油藏储量丰富，但因为其渗透率低、非均质性强，且开发上多以弹性开发为主，导致这类油藏一直无法高效动用。为探索滩砂岩特低渗透油藏高效开发方式，结合 G89-1 块二氧化碳驱先导试验实践经验，创新形成了超前注二氧化碳开发方式。"

正理庄油田 F142 块 F142-7-斜 4 井组进行系统测试，3 口井实现自喷，平均日产油 5 吨以上。经过 2 年多时间超前注二氧化碳，滩坝砂特低渗透油藏开发初见成效。

认识到注二氧化碳提高采收率的效果，胜利油田在多个油田采用超前注二氧化碳开采技术。所谓超前注二氧化碳开采技术就是采油前先通过注气再注水的方式提高地层压力水平进行开发。这种方式既可大幅提高二氧化碳驱油效率，又能抑制二氧化碳气窜。目前已在樊家、孤东、正理庄等多个油田见到成效。